FPGA 应用技术及实践

（第 4 版）

主　编　刘睿强
副主编　冀　云　尹洪剑　毛　弋

北京理工大学出版社
BEIJING INSTITUTE OF TECHNOLOGY PRESS

内 容 简 介

EDA 是当今世界上最先进的电子电路设计技术,其重要作用逐步被我国的产业界、科技界和教育界认可。本书共 7 章,第 1 章 EDA 技术概述,主要讲 EDA 的含义、常用的 EDA 工具及 EDA 设计流程、发展趋势及应用;第 2 章可编程逻辑器件及 FPGA 开发简介,主要讲可编程逻辑器件的含义、发展历程及其基本结构、CPLD 和 FPGA 的基本结构、特点及开发应用的不同,Xilinx 新型系列器件;第 3 章基于 ISE 的开发环境使用指南,主要讲基于 ISE 的 FPGA 开发流程,ISE 11.1 设计输入、综合、实现及下载等基本操作方法,ISE 11.1 的在线逻辑分析仪的使用;第 4 章第三方工具介绍,主要讲 Modelsim 和 Synplify Pro 的安装过程、利用 Modelsim 进行功能和时序仿真的流程、利用 Synplify Pro 进行综合的流程;第 5 章简单数字逻辑电路的设计,主要讲基于 Xilinx FPGA 的简单数字逻辑电路设计、基于 ISim 的数字逻辑电路仿真;第 6 章 EDA 技术综合设计应用,主要讲基于 Xilinx FPGA 的复杂数字逻辑电路的设计方法、数字逻辑电路的仿真方法;第 7 章基于 FPGA 的嵌入式系统开发,主要讲基于 FPGA 的可编程嵌入式系统开发、EDK 嵌入式设计流程、EDK 嵌入式设计的操作方法。

本书在编写过程中邀请相关企业一线工程师参与编写工作,突出实用性、针对性,本书可作为高职本科和高职专科院校工科电子信息类、通信类、自动化类专业师生及相关工程技术人员、FPGA/CPLD 初学者的参考用书。

版权专有　侵权必究

图书在版编目(CIP)数据

FPGA 应用技术及实践 / 刘睿强主编. ‐‐4 版.

北京 : 北京理工大学出版社,2025.2.

ISBN 978‐7‐5763‐5058‐6

Ⅰ.TP331.2

中国国家版本馆 CIP 数据核字第 2025J3Q634 号

责任编辑: 王艳丽		**文案编辑:** 王艳丽	
责任校对: 周瑞红		**责任印制:** 施胜娟	

出版发行 /	北京理工大学出版社有限责任公司
社　　址 /	北京市丰台区四合庄路 6 号
邮　　编 /	100070
电　　话 /	(010)68914026(教材售后服务热线)
	(010)68944437(课件资源服务热线)
网　　址 /	http://www.bitpress.com.cn

版 印 次 /	2025 年 2 月第 4 版第 1 次印刷
印　　刷 /	涿州市京南印刷厂
开　　本 /	787 mm×1092 mm　1/16
印　　张 /	18.25
字　　数 /	430 千字
定　　价 /	84.00 元

图书出现印装质量问题,请拨打售后服务热线,本社负责调换

前言 Preface

党的二十大报告提出完整、准确、全面贯彻新发展理念，着力推动高质量发展，主动构建发展格局。基础研究和原始创新不断加强，一些关键核心技术实现突破，战略性新兴产业发展壮大，进入创新型国家行列。建设现代化产业体系，推进新型工业化，加快建设制造强国、数字中国等，推动制造业高端化、智能化、绿色化发展，推动战略性新兴产业融合集群发展，构建新一代信息技术、人工智能等一批新的增长引擎。EDA 是当今世界上最先进的电子电路设计技术，其重要作用逐步被我国的产业界、科技界和教育界认可。

2021 年全国职业教育大会明确指出，推动"岗课赛证融通"综合育人，提高教育质量。FPGA 应用技术及实践教材以"岗课赛证融通"四位一体的育人理念进行编写，"岗"是教材编写标准，以集成电路类企业具体岗位需求为目标；"课"是教材服务对象，对接集成电路职业标准和工程过程的岗位核心职业能力培养；"赛"是全国职业院校"集成电路开发及应用"技能大赛、全国大学生电子设计大赛等，以赛促练、以赛促学提升技能水平；"证"是"1+X"集成电路设计与验证职业技能等级证书，以职业技能等级证书评价课程学习，使读者通过学习具备企业岗位需求的职业能力。

本书根据电子信息类专业不同类型的人才培养目标、国家高等教育发展方向和教学质量要求及企业需求，以就业为导向、以职业需求为目标、以"岗课赛证"一体化设计为原则选取内容。现场可编程门阵列（Field-Programmable Gate Array，FPGA）是在 PAL、GAL、CPLD 等可编程器件的基础上进一步发展的产物。FPGA/CPLD 以其功能强大、开发过程投资少、周期短、可反复修改、保密性能好、开发工具智能化等特点，成为当今硬件设计的首选方式之一。目前 FPGA 在数字系统、通信系统、网络开发及汽车电子方面得到了深入应用。在编写过程中明确读者对象，以知识够用为原则，融入实用技术和先进技术说明等，旨在更好地指导读者今后的工作，更好地为高等学校教学改革、人才培养与精品课程建设服务。

本书以全球著名的可编程逻辑器件供应商 Xilinx 公司的产品为背景，全面系统地介绍该公司的 CPLD/FPGA 产品的结构原理、性能特点、设计方法以及相应的 EDA 工具软件。本书内容充实，立足于工程实践和技能培养，突出工程性和实用性，易学易懂。本书力求语言简练、图例形象，以 FPGA 基本设计和常见问题为主体，不拘泥于枯燥的语法解释，让读者以一种循序渐进的方式掌握 FPGA 设计基础，同时，对一些常见的工程问题有针对性地进行剖析，由浅入深，每章开头列出目标及重点，先建立概念，然后引出图例，以实例阐述各个内容点，最后总结重点，突出整体构架，并配以习题使读者加深理解。

本书由校企合作共同编写，由重庆电子科技职业大学刘睿强担任主编，重庆电子科技职业大学冀云、尹洪剑、毛弋担任副主编。电子科技集团公司第二十四研究所、重庆吉芯科技有限公司等相关著名企业的高级工程师全程参与审核，突出实用性、针对性，助力培养 EDA 技术卓越工程师、大国工匠、高技能人才。本书可作为高职本科、高职专科院校工科电子信息类、通信类、自动化类专业师生及相关工程技术人员、FPGA/CPLD 初学者的参考用书。

由于编者水平有限，不妥之处在所难免，诚请广大读者不吝赐教。主编电子邮箱地址：517765580@qq.com。

编 者

目录 Contents

第1章　EDA 技术概述 1

课程引入　我们为什么要学习 FPGA
　　　　　应用技术？ 1
1.1　EDA 技术及其发展 2
　1.1.1　EDA 技术的含义 2
　1.1.2　EDA 技术的发展历程 3
1.2　EDA 技术的主要内容 4
　1.2.1　自顶向下的设计方法 4
　1.2.2　ASIC 设计 5
　1.2.3　硬件描述语言 6
　1.2.4　主要 PLD 厂商概述 7
1.3　常用的 EDA 工具 8
　1.3.1　设计输入编辑器 8
　1.3.2　HDL 综合器 9
　1.3.3　仿真器 9
　1.3.4　适配器 10
　1.3.5　下载器 10
1.4　EDA 设计流程 10
　1.4.1　设计输入 10
　1.4.2　综合 11
　1.4.3　适配 12
　1.4.4　时序仿真与功能仿真 12
　1.4.5　编程下载 13
　1.4.6　硬件测试 13
1.5　EDA 技术的发展趋势 13
1.6　EDA 技术的应用 14
　1.6.1　EDA 技术的应用形式 14
　1.6.2　EDA 技术的应用场合 15
本章小结 15
课程拓展 16
　一、知识图谱绘制 16
　二、EDA 技术应用调研 16
　三、以证促学 16
　四、以赛促练 16

第2章　可编程逻辑器件及 FPGA 开发简介 18

课程引入　木之就规矩，在梓匠轮舆 18
2.1　可编程逻辑器件基础 19
　2.1.1　可编程逻辑器件简介 19
　2.1.2　可编程逻辑器件的发展历史 20
　2.1.3　可编程逻辑器件的基本结构 21
　2.1.4　可编程逻辑器件的分类 21
2.2　CPLD 的基本结构及特点 22
2.3　FPGA 的基本结构及特点 30
2.4　FPGA 和 CPLD 的性能比较和开发应用选择 36
　2.4.1　FPGA 和 CPLD 的性能比较 36
　2.4.2　FPGA 和 CPLD 的开发应用选择 37
2.5　Xilinx 新型系列器件简介 38
　2.5.1　Spartan 系列 38
　2.5.2　Virtex 系列 42
本章小结 47
课程拓展 47
　一、知识图谱绘制 47
　二、器件发展调研 47
　三、以证促学 47
　四、以赛促练 48

第3章 基于ISE的开发环境使用指南 …… 49

课程引入　工欲善其事，必先利其器 … 49
3.1 ISE的安装与基本操作 …………… 50
　3.1.1 ISE软件介绍 ………………… 50
　3.1.2 ISE软件的安装 ……………… 51
　3.1.3 ISE软件的基本操作 ………… 55
3.2 ISE的工程建立与设计输入 ……… 61
　3.2.1 ISE的工程建立 ……………… 61
　3.2.2 基于ISE的HDL代码输入 …… 65
　3.2.3 基于ISE代码模板的使用 …… 68
　3.2.4 基于ISE的原理图输入法 …… 70
　3.2.5 基于ISE的IP Core的使用 … 73
3.3 基于ISE的仿真 …………………… 78
3.4 基于ISE的综合与实现 …………… 82
　3.4.1 基于Xilinx XST的综合 …… 82
　3.4.2 基于ISE的实现 ……………… 90
3.5 FPGA配置与编程 ………………… 101
　3.5.1 Xilinx FPGA配置电路综述 … 101
　3.5.2 iMPACT的基本操作 ………… 105
　3.5.3 使用iMPACT创建配置
　　　　文件 …………………………… 108
3.6 约束文件的编写 …………………… 117
　3.6.1 约束文件的定义 ……………… 118
　3.6.2 UCF文件的语法说明 ………… 118
　3.6.3 ISE中UCF文件的编写 …… 119
3.7 集成化逻辑分析仪 ………………… 124
　3.7.1 Chipscope Pro（集成化逻辑
　　　　分析工具）简介 ……………… 124
　3.7.2 Chipscope Pro的使用流程 … 125
　3.7.3 Chipscope Pro Inserter的操作
　　　　和使用 ………………………… 125
　3.7.4 Chipscope Pro逻辑分析仪
　　　　使用流程 ……………………… 131
本章小结 ………………………………… 136
课程拓展 ………………………………… 136
　一、知识图谱绘制 ……………………… 136
　二、技能图谱绘制 ……………………… 136
　三、以证促学 ……………………………… 136
　四、以赛促练 ……………………………… 137

第4章 第三方工具介绍 ………… 139

课程引入　纸上得来终觉浅，绝知此事
　　　　　要躬行 ……………………… 139
4.1 Modelsim SE 6.2软件的使用 …… 140
　4.1.1 Modelsim SE 6.2软件的安装 · 140
　4.1.2 利用Modelsim进行功能仿真 … 141
　4.1.3 利用Modelsim进行时序仿真 … 144
4.2 Synplify Pro软件的使用 ………… 148
　4.2.1 Synplify Pro 9.0.1软件的安装 … 149
　4.2.2 Synplify Pro 9.0.1软件的使用 … 150
本章小结 ………………………………… 156
课程拓展 ………………………………… 156
　一、知识图谱绘制 ……………………… 156
　二、技能图谱绘制 ……………………… 156
　三、以证促学 ……………………………… 156
　四、以赛促练 ……………………………… 157

第5章 简单数字逻辑电路的设计 … 159

课程引入　太阳探测器中的FPGA …… 159
5.1 基于Xilinx FPGA的组合逻辑
　　电路设计 …………………………… 161
　5.1.1 基本逻辑门电路设计 ………… 161
　5.1.2 编码器设计 …………………… 167
　5.1.3 译码器设计 …………………… 168
　5.1.4 数值比较器设计 ……………… 169
　5.1.5 数据选择器设计 ……………… 171
　5.1.6 总线缓冲器设计 ……………… 172
5.2 时序逻辑电路设计 ………………… 174
　5.2.1 时钟信号和复位信号 ………… 174
　5.2.2 触发器设计 …………………… 175
　5.2.3 移位寄存器 …………………… 177
　5.2.4 计数器设计 …………………… 178
　5.2.5 分频器设计 …………………… 180
5.3 存储器设计 ………………………… 180

5.3.1 只读存储器 ROM 181
5.3.2 随机存储器 RAM 182
5.3.3 FIFO 的设计 184
5.4 有限状态机设计 188
5.4.1 有限状态机原理 188
5.4.2 有限状态机分类 188
5.4.3 有限状态机设计方法 189
本章小结 193
课程拓展 193
一、知识图谱绘制 193
二、技能图谱绘制 193
三、以证促学 193
四、以赛促练 194

第6章 EDA 技术综合设计应用 196

课程引入 基于 FPGA 的 EDA 设计方式已成为现代电子设计的主流方向 196
6.1 实验一 基本逻辑门设计 197
6.2 实验二 基于原理图的基本逻辑门设计 197
6.3 实验三 4选1数据选择器设计 ... 200
6.4 实验四 7人表决器设计 200
6.5 实验五 用 Verilog HDL 设计 4 人抢答器 202
6.6 实验六 基于 IP 核的 4 位乘法器设计 203
6.7 实验七 带复位端的同步分频器设计 206
6.8 实验八 移位寄存器设计 206
6.9 实验九 有限状态机设计 207
6.10 实验十 有限状态机控制流水灯 208
6.11 实验十一 时钟及数码管驱动实验 209
6.12 实验十二 4×4 矩阵键盘实验 ... 211
课程拓展 212
一、知识图谱绘制 212

二、技能图谱绘制 212
三、以证促学 212
四、以赛促练 212

第7章 基于 FPGA 的嵌入式系统开发 214

课程引入 嵌入式系统的实现 214
7.1 可编程嵌入式系统介绍 215
7.1.1 基于 FPGA 的嵌入式系统 ... 215
7.1.2 Xilinx 公司的嵌入式解决方案 216
7.2 EDK 简介 217
7.2.1 EDK 介绍 217
7.2.2 EDK 设计的实现流程 218
7.2.3 EDK 的文件管理架构 220
7.3 XPS 的基本操作 222
7.3.1 利用 BSB 创建新工程 223
7.3.2 XPS 的用户界面 231
7.4 XPS 的高级操作 235
7.4.1 XPS 的软件输入 235
7.4.2 XPS 工程的实现和下载 239
7.5 EDK 开发实例 244
7.5.1 DDR SDRAM 控制器的工作原理 244
7.5.2 DDR SDRAM 控制器的基本要求 245
7.5.3 DDR SDRAM 控制器的 EDK 实现 245
本章小结 257
课程拓展 257
一、知识图谱绘制 257
二、技能图谱绘制 257
三、以证促学 257
四、以赛促练 257

附录 部分实验 Verilog HDL 代码 259

参考文献 283

第 1 章 EDA 技术概述

【知识目标】

（1）了解 EDA 的含义；
（2）掌握常用的 EDA 工具及 EDA 设计思想；
（3）了解 EDA 技术的发展趋势及应用。

【技能目标】

（1）熟练使用 EDA 的相关工具；
（2）熟练掌握 EDA 的设计流程。

【素养目标】

（1）培养学习新技术和新知识的自主学习能力；
（2）培养"爱岗敬业、互帮互助、团结友善"的良好品质；
（3）树立正确的劳动观，崇尚劳动、尊重劳动、热爱劳动；
（4）培养科技报国的家国情怀和使命担当。

【重点难点】

（1）熟练使用 EDA 工具；
（2）利用 EDA 工具进行相关设计。

【参考学时】

6 学时。

什么是电子设计自动化技术（微课）

课程引入

我们为什么要学习 FPGA 应用技术？

除了 CPU（中央处理器）和 GPU（图形处理器）之外，芯片家族还有另一名"成员"——FPGA。比起前面两位兄弟，FPGA 的知名度相对较低，但这并不妨碍它成为民用领域和军用领域的"宠儿"。它不仅在时下流行的 5G 通信、大数据、物联网领域有重大的潜力，就连很多军用电子设备、航空航天设备也对 FPGA 十分依赖。

据统计，目前在电路设计领域，ASSP 和 ASIC 的设计数量在逐年减少，FPGA 设计数量不断增加，随着集成电路工艺节点进一步缩小，FPGA 的设计优势更加明显。当前的经济形势加速了 FPGA 向传统 ASIC 领域进军的步伐。先进的 ASIC 生产工艺用于 FPGA 的生产，高端 FPGA 芯片嵌入了越来越多的处理器内核，基于 FPGA 的开发成为系统级设计工程。随着半导体工艺的不断提高，FPGA 的集成度将不断提高，制造成本不断降低，其作为替代 ASIC 实现电子系统的前景将日趋光明。

可见，FPGA 技术在各类关键核心技术和战略性新兴产业中都有着广泛的应用，FPGA 技术正是我们科技报国的"阵地"，也可以是毕生事业。

1.1 EDA 技术及其发展

人类已进入高度发达的信息社会，信息社会的发展离不开电子产品的进步。现代电子产品在性能提高、复杂度增大的同时，价格一直呈下降趋势，而且产品更新换代的步伐也越来越快，实现这些进步的主要推动因素是生产制造技术和电子设计技术的发展。前者以微细加工技术为代表，目前已发展到深亚微米阶段，可以在几平方厘米的芯片上集成数千万个晶体管；后者的核心就是 EDA（Electronic Design Automation）技术。EDA 是指以计算机为工作平台，融合了应用电子技术、计算机技术、智能化技术的最新成果研制而成的 CAD（Computer Aided Design）通用软件包，它主要辅助进行三方面的设计工作：IC（Integrated Circuit）设计、电子电路设计以及 PCB（Printed Circuit Board）设计。本书主要讨论利用 EDA 技术进行电子电路设计这一方面。没有 EDA 技术的支持，要完成超大规模集成电路的设计制造是不可想象的；反过来，生产制造技术的不断进步又必将对 EDA 技术提出新的要求。

20 世纪 90 年代，国际上电子和计算机技术较先进的国家一直在积极探索新的电子电路设计方法，并在设计方法、工具等方面进行了彻底的变革。在电子电路设计领域，可编程逻辑器件的应用已经广泛普及，这些器件为数字系统的设计带来了极大的灵活性。它可以通过软件编程对其硬件结构和工作方式进行重构，从而使硬件设计可以像软件设计那样方便快捷。这极大地改变了传统数字系统的设计方法、过程和观念，促进了 EDA 技术的迅速发展。

电子设计
自动化的含义（音频）

1.1.1 EDA 技术的含义

20 世纪末，数字电子技术的飞速发展有力地推动了社会生产力的发展和社会信息化的提高，数字电子技术的应用也已经渗透人类生活的各个方面。从计算机到手机，从数字电话到数字电视，从家用电器到军用设备，从工业自动化到航天技术，都广泛采用数字电子技术。

微电子技术的进步是现代数字电子技术发展的基础。目前，在硅片单位面积上集成的晶体管数量越来越多，在 1978 年推出的 8086 微处理器芯片集成的晶体管数是 4 万只，在 2000 年推出的 Pentium 4 微处理器芯片的集成度达 4 200 万只晶体管。原来需要成千上万只电子元件组成的一台计算机主板或彩色电视机电路，现在仅用几片超大规模集成电路就能代替，现代集成电路已经能够实现单片电子系统（System on a Chip，SoC）的功能。

现代电子系统设计技术的核心是 EDA 技术。EDA 技术依靠功能强大的电子计算机，在

EDA 软件平台上对以硬件描述语言（Hardware Description Language，HDL）为系统逻辑描述手段所完成的设计文件，自动地完成逻辑编译、化简、分割、综合、优化、仿真等操作，直至下载到可编程逻辑器件 CPLD（Complex Programmable Logic Device）/FPGA（Field Programmable Gate Array）或专用集成电路（Application Specific Integrated Circuits，ASIC）芯片中，实现既定的电子电路设计功能。EDA 技术使得电子电路设计者的工作仅限于利用硬件描述语言和 EDA 软件平台完成对系统硬件功能的实现，极大地提高了设计效率，缩短了设计周期，节省了设计成本。

1.1.2　EDA 技术的发展历程

EDA 技术是在 20 世纪 90 年代初从计算机辅助设计（Computer Aided Design，CAD）、计算机辅助制造（Computer Aided Manufacturing，CAM）、计算机辅助测试（Computer Aided Test，CAT）和计算机辅助工程（Computer Aided Engineering，CAE）的概念中发展而来的。一般把 EDA 技术的发展分为 CAD、CAE 和 ESDA（Electronic System Design Automation）3 个阶段。

1. CAD 阶段

CAD 是 EDA 技术发展的早期阶段（20 世纪 60 年代中期到 20 世纪 80 年代初期）。在这个阶段，人们开始利用计算机代替手工劳动。当时的计算机硬件功能有限，软件功能较弱，人们主要借助计算机对所设计的电路进行一些模拟和预测，辅助进行集成电路板图编辑、印制电路板（PCB）布局布线等简单的板图绘制类工作，但是设计各阶段的软件彼此独立，不利于快速设计，并且这些软件不具备系统级的仿真与综合，不利于复杂的系统设计。

2. CAE 阶段

20 世纪 80 年代初期到 20 世纪 90 年代初期，CAE 在 CAD 工具逐步完善的基础上发展起来。这一时期，人们在设计方法学、设计工具集成化方面取得了长足的进步，可利用计算机作为单点设计工具，建立各种设计单元库，并开始用计算机将各种元件库以及许多单点工具，如原理图输入、编译链接、电路模拟、测试码生成、板图自动布局布线等集成在一起使用，大大提高了工作效率。

3. ESDA 阶段

进入 20 世纪 90 年代后，微电子工艺有了惊人的发展，工艺水平已经达到深亚微米级，在一个芯片上已经可以集成上百万乃至上亿只晶体管，芯片速度达到了吉比特/秒量级。百万门以上的可编程逻辑器件陆续面世，对电子设计的工具提出了更高的要求，促进了 EDA 技术的形成。特别重要的是世界各 EDA 公司致力于推出兼容各种硬件实现方案和支持标准硬件描述语言的 EDA 工具软件，有效地将 EDA 技术推向成熟。

与早期的 CAD 相比，EDA 的自动化程度更高、功能更完善、界面更友好，并且具有良好的数据开放性、互换性和兼容性。其基本特征如下：

（1）具有硬件电路的软件设计方式。

设计输入可以是原理图、波形、VHDL 语言，下载配置前的整个过程几乎不涉及任何硬件。硬件设计的修改工作也如同修改软件程序一样快捷方便，即通过软件方式的设计与测试，实现对特定功能硬件电路的设计，体现了硬件电路软件操作的新思路。

（2）自动化程度更高且直面产品设计。

EDA 技术根据设计输入文件（HDL 或电原理图），利用计算机自动进行逻辑编译、化简、综合、仿真、优化、布局、布线、适配以及下载编程、生成目标系统等操作，即将电子产品从电路功能仿真、性能分析、优化设计到结果测试的全过程在计算机上自动处理完成。

(3) 集成化程度更高,可构建片上系统。

EDA 设计方法又称为基于芯片的设计方法。随着大规模集成芯片的发展,更加复杂的数字系统芯片化设计和专用集成电路(ASIC)设计均已成为可能。

(4) 目标系统可现场编程、在线升级。

(5) 开发周期短,设计成本低,设计灵活度高。

1.2 EDA 技术的主要内容

1.2.1 自顶向下的设计方法

电子产品的传统设计方法是采用自底向上(Bottom Up)的设计思路,即首先确定可用的标准通用集成电路芯片,其次根据这些芯片和其他元器件进行模块设计,最后形成系统。这种设计方法的主要缺点有:设计依赖手工和经验;设计依赖现有的通用元器件;自底向上的设计思想具有局限性,只有在设计出样机或生产出芯片后才能进行实测;设计实现周期长,灵活性差,耗时耗力,效率低下。

EDA 技术采用一种自顶向下的全新设计方法,这种设计方法首先从系统设计入手,在顶层进行功能方框图的划分和结构设计;在方框图级进行仿真、纠错,并用硬件描述语言(HDL)对高层次的系统行为进行描述;在系统级进行验证,然后用综合优化工具生成具体门电路的网表,其对应的物理实现级可以是印制电路板或专用集成电路。图 1-1 所示为传统设计流程与 EDA 设计流程的比较。

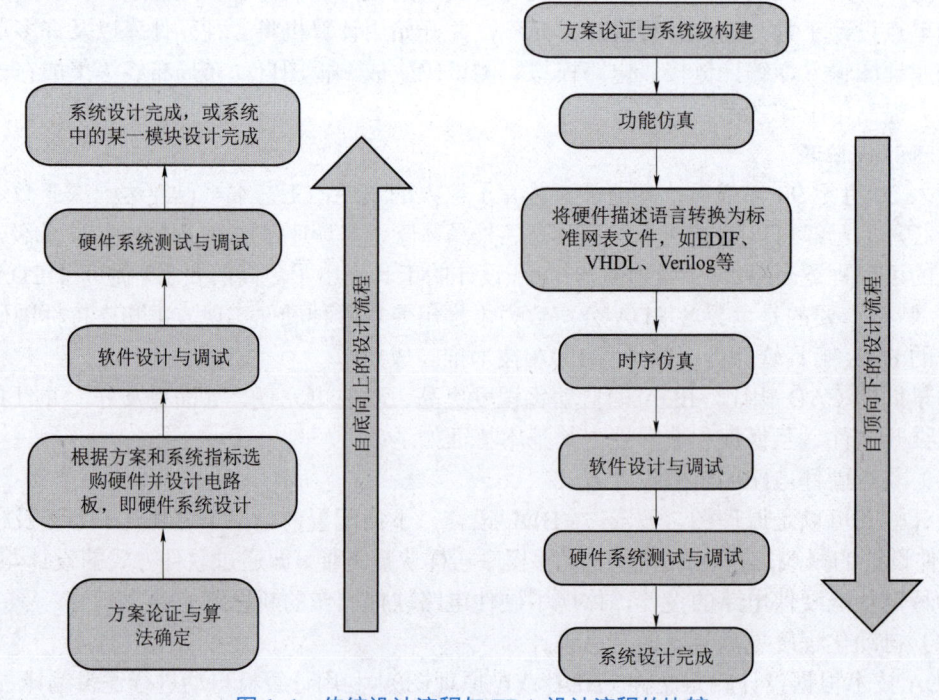

图 1-1 传统设计流程与 EDA 设计流程的比较

> **小提示**
>
> EDA 设计的主要仿真和调试过程是在高层次上完成的，这一方面有利于早期发现结构设计上的错误，避免设计工作的浪费，另一方面也减少了逻辑功能仿真的工作量，提高了设计的一次成功率。

1.2.2 ASIC 设计

现代电子产品的复杂度日益增加，一个电子系统可能由数万个中小规模集成电路构成，这就带来了体积大、功耗大、可靠性差的问题，解决这一问题的有效方法就是采用 ASIC 芯片进行设计。ASIC 是相对于通用集成电路而言的，主要指用于某一专门用途的集成电路器件。ASIC 按照设计方法的不同可分为：全定制 ASIC 和半定制 ASIC。

设计全定制 ASIC 芯片时，设计师要定义芯片上所有晶体管的几何图形和工艺规则，最后将设计结果交由 IC 厂家掩膜制造完成。其优点是：芯片可以获得最优的性能，即面积利用率高、速度快、功耗低。如果设计较为理想，全定制 ASIC 芯片比半定制 ASIC 芯片的运行速度更快。其缺点是：开发周期长，费用高，只适合大批量产品开发。

半定制 ASIC 芯片使用库里的标准逻辑单元（Standard Cell），设计时可以从标准逻辑单元库中选择 SSI（门电路）、MSI（如加法器、比较器等）、数据通路（如 ALU、存储器、总线等）、存储器甚至系统级模块（如乘法器、微控制器等）和 IP 核，这些逻辑单元已经布局完毕，而且设计得较为可靠，设计者可以较方便地完成系统设计。半定制 ASIC 芯片的板图设计方法与全定制 ASIC 芯片有所不同，分为门阵列设计法、标准单元设计法和可编程逻辑器件法。前两种方法都是约束性的设计方法，其主要目的是简化设计，以牺牲芯片性能为代价缩短开发时间。可编程逻辑芯片与掩膜 ASIC 的不同之处在于：设计人员完成板图设计后，在实验室内就可以烧制出芯片，无须 IC 厂家的参与，大大缩短了开发周期。

可编程 ASIC 是专用集成电路发展的另一个有特色的分支，它主要利用可编程集成电路，如 PROM、GAL、PLD、CPLD、FPGA 等或逻辑阵列编程，得到 ASIC。其主要特点是直接通过软件设计编程，完成 ASIC 电路功能，不需要通过集成电路工艺线加工。

可编程逻辑器件自 20 世纪 70 年代以来，经历了 PAL、GAL、CPLD、FPGA 几个发展阶段，其中 FPGA/CPLD 属高密度可编程逻辑器件，目前集成度已高达 200 万门/片。它将掩膜 ASIC 集成度高的优点和可编程逻辑器件设计生产方便的特点结合在一起，特别适合样品研制或小批量产品开发，使产品能以最快的速度上市。上述 ASIC 芯片，尤其是 FPGA/CPLD 器件，已成为现代高层次电子设计方法的实现载体。其适合开发周期短、有一定复杂性和电路规模的数字电路设计，尤其适合从事电子系统设计的工程人员利用 EDA 工具进行 ASIC 设计。

使用 FPGA/CPLD 设计专用集成电路的方法，即可编程 ASIC，其发展将呈现以下几个方面的趋势：

（1）向密度更高、速度更快、频带更宽的百万门方向发展。

（2）向系统内可重构的方向发展，以提高灵活性和适应性。

（3）向器件的高速、可预测延时的方向发展，以适应未来复杂高速电子系统的要求。

（4）向混合可编程技术的方向发展，以满足模拟电路和数模混合电路的可编程发展的需要。

（5）向嵌入式通用标准功能模块的方向发展，以方便用户设计和特殊功能应用。

（6）向低电压、低功耗的绿色元件的方向发展，以适应全球环保潮流。

1.2.3 硬件描述语言

硬件描述语言是一种形式化描述数字电路和系统的语言。利用这种语言，数字电路系统的设计可以从上层到下层（从抽象到具体）逐层描述设计者的思想，从而用一系列分层次的模块表示极其复杂的数字系统。然后，利用 EDA 工具，逐层进行仿真验证，再把其中需要变为实际电路的模块组合，经过自动综合工具转换到门级电路网表。最后，用专用集成电路（ASIC）或现场可编程门阵列（FPGA）自动布局布线工具，把网表转换为要实现的具体电路布线结构。

硬件描述语言HDL（音频）

硬件描述语言发展至今已有 20 多年的历史，并成功地应用于设计中的建模、仿真、验证和综合等各个阶段。到 20 世纪 80 年代，已出现了上百种硬件描述语言，对设计自动化起到了极大地促进和推动作用。但是，这些语言一般各自面向特定的设计领域和层次，其种类繁多，使用户无所适从。因此，亟需一种面向设计的多领域、多层次并得到普遍认同的标准硬件描述语言。常用的硬件描述语言有 4 种：ABEL-HDL、AHDL、VHDL 和 Verilog HDL。在 20 世纪 80 年代后期，VHDL 和 Verilog HDL 语言适应了硬件发展趋势的需求，先后成为 IEEE 标准。

VHDL 的英文全称是 Very-High-Speed Integrated Circuit Hardware Description Language，产生于 1982 年。1987 年年底，VHDL 被 IEEE 和美国国防部确认为标准硬件描述语言。自 IEEE 公布了 VHDL 的标准版本——IEEE-1076（简称"87 版"）之后，各 EDA 公司相继推出了自己的 VHDL 设计环境或宣布自己的设计工具可以和 VHDL 接口。此后，VHDL 在电子设计领域被广泛接受，并逐步取代了原有的非标准硬件描述语言。VHDL 主要用于描述数字系统的结构、行为、功能和接口。除了含有许多具有硬件特征的语句外，VHDL 的语言形式和描述风格与句法十分类似于一般的计算机高级语言。VHDL 程序的结构特点是将一项工程设计，或称设计实体（可以是一个元件、一个电路模块或一个系统）分成外部（或称可视部分，即端口）和内部（或称不可视部分——涉及实体的内部功能和算法完成部分）。在对一个设计实体定义了外部界面后，一旦其内部开发完成，其他的设计就可以直接调用这个实体。

Verilog 由 Gateway Design Automation 公司于 1984 年开始发展。Gateway Design Automation 公司后来被 Cadence Design Systems 公司于 1990 年并购。现在 Cadence Design Systems 公司对于 Gateway Design Automation 公司的 Verilog 和 Verilog-XL 模拟器拥有全部的财产权。Verilog 的设计者想要以 C 语言为基础设计一种语言，以使工程师比较容易学习，于是开发了 Verilog HDL 语言。使用 Verilog HDL 语言进行设计的最大优点是其工艺无关性，这使工程师在功能设计、逻辑验证阶段可以不必过多考虑门级及工艺实现的具体细节，只需根据系统设计的要求施加不同的约束条件，即可设计出实际电路。

> **小提示**
>
> 现在，随着系统级 FPGA 以及系统芯片的出现，软、硬件协调设计和系统设计变得越来越重要，传统意义上的硬件设计越来越倾向于与系统设计和软件设计结合。硬件描述语言为适应新的情况而迅速发展，出现了很多新的硬件描述语言，如 Superlog、SystemC、Cynlib C++等。

1.2.4 主要 PLD 厂商概述

随着工艺的进步以及设计复杂度的提高，现有的设计工具越来越难以满足设计师的需要，因此，很多厂商都致力于提供基于创新技术的新工具以应对新的挑战。基于此，EDA 工具也呈现由点工具向平台工具发展的趋势，很多领先的 PLD 厂商都通过成功的收购计划来完善自己的产品线，以期建立更加完整、更加统一的平台产品。

下面介绍主要器件生产厂家及其开发工具。

1. Xilinx

Xilinx 公司是 FPGA 的发明者。该公司产品种类较全，主要有 XC9500/4000、Coolrunner（XPLA3）、Spartan、Vertex 等系列，其最大的 Vertex-Ⅱ Pro 器件已达到 800 万门。该公司开发软件为 Foundation 和 ISE。

2. Altera

Altera 公司（已被 Intel 收购）在 20 世纪 90 年代以后发展得很快，其主要产品有 MAX3000/7000、FELX6K/10K、APEX20K、ACEX1K、Stratix 等。其开发工具——MAX+PLUS Ⅱ 是较成功的 PLD 开发平台，该公司后来又推出了 Quartus Ⅱ 开发软件。Altera 公司提供较多形式的设计输入方式，绑定第三方 VHDL 综合工具，如综合软件 FPGA Express、Leonard Spectrum、仿真软件 ModelSim。

通常来说，在欧洲用 Xilinx 公司产品的人多，在日本和亚太地区用 Altera 公司产品的人多，在美国二者平分秋色。全球 PLD/FPGA 产品 60%以上是由 Altera 和 Xilinx 提供的，Altera 公司和 Xilinx 公司共同决定了 PLD 技术的发展方向。

3. Lattice-Vantis

Lattice 公司是 ISP（In-System Programmability）技术的发明者，ISP 技术极大地促进了 PLD 产品的发展。与 Altera 公司和 Xilinx 公司相比，其开发工具略逊一筹，中小规模 PLD 比较有特色，大规模 PLD 的竞争力还不够强（Lattice 公司没有基于查找表技术的大规模 FPGA）。Lattice 公司在 1999 年推出可编程模拟器件；在 1999 年收购 Vantis 公司（原 AMD 子公司），成为第三大可编程逻辑器件供应商；在 2001 年 12 月收购 Agere 公司（原 Lucent 公司微电子部）的 FPGA 部门，其主要产品有 ispLSI2000/5000/8000、MACH4/5。

4. Actel

Actel 公司是反熔丝（一次性烧写）PLD 的领导者。由于反熔丝 PLD 抗辐射、耐高低温、功耗低、速度快，所以该公司在军品和宇航级上有较大优势。Altera 公司和 Xilinx 公司则一般不涉足军品和宇航类市场。

5. Quicklogic

Quicklogic 公司是专业的 PLD/FPGA 公司，以一次性反熔丝工艺为主，该公司的产品在中国销售量不大。

6. Lucent

Lucent 公司的主要特点是生产了很多用于通信领域的专用 IP 核，但生产 PLD/FPGA 不是 Lucent 公司的主要业务，在中国使用该公司产品的人很少。

7. Atmel

Atmel 公司致力于生产中小规模 PLD，此外，也生产一些与 Altera 公司和 Xilinx 公司的产品兼容的芯片，但在品质上与原厂家还是有一些差距。该公司的产品在高可靠性产品中使用较少，多用在低端产品上。

8. Clear Logic

Clear Logic 公司生产与一些著名 PLD/FPGA 大公司产品兼容的芯片，这种芯片可将用户的设计一次性固化，不可再次编程，批量生产时的成本较低。

9. Wsi

Wsi 公司生产 PSD（单片机可编程外围芯片）产品。PSD 是一种特殊的 PLD，如最新的 PSD8xx、PSD9xx，集成了 PLD、EPROM、FLASH，并支持 ISP（在线编程），集成度高，主要用于配合单片机工作。

1.3 常用的 EDA 工具

利用 EDA 工具，电子设计师可以从概念、算法、协议等方面开始设计电子系统，大量工作可通过计算机完成，并将电子产品从电路设计、性能分析到设计出 IC 板图或 PCB 板图的整个过程在计算机上自动处理完成。用 EDA 技术设计电路分为不同的环节，每个环节中必须有对应的软件包或专用的 EDA 工具独立处理，包括对电路模型的功能模拟、对 VHDL 行为描述的逻辑综合等。因此，单个 EDA 工具往往只涉及 EDA 流程中的某一步骤。EDA 工具大致分为如下 5 个模块：

常用的 EDA 工具
（微课）

（1）设计输入编辑器；

（2）HDL 综合器；

（3）仿真器；

（4）适配器（或布局布线器）；

（5）下载器。

目前，也有集成的 EDA 开发环境，如 MAX+PLUS II。

1.3.1 设计输入编辑器

通常专业的 EDA 工具供应商或各可编程逻辑器件厂商都提供 EDA 开发工具，在这些 EDA 开发工具中都含有设计输入编辑器，如 Xilinx 公司的 Foundation、Altera 公司的 Quartus II 等。

一般的设计输入编辑器都支持图形输入和 HDL 文本输入。图形输入包括原理图输入、状态图输入和波形图输入 3 种常用模式。专业的 EDA 工具供应商也提供相应的设计输入工具，这些工具一般与该公司的其他电路设计软件整合，该点体现在原理图输入环境上。原理图输入方式沿用传统的数字系统设计方式，即根据设计电路的功能和控制条件，画出设计的原理图、状态图或波形图；然后在设计输入编辑器的支持下，将这些图形输入到计算机中形成图形文件。如 Innovada 公司的 Eproduct Designer 中的原理图输入工具 DxDesigner（原为 ViewDraw），既可作为 PCB 设计的原理图输入，又可作为 IC 设计、模拟仿真和 FPGA 设计的原理输入环境。HDL 文本输入实现比原理图简单得多，用普通的文本编辑器即可完成。若要求 HDL 输入时有语法色彩提示，可使用带语法提示功能的文本编辑器，如 Ultraedit、Vim、Vemacs 等。

> **小提示**
>
> 使用 EDA 工具中提供的 HDL 编辑器会更好，如 Aldec 公司的 Active HDL 编辑器。

1.3.2 HDL 综合器

硬件描述语言最初用于逻辑电路的建模和仿真，直到 Synoposys 公司推出了 HDL 综合器后，硬件描述语言才能直接用于电路设计。HDL 综合器的功能是将设计者在 EDA 平台上完成的针对某个系统项目的硬件描述语言、原理图或状态图描述，针对给定的硬件结构组件进行编译、优化、转换和综合，最终获得门级电路甚至更底层的电路描述文件。

HDL 综合器是一种利用 EDA 技术在电路设计中完成电路化简、算法优化、硬件结构细化的计算机软件，是将硬件描述语言转化为硬件电路的重要工具。HDL 综合器把可综合的 HDL（Verilog 或 VHDL）转化为硬件电路时一般要经过两个步骤：第一步是利用 HDL 综合器对 Verilog 或 VHDL 进行处理分析，并将其转换成电路结构或模块，这时不考虑实际器件实现，即完全与硬件无关，这个过程是一个通用电路原理图的形成过程；第二步是优化对应实际实现目标器件的结构，使之满足各种约束条件，优化关键路径等。HDL 综合器的运行流程如图 1-2 所示。

HDL 综合器的输出文件一般是网表文件，该文件是一种用于电路设计数据交换和交流的工业标准化格式文件，或直接用硬件描述语言表达的标准格式的网表文件，或对应 FPGA/CPLD 器件厂商的网表文件。HDL 综合器是 EDA 设计流程中的一个独立的模块，它往往被其他 EDA 环节调用，以完成整个设计流程。

图 1-2 HDL 综合器的运行流程

> **小提示**
>
> 比较著名的 EDA 综合器有 Synopsys 公司的 Design Compiler、FPGA Express，Synplicity 公司的 Synplify，Candence 公司的 Synergy 等。

1.3.3 仿真器

在 EDA 技术中仿真的地位非常重要，行为模型的表达、电子系统的建模、逻辑电路的验证以及门级系统的测试，每一步都离不开仿真器的模拟检测。在 EDA 发展的初期，快速地进行电路逻辑仿真是当时的核心问题。即使现在，各个环节的仿真仍然是整个 EDA 设计流程中最重要、最耗时的一个步骤。因此，仿真器的仿真速度、准确性和易用性成为衡量仿真器的重要指标。

按仿真电路描述级别的不同，仿真器能单独或综合完成以下各仿真步骤：

（1）系统级仿真；

（2）行为级仿真；

（3）RTL 级仿真；

(4)门级时序仿真。

按是否考虑延时分类,仿真可分为功能仿真和时序仿真。根据输入仿真文件的不同,仿真可由不同的仿真器完成,也可由同一仿真器完成。

> **小提示**
>
> 很多 EDA 厂商都提供基于 Verilog/VHDL 的仿真器。常用的仿真器有 Model Technology 公司的 Modelsim、Cadence 公司的 Verilog-XL 和 NC-Sim、Aldec 公司的 Active HDL、Synopsys 公司的 VCS 等。

1.3.4 适配器

适配即结构综合,通常由可编程逻辑器件厂商提供的专门针对器件开发的软件来完成。适配器的功能是将 HDL 综合器产生的网表文件配置于指定的目标器件中,产生最终的下载文件,如 JEDEC 格式的文件。这些软件可以单独运行或嵌入在厂商针对自己产品的集成 EDA 开发环境中。一般的可编程模拟器件所对应的 EDA 软件通常仅需包含一个适配器,如 Lattice 公司的 PAC-DESIGNER。

1.3.5 下载器

下载也叫芯片配置。FPGA 设计有两种配置形式:直接由计算机经过专用下载电缆进行配置;由外围配置芯片在上电时自动配置。使用电缆下载时有多种方式,如对于 Xillnx 公司的 FPGA,可使用 JTAG Programmer、Hardware Programmer、PROM Programmer 三种方式;对于 Altera 公司的 FPGA,可选择 JTAG 或 Passive Serial 方式。FPGA 大多支持 IEEE 的 JTAG 标准,所以使用芯片上的 JTAG 接口是常用下载方式。

1.4 EDA 设计流程

在设计方法上,EDA 技术为电子电路设计领域带来了根本性的变革,将传统的"电路设计—硬件搭试—调试焊接"模式转变为"功能设计—软件模拟—编程下载"模式。设计人员只需一台计算机和相应的开发工具即可研制出各种功能电路。如前所述,EDA 技术将电子产品设计从"软件编译—逻辑化简—逻辑综合—仿真优化—布局布线—逻辑适配—逻辑映射—编程下载—生成目标系统"的全过程在计算机及其开发平台上自动处理完成。图 1-3 所示为基于 EDA 软件的 FPGA/CPLD 开发流程,以下分别介绍各设计模块的功能特点。

1.4.1 设计输入

将电路系统以一定的表达方式输入计算机,是在 EDA 软件平台上对 FPGA/CPLD 开发的最初步骤。一般使用 EDA 工具的设计输入可分为如下两种类型。

1. 图形输入

图形输入包括原理图输入、状态图输入和波形图输入 3 种模式。

原理图输入是在 EDA 软件的图形编辑界面上绘制能完成特定功能的电路图。早期 EDA 工具的设计输入普遍采用原理图输入方式，由元件符号和连线组成。这种以文字和图形作为设计载体的文件，可以将设计信息加载到后续的 EDA 工具中，完成设计分析工作。原理图输入方式的优点是直观，能满足以设计分析为主的一般要求，但是原理图输入方式不适于用 EDA 综合工具。

状态图输入就是根据电路的控制条件和不同的转换方式，用绘图的方法在 EDA 工具的状态图编辑器上绘出状态图，然后由设计输入编辑器和 HDL 综合器将此状态变化流程图形经编译综合成电路网表。

波形图输入只需给出电路的输入和输出时序波形图，EDA 工具即能据此完成电路的设计。

2. HDL 文本输入

硬件描述语言是指对硬件电路进行行为描述、寄存器传输描述或者结构化描述的一种语言。HDL 文本输入是用文本的形式描述硬件电路的功能、信号连接关系以及时序关系。它虽然没有图形输入那么直观，但功能更强，可以进行大规模多个芯片的数字系统的设计。

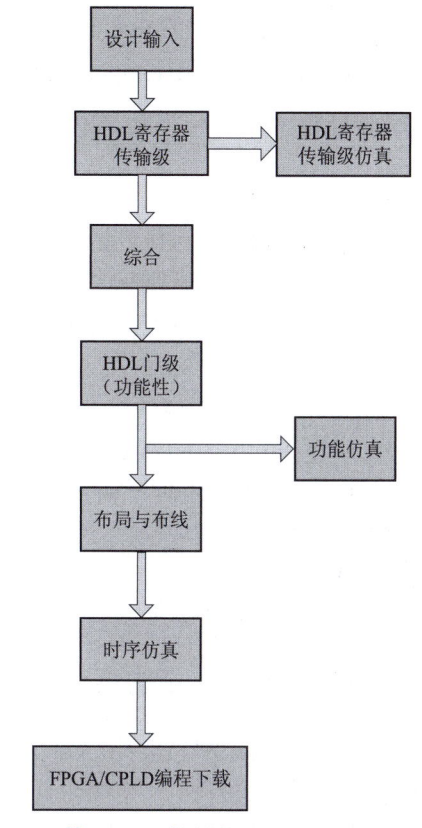

图 1–3 基于 EDA 软件的 FPGA/CPLD 开发流程

小提示

目前，在我国广泛应用的硬件描述语言主要有 ABEL 语言、AHDL 语言、VHDL 语言和 Verilog HDL 语言。主流的硬件描述语言分为 VHDL 和 Verilog HDL。VHDL 强调组合逻辑的综合，Verilog HDL 偏重于硬件，故 VHDL 的逻辑综合比 Verilog HDL 出色，而 Verilog HDL 强调集成电路的综合，其底层统合做得非常好。

1.4.2 综合

利用 HDL 综合器对电路设计进行综合是十分重要的一步，把软件设计的 HDL 描述与硬件结构挂钩是将软件转化为硬件电路的关键步骤，是文字描述与硬件实现的一座桥梁。整个综合过程就是将设计者在 EDA 平台上编辑输入的 HDL 文本、原理图或状态图依据给定的硬件结构组件和约束控制条件进行编译、优化、转换和综合，最终获得门级电路甚至更底层的电路描述网表文件。由此可见，综合器工作前，必须给定最后实现的硬件结构参数，它的功能就是将软件描述与给定的硬件结构与某种网表文件对应，形成映射关系。

性能良好的 FPGA/CPLD 设计的 HDL 综合器有以下 3 种：

（1）Synopsys 公司的 FPGA Compiler、FPGA Express；
（2）Synplicity 公司的 Synplify Pro；
（3）Mentor 子公司 Exemplar Logic 的 Leonardo Spectrum。

1.4.3　适配

逻辑综合通过后，必须利用适配器将综合后的网表文件针对某一具体的目标器件进行逻辑映射操作。逻辑映射操作包括底层器件配置、逻辑分割、逻辑优化、逻辑布局布线操作。适配完成后可以利用适配所产生的仿真文件作精确的时序仿真，同时产生可用于编程的文件。需要注意的是，适配所选定的目标器件（FPGA/CPLD 芯片）必须属于原综合器指定的目标器件系列。

适配完成后，EDA 软件将产生针对此项设计的多项结果，主要有如下几项：
（1）时序仿真用的网表文件；
（2）FPGA/CPLD 编程下载文件，如 JED 文件、POF 文件；
（3）适配报告，内容包括芯片内资源的分配与利用、引脚锁定、设计的布尔方程描述情况等；
（4）适配错误报告。

1.4.4　时序仿真与功能仿真

在编程下载前必须利用 EDA 工具对适配生成的结果进行模拟测试，即仿真。仿真是让计算机根据一定的算法利用一定的仿真库对 EDA 设计进行模拟，以验证设计，排除错误。仿真是 EDA 设计过程中的重要步骤。这一步骤通常由 PLD 公司的 EDA 开发工具直接提供（也可选用第三方专业仿真工具），它可完成不同级别的仿真测试。

（1）行为仿真，是将 VHDL 设计源程序直接送到 VHDL 仿真器中所进行的仿真。该仿真仅根据 VHDL 的语义进行，与具体电路没有关系。

（2）功能仿真，指在一个设计中，在设计实现前验证所创建的逻辑、功能是否正确的过程。布局布线以前的仿真都称作功能仿真，包括综合前仿真（Pre-Synthesis Simulation）和综合后仿真（Post-Synthesis Simulation）。综合前仿真主要针对基于原理框图的设计；综合后仿真既适合原理图设计，也适合基于 HDL 的设计。

（3）时序仿真，是将布线器/适配器所产生的 VHDL 网表文件送到 VHDL 仿真器中所进行的仿真，即接近真实器件运行特性的仿真。因为仿真文件中已包含了器件硬件特性数，因此仿真精度高。

系统设计中，在每个阶段都进行仿真以验证其正确性。在综合前，要进行行为仿真，将 VHDL 源程序直接送到 VHDL 仿真器中仿真，此时的仿真只是根据 VHDL 的语义来进行，与具体电路没有关系。综合后，可利用产生的网表文件进行功能仿真，以了解设计描述与设计意图的一致性。功能仿真仅对设计描述的逻辑功能进行模拟测试，以了解其实现的功能是否满足原设计的要求，仿真过程不涉及具体器件的硬件特性，如延迟特性。时序仿真的网表文件中包含了较为精确的延迟信息。

1.4.5 编程下载

对 FPGA 与 CPLD 的辨别和分类主要根据其结构特点和工作原理来进行。以乘积项结构方式构成逻辑行为的器件称为 CPLD；以查表法结构方式构成逻辑行为的器件称为 FPGA，如 Xilinx 公司的 SPARTAN 系列、Altera 公司的 FLEX10K 或 ACEX1K 系列等。

通常，将对 CPLD 的下载称为编程（Program），对 FPGA 中 SRAM 进行的直接下载称为配置（Configure），但对 OTP FPGA 的下载和对 FPGA 的专用配置 ROM 的下载仍称为编程。

如果编译、综合、布线/适配、行为仿真、功能仿真和时序仿真等过程都没有发现问题，即满足原设计的要求，就可以将由 FPGA/CPLD 布线/适配器产生的配置/下载文件通过编程器或下载电缆载入目标芯片 FPGA 或 CPLD 中。

1.4.6 硬件测试

硬件测试是对含有载入了设计的 FPGA 或 CPLD 的硬件系统进行统一测试，以便最终验证设计项目在目标系统上的实际工作情况，从而排除错误，改进设计。

> **小提示**
>
> 必须学会使用各种类型的 EDA 工具，以方便今后调试开发。

1.5 EDA 技术的发展趋势

进入 21 世纪后，由于更大规模的 FPGA 和 CPLD 器件不断推出，在仿真和设计两方面支持标准硬件描述语言的 EDA 软件不断更新、增加，EDA 技术得到了更大的发展。电子技术全方位纳入 EDA 领域，EDA 使电子领域各学科的界限更加模糊，相互之间更为包容，突出表现在以下几个方面：

（1）使电子设计成果以自主知识产权的方式得以明确表达和确认成为可能；

（2）基于 EDA 工具的 ASIC 设计标准单元已涵盖大规模电子系统及 IP 核模块；

（3）软、硬件 IP 核的应用在电子行业的产业领域、技术领域和设计应用领域得到进一步确认；

（4）SoC 高效低成本设计技术变得成熟。

随着半导体技术、集成技术和计算机技术的迅猛发展，电子系统的设计方法和设计手段都发生了很大的变化。可以说 EDA 技术是电子设计领域的一场革命，传统的"固定功能集成块+连线"的设计方法正逐步退出历史舞台，而基于芯片的设计方法正成为现代电子系统设计的主流。系统集成芯片成为 IC 设计的发展方向，这一发展趋势表现在如下几个方面：

（1）超大规模集成电路的集成度和工艺水平不断提高，深亚微米（Deep-Submicron）工艺，如 0.18 μm、0.13 μm 已经走向成熟，在一个芯片上完成系统级的集成已成为可能。

（2）市场对电子产品提出了更高的要求，如必须降低电子系统的成本、减小系统的体积等，从而对系统的集成度不断提出更高的要求。

（3）高性能的 EDA 工具得到长足的发展，其自动化和智能化程度不断提高，为嵌入式系统设计提供了功能强大的开发环境。

（4）计算机硬件平台性能大幅度提高，为复杂的 SoC 设计提供了物理基础。

在我国，EDA 市场已渐趋成熟，不过大部分设计工程师面向的是 PC 主板和小型 ASIC 领域，仅有小部分（约 11%）设计人员开发复杂的片上系统器件。为了与美国的设计工程师形成更有力的竞争，我国的设计队伍有必要购入一些最新的 EDA 技术。如在信息通信领域，要优先发展高速宽带信息网、深亚微米集成电路、新型元器件、计算机及软件技术、第三代移动通信技术、信息管理、信息安全技术，积极开拓以数字技术、网络技术为基础的新一代信息产品，发展新兴产业，培育新的经济增长点。

小提示

作为高等院校电子类相关专业的学生和广大的电子工程师，了解和掌握这一先进技术势在必行，这不仅是提高设计效率的需要，更是时代发展的需要。只有掌握了 EDA 技术才有能力参与世界电子工业市场的竞争，才能生存与发展。

1.6 EDA 技术的应用

如今在机械、电子、通信、航空航天、化工、矿产、生物、医学、军事等各个领域，都有 EDA 的应用。目前 EDA 技术已在各大公司、企事业单位和科研教学部门广泛使用。例如，在飞机制造过程中，从设计、性能测试及特性分析直到飞行模拟，都可能涉及 EDA 技术。本书所指的 EDA 技术，主要针对电子电路设计、PCB 设计和 IC 设计。EDA 设计可分为系统级、电路级和物理实现级。

1.6.1 EDA 技术的应用形式

EDA 技术发展迅猛，在教学、科研、产品设计与制造等方面都发挥着巨大的作用。

（1）在教学方面：几乎所有理工科类（特别是电子信息）高等院校都开设了 EDA 课程。其主要目的是让学生了解 EDA 的基本原理和基本概念，掌握用 HDL 描述系统逻辑的方法，使用 EDA 工具进行电子电路课程的模拟仿真实验并在做毕业设计时能进行简单电子系统的设计，为今后工作打下基础。具有代表性的活动是每两年举办一次的全国大学生电子设计竞赛。

（2）在科研方面：主要是利用电路仿真工具（EWB 或 PSPICE、VHDL 等）进行电路设计与仿真；利用虚拟仪器进行产品测试；将 FPGA/CPLD 器件的开发应用到仪器设备中；从事 PCB 设计和 ASIC 设计等。例如，在 CDMA 无线通信系统中，所有移动手机和无线基站都工作在相同的频段，为了区别不同的呼叫，每个手机有一个唯一的码序列，CDMA 基站必须区别这些码序列以分辨不同的传呼进程。这一判别是通过匹配滤波器的输出显示在输入数据流中探测到特定的码序列而进行的；FPGA 能提供良好的滤波器设计，而且能完成 DSP 高级数据处理功能，因此 FPGA 在现代通信领域获得广泛应用。

（3）在产品设计与制造方面：从高性能的微处理器、数字信号处理器，一直到彩电、音响和电子玩具电路等，EDA 技术不仅应用于前期的计算机模拟仿真、产品测试，而且在 PCB 的制作、电子设备的研制与生产、电路板的焊接、ASIC 的制作过程中也有重要作用。可以说 EDA 技术已经成为电子工业领域不可缺少的技术支持。

1.6.2　EDA 技术的应用场合

近 10 年来，以 EDA 技术为核心的电子设计技术的发展日新月异，尤其是 EDA 工具，它以计算机为平台，融合电子、计算机、自动化等最新的智能技术，研制出通用电子设计工具软件，解决了 PCB 设计、ASIC 设计、SoC 设计等问题。EDA 技术的应用场合如图 1-4 所示。

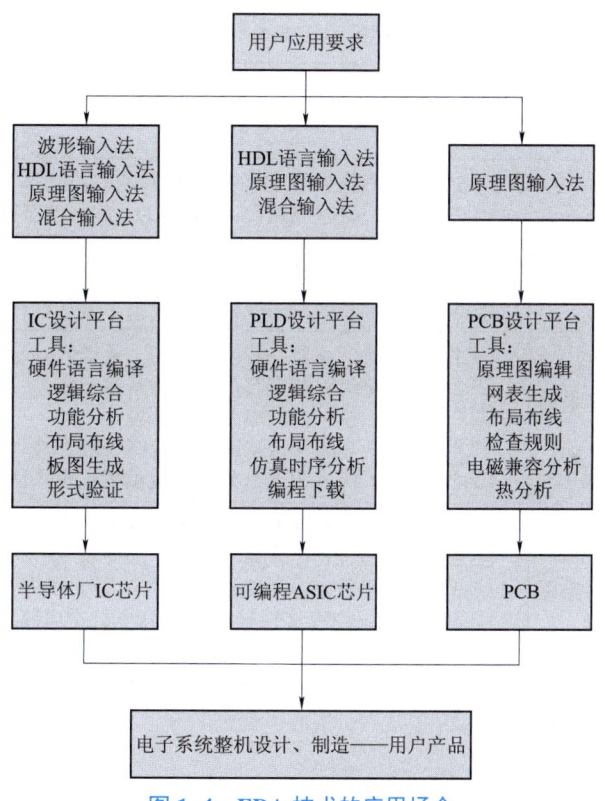

图 1-4　EDA 技术的应用场合

本章小结

本章对 EDA 技术，包括 EDA 技术的概念及其发展历程进行了概述，介绍了 EDA 技术的相关内容：自顶向下的设计方法、ASIC 设计的基本内容、常用的硬件描述语言、主要的 PLD 厂商。在进行 EDA 设计时，必须使用常用的 EDA 工具，按照标准的 EDA 设计流程逐步设计。本章还分析了当前 EDA 技术的发展趋势及其主要应用场合。

课程拓展

一、知识图谱绘制

根据前面知识的学习,请完成本单元所涉及的知识图谱的绘制。

二、EDA 技术应用调研

根据前面知识的学习,请搜集资料完成 EDA 技术在当今科技前沿热点领域的典型应用案例调研,并制作 PPT 进行分享。

三、以证促学

以集成电路设计与验证职业技能等级证书(中级)为例,本章内容与 1+X 证书对应关系如表 1-1 所示。

表 1-1 本章内容与 1+X 证书对应关系

集成电路设计与验证职业技能等级证书(中级)			教材对应小节
工作领域	工作任务	技能要求	
1. 基于 FPGA 的 IC 设计	1.1 数字电路设计	1.1.1 能正确认识常见数字电路模块基本功能。 1.1.2 能使用数字电路设计相关 EDA 软件的基础功能。 1.1.3 能掌握基本的 Verilog/VHDL 等硬件描述语言。 1.1.4 能正确辨识数字电路仿真时序逻辑图。 1.1.5 能正确判断数字电路模块仿真结果是否符合功能要求。	1.3
	1.2 数字电路验证	1.2.1 能正确认识数字芯片验证的主要概念。 1.2.2 能正确认识数字芯片验证的基本方法。 1.2.3 能使用模块级的电路验证环境。 1.2.4 能对简单模块级电路的验证结果进行检查和判断。 1.2.5 能正确进行测试点分解、覆盖率收集等任务。	
	1.3 数字电路综合	1.3.1 能认识芯片从 RTL 到 GDS 的数字后端实现流程。 1.3.2 能分辨各种工艺库。 1.3.3 能使用数字电路综合相关 EDA 软件的基础功能。 1.3.4 能根据约束文件辅助进行简单数字电路模块的逻辑综合工作。 1.3.5 能辅助进行简单数字电路模块的形式验证。	1.4

四、以赛促练

(一)填空题

1. EDA 技术的发展分为_____、_____和_____三个阶段。
2. 常用的 EDA 工具有_____、_____、_____、_____、_____等。
3. EDA 的设计输入一般有_____、_____两种类型。
4. 常用的可编程器件包括_____、_____。

(二)选择题

1. 将设计的系统或电路按照 EDA 开发软件要求的某种形式表示出来,并送入计算机的过程称为(   )。

    A. 设计输入　　　　B. 设计输出　　　　C. 仿真　　　　D. 综合

2. 在 C 语言的基础上演化而来的硬件描述语言是（　　）。
A. VHDL　　　　　B. Verilog HDL　　　C. AHD　　　　　D. CUPL
3. 基于硬件描述语言的数字系统设计目前最常用的设计法称为（　　）设计法。
A. 自底向上　　　B. 自顶向下　　　　C. 积木式　　　　D. 顶层
4. 在 EDA 工具中，能将硬件描述语言转化为硬件电路的重要工具软件称为（　　）。
A. 仿真器　　　　B. HDL 综合器　　　C. 适配器　　　　D. 下载器
5. 在 EDA 工具中，能完成在目标系统器件上布局布线的软件称为（　　）。
A. 仿真器　　　　B. 综合器　　　　　C. 适配器　　　　D. 下载器
6. ISE QuartusII是（　　）。
A. 高级语言　　　B. 硬件描述语言　　C. EDA 工具软件　D. 综合软件

（三）简答题

1. 什么是 EDA？EDA 有什么特点？
2. 简述可编程逻辑器件的设计方法。
3. 在 EDA 设计中，自顶向下设计方法有什么优势？
4. 简述 EDA 工具的作用。
5. 简述 FPGA 设计流程的各个步骤。
6. EDA 主要应用于哪些场合？

第 2 章 可编程逻辑器件及 FPGA 开发简介

【知识目标】
(1) 了解可编程逻辑器件的含义、发展历程及其基本结构;
(2) 掌握 CPLD 和 FPGA 的基本结构及特点;
(3) 掌握 FPGA 和 CPLD 开发应用的不同;
(4) 了解 Xilinx 新型系列器件。

【技能目标】
(1) 熟练掌握 CPLD 的基本结构;
(2) 熟练掌握 FPGA 的基本结构。

【素养目标】
激发科技报国的情怀。

【重点难点】
(1) CPLD 和 FPGA 的结构特点;
(2) Xilinx 新型系列器件的使用。

【参考学时】
8 学时。

课程引入

木之就规矩，在梓匠轮舆

——韩愈《符读书城南》

木材能够按照圆规曲尺制成器具，在于匠人们细致的劳作。比喻做一件高品质的物品，关键在制作者所秉承的工匠精神。

可编程逻辑器件本质是一种半定制的数字集成电路芯片，而集成电路芯片制造的载体是晶圆（Wafer）。

那么你知道用什么材料来制备晶圆吗？是用沙子作为原材料来制备晶圆的！

选择沙子的主要原因是因为沙子的主要成分是 SiO_2，而半导体的原材料就是硅（Si），所以直接从沙子里面提取就可以了。其次是沙子便宜，沙子到处都有。而且 Si 元素在地球的含量仅次于氧，多得很。

当然，后来又发展到 GaAs、SiGe、GaN 材料。

总结一下：我们即将学习的可编程逻辑器件居然从沙子制备而来的。

与传统数字电路系统相比(例如在数字电子技术课程中使用过的 74 系列芯片)，FPGA 等可编程逻辑器件具有可编程、高集成度、高速和高可靠性等优点，通过配置器件内部的逻辑功能和输入/输出端口，将原来电路板级的设计放在芯片中进行，提高了电路性能，降低了印刷电路板设计的工作量和难度，有效提高了设计的灵活性和效率。

与 ASIC 相比，FPGA 等可编程逻辑器件具有显著的优势：开发周期短、前期投资风险小、产品上市速度快、市场适应能力强和硬件升级空间大；当产品定型和扩大产量后，在 FPGA 中实现的设计也可迅速定制为专用芯片进行投产；在新工艺节点上用 FPGA 转换和重新实现已有 ASIC 产品，将使产品的升级更容易。

FPGA 作为一种半定制的专用集成电路，与新一代信息技术、人工智能、生物技术、新能源、新材料、高端装备、绿色环保以及其他众多新技术、新领域有着千丝万缕的联系。

那么，让我们从现在开始来一起了解"无所不能"的可编程逻辑器件吧！

2.1 可编程逻辑器件基础

可编程逻辑器件（Programmable Logic Device，PLD）是一种半定制集成电路，其内部集成了大量的门和触发器等基本逻辑电路，用户通过编程来改变 PLD 内部电路的逻辑关系或连线，就可以得到需要的设计电路。可编程逻辑器件的出现改变了传统的数字系统设计方法，其设计方法为 EDA 技术提供了广阔的发展空间，并极大地提高了电路设计的效率。

2.1.1 可编程逻辑器件简介

可编程逻辑器件是在 20 世纪 80 年代发展起来的新型器件，用户可根据自己的需要设计逻辑功能并对此器件进行编程。

数字集成电路通常由标准的小规模、中规模、大规模的器件组成，而这些器件的逻辑功能在出厂时已经由厂商设计好了的，用户只能根据其提供的功能及管脚设计其需要的电路。考虑到这些器件的通用性，其在使用时有许多功能是多余的，并且由于管脚的排布固定，在设计 PCB 时电路的连线极为不便；而 PLD 内部具有大量组成数字电路的最小单元——门电路，这些门电路并没有固定连接方式，用方可通过编程的方法设置输入/输出脚的连接，极大地方便了电路设计。

可编程逻辑器件的优点如下。

1. 集成度高

PLD 器件较中小规模集成芯片具有更高的功能集成度，一般来说，一片 PLD 器件可替代 4～

20 片中小规模集成芯片,而更大规模的 PLD(如 CPLD、FPGA)一般采用最新的集成电路生产工艺,可达到极大的规模,这些器件的出现降低了电子产品的成本,缩小了电子产品的体积。

2. 设计速度快

一方面 PLD 器件集成度的提高缩短了电子产品设计中的布线时间及器件的安装时间;另一方面由于 PLD 器件的设计是利用计算机进行辅助设计的,其可以通过计算机的辅助设计软件对设计的电路进行仿真和模拟,缩短了传统设计过程中调试电路的时间。另外,由于 PLD 器件是既可擦除又可编写的,故即使设计有问题,修改也很方便。

3. 性能高

由于 PLD 器件在生产过程中采用了最新的生产工艺及技术,故通用 PLD 器件的性能优于一般的通用器件,其速度比一般的通用器件高 1~2 个数量级。另外,由于器件数量的减少,电路的总功耗也相应降低。

4. 可靠性高

可靠性是数字系统的一项重要指标。根据可靠性理论可知,器件的数量增加,系统的可靠性将下降;反之将提高。采用 PLD 器件可减少器件的数量,器件的减少还导致 PCB 的布线减少,同时也减少了器件之间的交叉干扰和可能产生的噪声源,使系统运行更可靠。

5. 成本低

PLD 器件的上述优点使电子产品在设计、安装、调试、维修、器件品种库存等方面的成本下降,从而使电子产品的总成本降低,提高了产品的竞争力。

2.1.2　可编程逻辑器件的发展历史

可编程逻辑器件的发展可以划分为 4 个阶段,即从 20 世纪 70 年代初到 70 年代中为第 1 阶段,20 世纪 70 年代中到 80 年代中为第 2 阶段,20 世纪 80 年代中到 90 年代末为第 3 阶段,20 世纪 90 年代末至今为第 4 阶段。

第 1 阶段的可编程逻辑器件只有简单的可编程只读存储器(PROM)、可擦除可编程只读存储器(EPROM)和电可擦只读存储器(EEPROM)3 种。由于结构的限制,它们只能完成简单的数字逻辑功能。

第 2 阶段出现了结构上稍微复杂的可编程阵列逻辑(PAL)和通用阵列逻辑(GAL)器件,它们能够完成各种逻辑运算功能。这一阶段典型的 PLD 由"与"和"非"阵列组成,用"与或"表达式实现任意组合逻辑,所以 PLD 能以乘积的形式完成大量的逻辑组合。

第 3 阶段 Xilinx 公司和 Altera 公司分别推出了与标准门阵列类似的 FPGA 和类似 PAL 结构的扩展性 CPLD,提高了逻辑运算的速度。它们都具有体系结构和逻辑单元灵活、集成度高以及适用范围宽等特点,兼有 PLD 和通用门阵列的优点,能够实现超大规模的电路,编程方式也很灵活,成为产品原型设计和中小规模(一般小于 10 000 件)产品生产的首选。这一阶段,CPLD、FPGA 器件在制造工艺和产品性能上都获得了长足的发展,达到了 0.18 μm 工艺和数百万门的规模。

第 4 阶段出现了 SOPC 和 SoC 技术,这是 PLD 和 ASIC 技术融合的结果,它们涵盖了实时化数字信号处理技术、高速数据收发器、复杂计算以及嵌入式系统设计技术的全部内容。Xilinx 公司和 Altera 公司也推出了相应的 SoC FPGA 产品,制造工艺达到 65 nm,系统门数也超过百万。这一阶段的逻辑器件内嵌入了硬核高速乘法器、Gbits 差分串行接口、时钟频率高达 500 MHz 的 PowerPC 微处理器、软核 MicroBlaze、Picoblaze、Nios 以及 NiosII,不仅实现了软件需求和硬件设计的完美结合，还实现了高速与灵活性的完美结合。它已超越了 ASIC 器件的性能和规模，也超越了传统意义上 FPGA 的概念，使 PLD 的应用范围从单片扩展到系统级。目前，基于 PLD 片上可编程的概念仍在进一步发展。

> **注意**
>
> 有些教程没把第 4 阶段纳入可编程逻辑器件的发展历程。

2.1.3　可编程逻辑器件的基本结构

可编程逻辑器件按基本结构主要分为两类，一类是与–或阵列结构；另一类是查找表结构。

与–或阵列结构如图 2-1 所示，它主要由输入电路、可编程与阵列、可编程或阵列和输出电路构成。各部分主要作用如下：

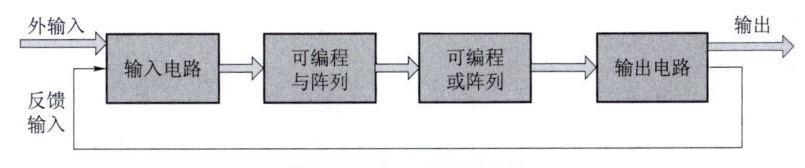

图 2-1　与–或阵列结构

（1）输入电路：将外输入信号或反馈信号转换成其相应的原变量或反变量。

（2）可编程与阵列：生成对应于与–或逻辑表达式中的与项，在可编程逻辑器件中，有多个按一定规律排列的与逻辑门，其输入来自输入电路的输出。

（3）可编程或阵列：生成对应于与–或逻辑表达式中的或项。在可编程逻辑器件中，有多个按一定规律排列的或逻辑门，它们的输入来自可编程与阵列的输出。

（4）输出电路：在输出电路中，有多个按一定规律排列的寄存器、多路选择器、三态逻辑输出门，其输入来自可编程或阵列的输出。输出电路主要完成直接输出、寄存器输出及输出信号的反馈、三态输出等。

查找表实际上是一个根据逻辑真值表或状态转移表设计的 RAM 逻辑函数发生器，其工作原理类似于用 ROM 实现的组合逻辑电路。在查找表结构中，RAM 存储器预先加载要实现的逻辑函数真值表，输入变量作为地址用来从 RAM 存储器中选择输出逻辑值，以此实现输入变量的所有可能的逻辑函数。一个 4 输入查找表可以看成一个有 4 位地址线的 16×1 位的 RAM，查找表的输入等效于 RAM 的地址码，通过查找 RAM 中地址码对应的存储内容，就可得到对应的组合逻辑输出。

查找表结构与与–或阵列结构的主要区别是在实现逻辑运算上。与–或阵列结构可编程逻辑器件是用与阵列和或阵列实现逻辑运算，查找表结构是用存储逻辑的逻辑单元实现逻辑运算。

2.1.4　可编程逻辑器件的分类

1. 按集成度分类

集成度是可编程逻辑器件一项很重要的指标，如果按集成度分类，可编程逻辑器件可分为简单可编程逻辑器件（SPLD）和高密度可编程逻辑器件（HDPLD）。通常将 PROM、PLA、PAL 和 GAL 这 4 种 PLD 产品划归为简单可编程逻辑器件，而将 CPLD 和 FPGA 统称为高密度可编程逻辑器件，如图 2-2 所示。

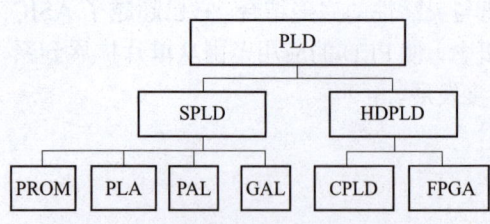

图 2-2 可编程逻辑器件按集成度分类

2. 按结构分类

目前常用的可编程逻辑器件都是从与-或阵列和门阵列两类基本结构发展起来的，所以可从结构上将其分为两大类：PLD 器件——基本结构为与-或阵列的器件；FPGA 器件——早期的基本结构为门阵列，目前已发展到逻辑单元（包含门、触发器等）阵列。

PLD 是最早的可编程逻辑器件，它的基本逻辑结构由与阵列和或阵列组成，能够有效地实现"积之和"形式的布尔逻辑函数。

小提示

FPGA 是最近 10 年发展起来的另一种可编程逻辑器件，它的基本结构类似于门阵列，能够实现一些较大规模的复杂数字系统。PLD 主要通过修改具有固定内部电路的逻辑功能来编程，FPGA 主要通过改变内部连线的布线来编程。

3. 按编程工艺分类

（1）熔丝（Fuse）或反熔丝（Antifuse）编程器件。PROM 器件、Xilinx 公司的 XC5000 系列器件和 Actel 公司的 FPGA 器件等采用这种编程工艺。

（2）U/EPROM 编程器件，即紫外线擦除/电可编程器件。大多数 FPGA 和 CPLD 采用这种编程工艺。

（3）EEPROM 编程器件，即电擦写编程器件。GAL 器件、ispLSI 器件采用这种编程工艺。

（4）SRAM 编程器件。Xilinx 公司的 FPGA 是这类器件的代表。

2.2 CPLD 的基本结构及特点

CPLD 的实现原理与典型结构（微课）

高密度可编程逻辑器件是随着半导体工艺的不断完善，在用户对器件集成度的要求不断提高的形势下发展起来的。人们最初在 EPROM 和 GAL 的基础上推出可擦除可编程逻辑器件，也就是 EPLD（Erasable PLD），其基本结构与 PAL/GAL 相似，但集成度高得多。近年来，器件的密度越来越高，很多公司把 EPLD 的产品改称为 CPLD，但为了与 FPGA、ISP-PLD 加以区别，一般把限定采用 EPROM 结构实现较大规模的 PLD 称为 CPLD。

目前，世界上主要的 PLD 制造商，如 Xilinx 公司、Altera 公司和 Lattice 公司等，都生产 CPLD 产品。不同的 CPLD 有各自的特点，但总体结构大致相似。本节以 Xilinx 公司的 XC9500 系列器件为例介绍 CPLD 的基本原理和结构。

XC9500 系列器件（XC9500、XC9500XL、XC9500XV）在结构上基本相同，如图 2-3 所示。

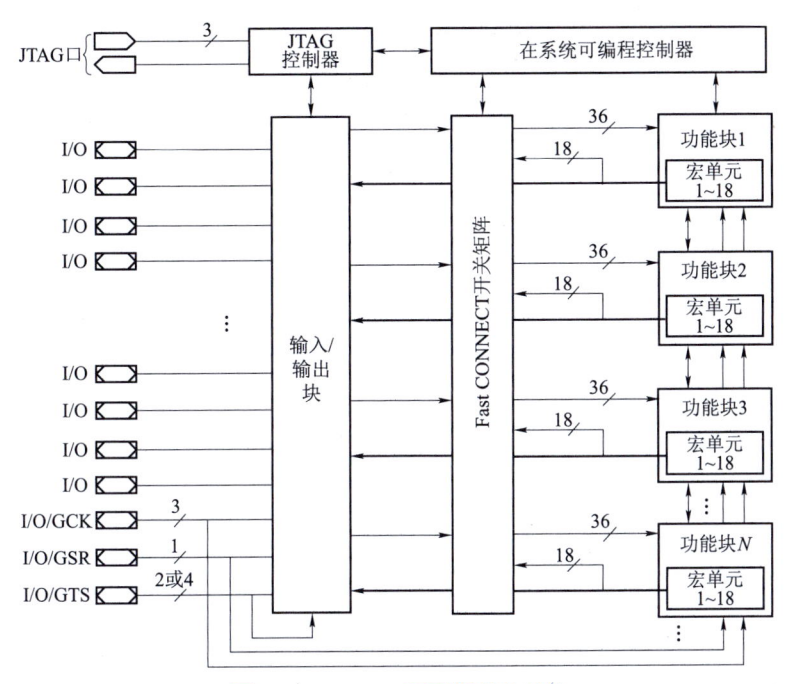

图 2-3　XC9500 系列器件的结构

每个 XC9500 器件由多个功能块（Function Block，FB）和一个输入/输出块（Input/Output Block，IOB）组成，并有一个与 Fast CONNECT 开关矩阵完全互连的子系统。每个 FB 提供具有 36 个输入和 18 个输出的可编程逻辑；IOB 则提供器件输入和输出的缓冲；Fast CONNECT 开关矩阵将所有输入信号及 FB 的输出连到 FB 的输入端。对于每个 FB，有 12~18 个输出（取决于封装的引脚数）及相关的输出使能信号，FB 利用它们直接驱动 IOB。在图 2-3 中，FB 输出线中的粗线直接驱动 IOB。

1. 功能块

每个 FB 由 18 个独立的宏单元组成，每个宏单元可实现一个组合电路或寄存器的功能，如图 2-4 所示。FB 除接收来自 FastCONNECT 开关矩阵的输入外，还接收全局时钟、输出使能和复位/置位信号。FB 产生驱动 FastCONNECT 开关矩阵的 18 个输出，这 18 个信号和相应的输出使能信号驱动 IOB。

FB 的逻辑是利用一个积之和的表达式（即与-或阵列）来实现的。36 个输入连同其互补信号共 72 个信号（对 XC9500XL 器件来说是 54 个输入连同其互补信号共 108 个信号）在可编程与阵列中可形成 90 个乘积项。乘积项分配器则将这 90 个乘积项中的任意几个分配到每个宏单元。

每个 FB 都支持局部反馈通道，它们允许任何数目的 FB 输出驱动到其本身的可编程与阵列中，而不是输出到 FB 的外部。这一特性便于实现非常快速的计数器或状态机功能，因为所有状态寄存器都在同一个 FB 之内。

2. 宏单元

XC9500 器件的每个宏单元（Macro Cell）可以单独配置成组合或寄存的功能，宏单元和相应的 FB 逻辑如图 2-5 所示。

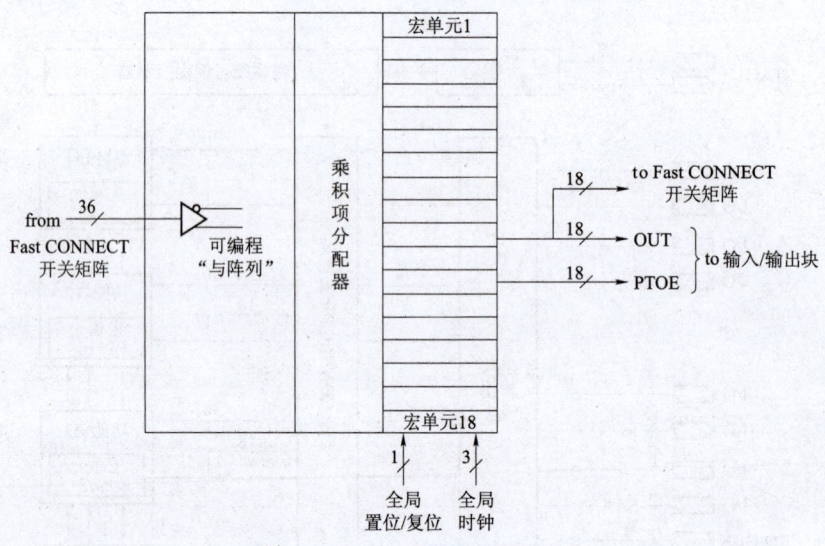

图 2–4　XC9500 系列器件功能块

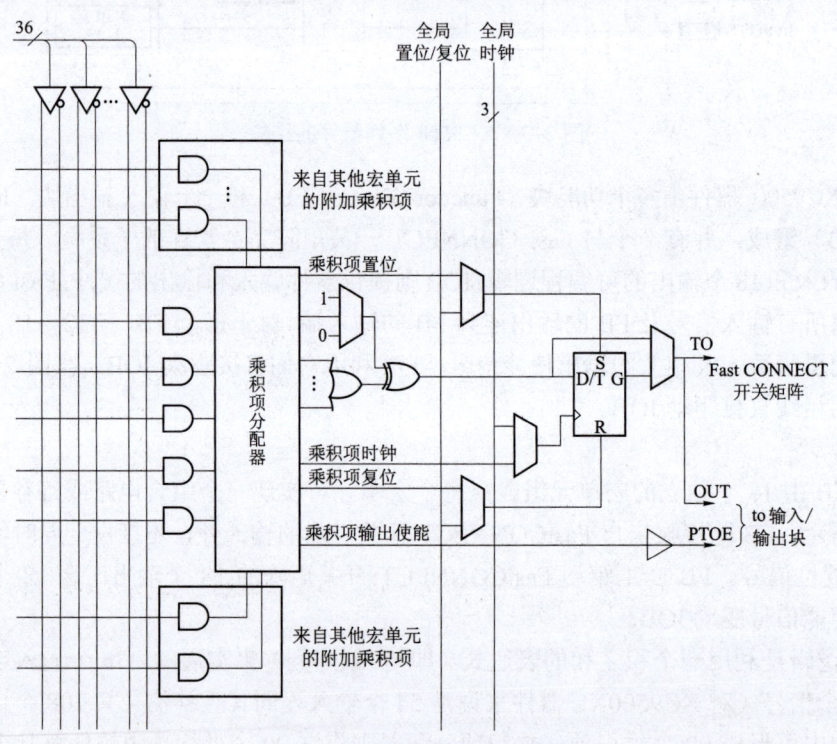

图 2–5　宏单元和相应的 FB 逻辑

与阵列中的 5 个直接乘积项用作原始的数据输入。用 OR（或）门或 XOR（异或）门实现组合功能，它们也可用于时钟、复位/置位和输出使能的控制输入。乘积项分配器的功能与每个宏单元如何选择利用这 5 个直接乘积项有关。

宏单元的寄存器可以配置成 D 触发器或 T 触发器，也可以被旁路（即该寄存器被忽略），从而使宏单元只作为组合逻辑使用。每个寄存器均支持非同步的复位与置位，在加电期间，所有用户寄存器都被初始化为用户定义的预加载状态（默认值为 0）。

所有全局控制信号，包括时钟、复位/置位和输出使能信号对每个单独的宏单元都是有效的。宏单元寄存器的时钟来源于 3 个全局时钟中的任意一个或乘积项时钟，如图 2-6 所示。GCK 及/$\overline{GCK}$ 可以在器件内直接使用。GSR 输入用来置位用户寄存器到用户定义的状态。

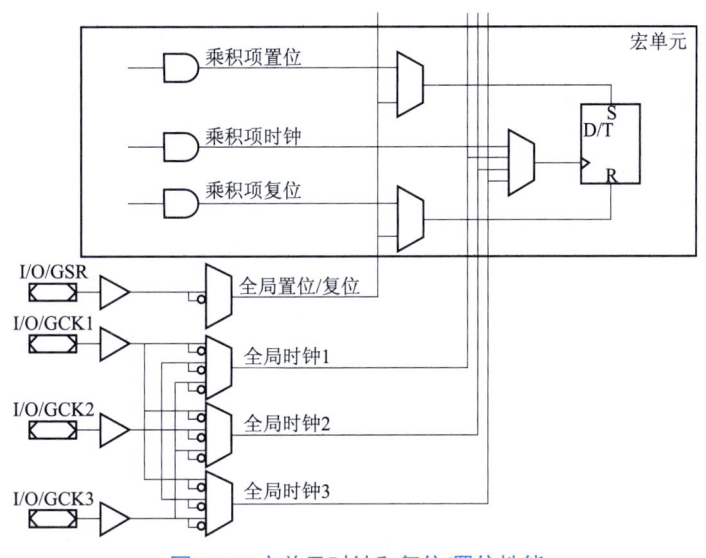

图 2-6　宏单元时钟和复位/置位性能

3. 乘积项分配器

乘积项分配器（Product Term，PT）控制 5 个直接乘积项分配到每个指定单元，例如，所有 5 个直接乘积项可以驱动 OR 函数，如图 2-7 所示。

乘积项分配器可以重新分配 FB 内的其他乘积项以增加宏单元的逻辑能力，它允许超过 5 个直接乘积项，这就要求附加乘积项的任何宏单元都可以存取 FB 内其他宏单元中独立的乘积项。每个宏单元可最多有 15 个乘积项，此时将增加一个小的延时 tPTA，如图 2-8 所示。

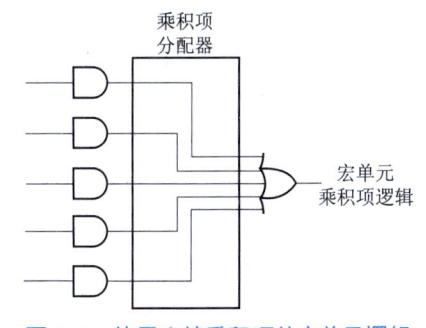

图 2-7　使用直接乘积项的宏单元逻辑

乘积项分配器也可以重新分配 FB 内来自任何宏单元的乘积项，将部分积之和组合到数个宏单元，如图 2-9 所示。在这个例子中，增加的延时仅为 2 tPTA，其对任何宏单元所有的 90 个乘积项都是有效的，最大的附加延时为 8 tPTA。图 2-10 所示为乘积项分配器的内部逻辑。

4. Fast CONNECT 开关矩阵

Fast CONNECT 开关矩阵连接信号到 FB 的输入端，如图 2-11 所示。图中的开关矩阵包括所有 IOB（对应于用户输入引脚）和所有 FB 的输出驱动 Fast CONNECT 开关矩阵。开关矩阵的所有输出都可以通过编程选择来驱动 FB，每个 FB 则最多可接收 36 个来自开关矩阵的输入信号。所有从开关矩阵到 FB 的信号延时都是相同的。

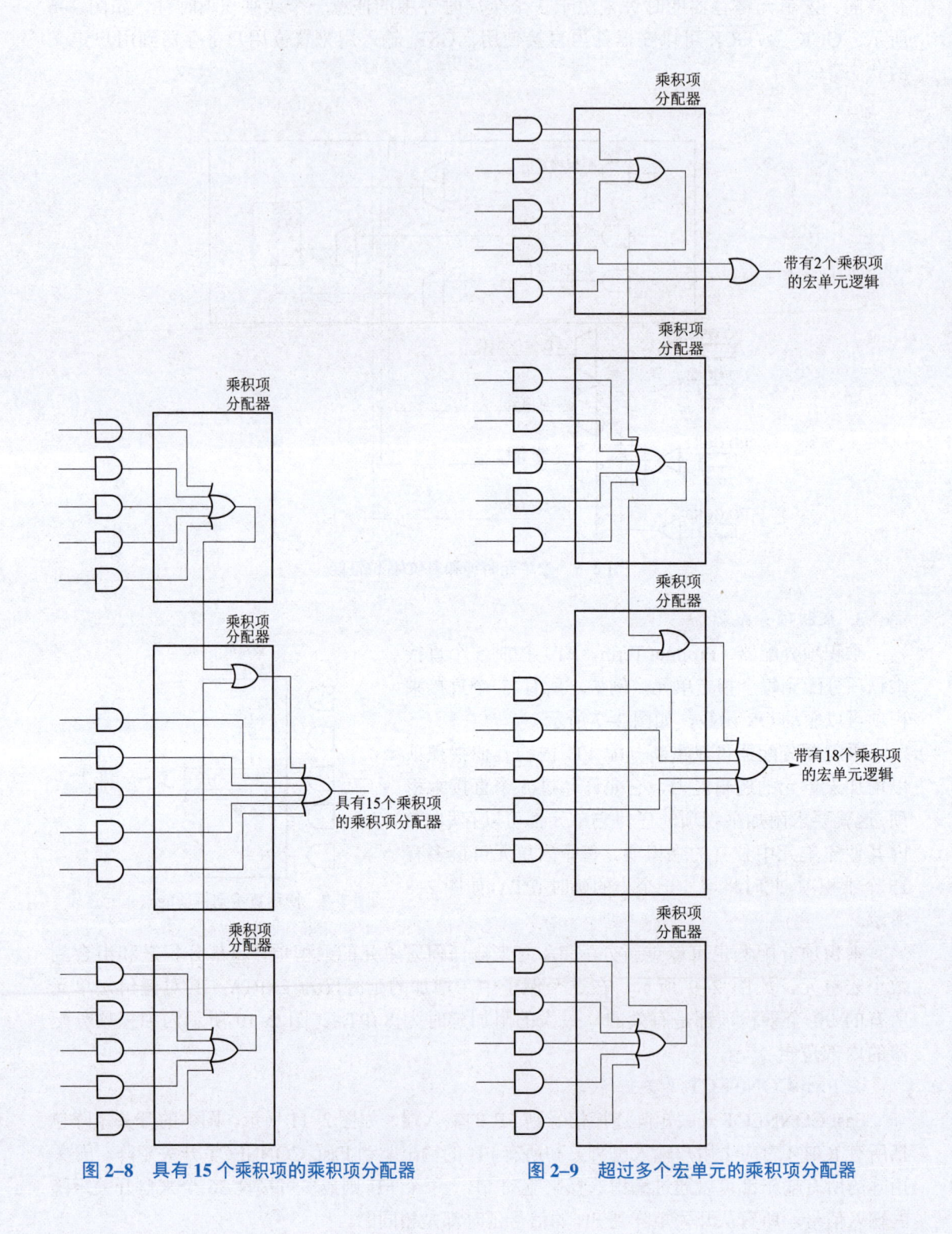

图 2-8　具有 15 个乘积项的乘积项分配器　　　　图 2-9　超过多个宏单元的乘积项分配器

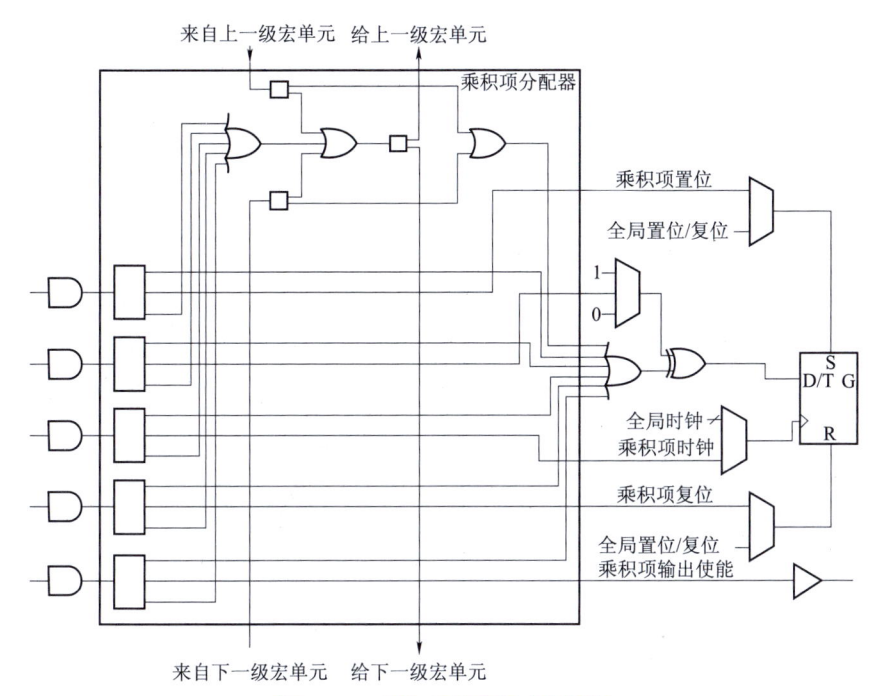

图 2–10　乘积项分配器内部逻辑

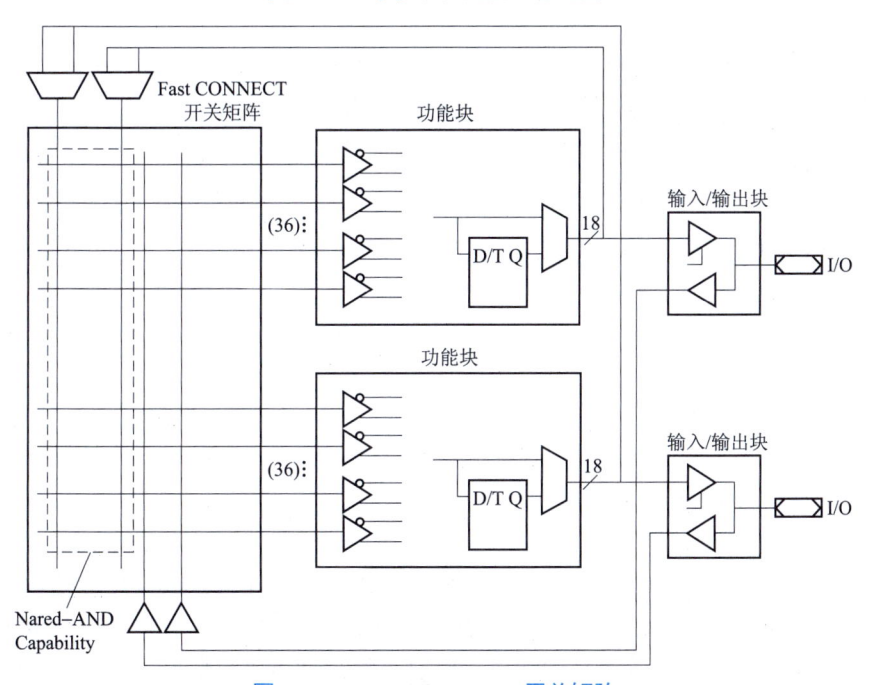

图 2–11　Fast CONNECT 开关矩阵

5. 输入/输出块

输入/输出块（IOB）用来提供内部逻辑电路到用户 I/O 引脚之间的接口。每个 IOB 包括一个输入缓冲器、输出驱动器，输出使能数据选择器和用户可编程接地控制，如图 2–12 所示。

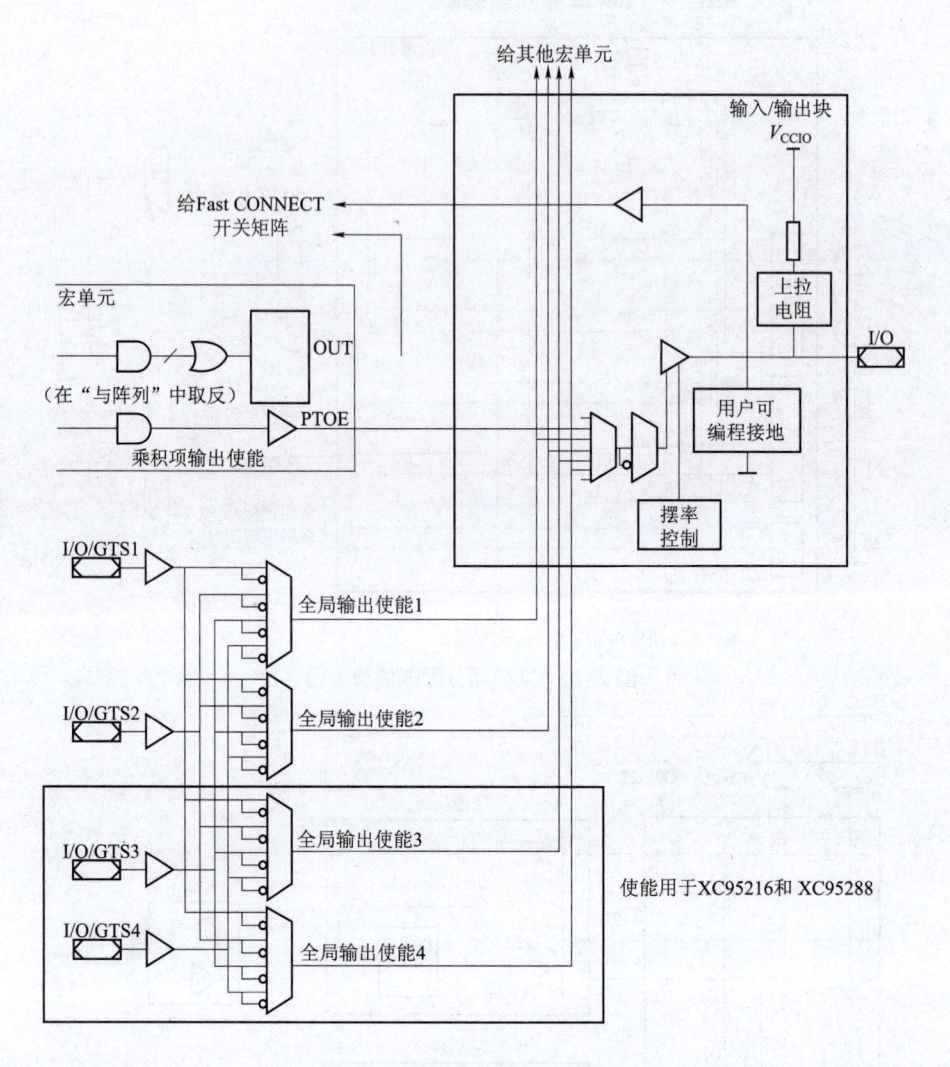

图 2-12　输入/输出块和输出使能信号

输入缓冲器兼容标准 5 V CMOS、5 V TTL 和 3.3 V 信号电平。它利用内部 5 V 电源（V_{CCNT}）确保输入门限为常数，而非随 V_{CCIO} 电压改变。

在图 2-12 中，输出使能信号由输出使能数据选择器提供，它可由 4 种途径产生：① 来自宏单元的乘积项信号 PTOE；② 全局输出使能信号（全局 OE1～OE4）中的任意一个；③ 高电平 1；④ 低电平 0。图 2-12 所示的结构中只有一个输出使能信号，它对应的是宏单元数小于 144 的器件。当器件的宏单元数达到 144 时应有两个输出使能信号，当宏单元数大于或等于 180 时则有 4 个输出使能信号。

每个输出都有独立的输出摆率控制。输出摆率可以通过编程变慢以减少系统噪声，并附加一个时间延时 t_{SLEW}，如图 2-13 所示。

每个 IOB 提供用户编程引脚，允许将器件 I/O 引脚配置为附加的接地引脚。把关键处设置的编程接地引脚与外部的地连接，可以减少由于大量瞬时转换输出而产生的系统噪声。

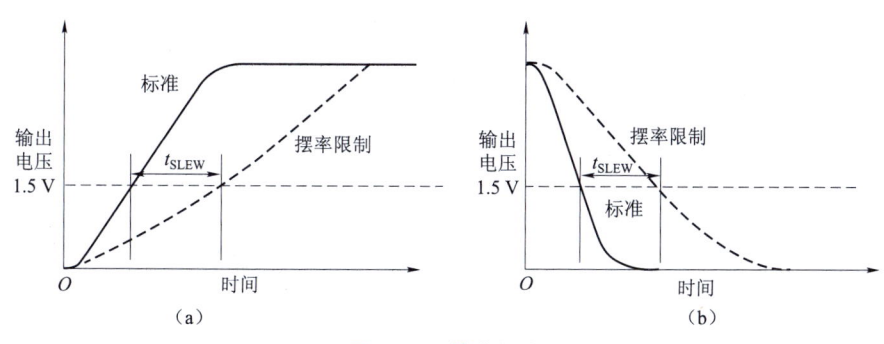

图 2–13 输出摆率

（a）上升沿输出；（b）下降沿输出

控制上拉电阻（典型值为 10 kΩ）接到每个器件的 I/O 引脚，可以防止器件在正常工作时出现引脚悬浮的情况。在器件编程模式和系统加电期间这个电阻是有效的，擦除器件时它也是有效的，但在正常运行器件时这个电阻将无效。

输出驱动器具有支持 24 mA 输出驱动的能力，在器件中的所有输出驱动器可以配置为 5 V TTL 电平或 3.3 V 电平，连接器件的输出电源 V_{CCIO} 为 5 V 或 3.3 V。图 2–14 所示为 XC9500 器件在仅有单电源 5 V 系统或混合电源 3.3 V/5 V 的系统中的使用方式。

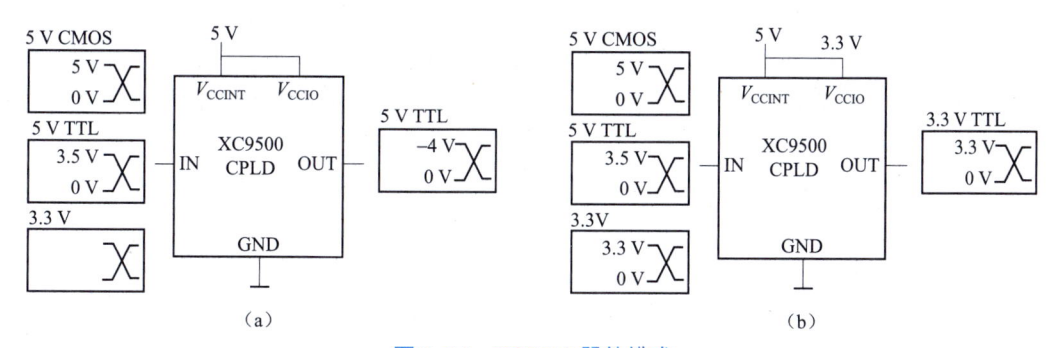

图 2–14 XC9500 器件模式

（a）单电源 5 V 系统；（b）混合电源 3.3 V/5 V 系统

6. 持续性

所有 XC9500 CPLD 均可提供系统内编程，其最小编程/擦除次数可达 10 000 次。每个器件在这个极限内能满足所有的功能、性能和数据存储的技术规定。

7. 低功耗模式

所有 XC9500 器件均可提供针对单个宏单元或横跨所有宏单元的低功率模式，这个特性可使器件功率显著降低。每个单个宏单元可以被用户编程为低功耗模式，这种应用可以保持关键的部件为标准功率模式，而其他部件可以编程为低功率模式，以减小总功耗。编程为低功率模式的宏单元在引脚到引脚的组合延时和寄存器的建立时间内插入附加的延时 t_{LP}，乘积项时钟到输出和乘积项输出使能延时不受宏单元功率时钟的影响。

8. 加电特性

XC9500 器件在所有运行条件下都具有良好的性能。在加电期间，每个 XC9500 器件采用内部电路保持器件在静止状态，直到电源电压 V_{CCINT} 接近安全电平（接近 3.8 V）。在此时间内，所有器件引脚和 JTAG 引脚被禁用，所有器件输出用 IOB 上拉电阻使能禁止。

当电源电压达到安全电平时，所有用户寄存器开始初始化（一般在 100 μs 内），器件立即正常工作。在混合电源 3.3 V/5 V 系统中，加电程序的任何时间 $V_{CCINT} \geqslant V_{CCIO}$。

如果器件在擦除状态（任何用户模式编程之前），器件输出用 IOB 上拉电阻禁止，而使能 JTAG 引脚允许器件在任何时间被编程。

编程完毕，器件处于正常工作状态。器件的输入和输出被使能，JTAG 引脚同时也被使能，从而允许在任何时间擦除器件或进行边界扫描测试。

技巧

将各个模块联系起来理解。

2.3 FPGA 的基本结构及特点

前面介绍的 CPLD 器件是基于乘积项的可编程结构，由可编程的与阵列和固定的或阵列组成。而 FPGA 采用类似掩膜编程门阵列（Mask Programmed Gates Array，MPGA）的通用结构，它由许多独立的可编程逻辑模块（Configurable Logic Block，CLB）排成阵列组成，用户可以通过可编程的互连资源将这些模块连接起来构成任何复杂的逻辑电路。FPGA 不受与-或阵列结构的限制以及触发器和 I/O 端数量的限制，具有更高的集成度、更强的逻辑实现功能和更好的设计灵活性。

FPGA 的实现原理与典型结构（微课）

本节以 Xilinx 公司生产的 XC4000 系列器件为例，介绍 FPGA 的基本结构及各模块的功能。

FPGA（Field-Programmable Gate Array）为一种基于查找表技术的复杂可编程器件。

由于 FPGA 需要被反复烧写，它实现组合逻辑的基本结构不可能像 ASIC 那样通过固定的与非门来完成，而只能采用一种易于反复配置的结构。查找表可以很好地满足这一要求，目前主流 FPGA 都采用基于 SRAM 工艺或者基于 FLASH 工艺的查找表结构，通过每次烧写改变查找表内容的方法实现对 FPGA 的重复配置。

一个 n 输入的逻辑运算，不管是与或非运算还是异或运算等，最多只可能存在 2^n 种结果，若事先将相应的结果存放于一个存储单元，就相当于实现了与非门电路的功能。FPGA 的原理正是如此，它通过烧写文件去配置查找表的内容，从而在电路相同的情况下实现不同的逻辑功能。

以例 2-1 为例，它的真值表如表 2-1 所示。只需将输出 y 的值事先存放在一个 1×16 的 SRAM 或者 FLASH 中，然后用 a、b、c、d 作地址索引查找输出，就可以代替与门运算，得到等价的结果。

【例 2-1】 一个四输入与门电路。

逻辑表达式为：$y = a \cdot b \cdot c \cdot d$

对应的真值表如表 2-1 所示。

表 2–1 真值表

输　　入	输　　出
$a\ b\ c\ d$	y
0 0 0 0	0
0 0 0 1	0
0 0 1 0	0
0 0 1 1	0
0 1 0 0	0
0 1 0 1	0
0 1 1 0	0
0 1 1 1	0
1 0 0 0	0
1 0 0 1	0
1 0 1 0	0
1 0 1 1	0
1 1 0 0	0
1 1 0 1	0
1 1 1 0	0
1 1 1 1	1

FPGA 芯片主要由 6 部分组成，分别为：

（1）可编程输入/输出单元；

（2）可配置逻辑块；

（3）完整的时钟管理；

（4）嵌入式块 RAM；

（5）丰富的布线资源；

（6）内嵌的底层功能单元和专用硬件模块。

其中可配置逻辑块（Configurable Logic Block，CLB）是 FPGA 内的基本逻辑单元。CLB 的实际数量和特性会因器件的不同而不同，但是每个 CLB 都包含一个可配置开关矩阵，此矩阵由 4 或 6 个输入、一些选型电路（多路复用器等）和触发器组成。开关矩阵是高度灵活的，可以对其进行配置以便处理组合逻辑、移位寄存器或 RAM。

在 Xilinx 公司的 FPGA 器件中，CLB 由多个（一般为 4 个或 2 个）相同的 Slice 和附加逻辑构成。每个 CLB 不仅可以用于实现组合逻辑、时序逻辑，还可以配置为分布式 RAM 和分布式 ROM。Xilinx Virtex-5 FPGA 的一个 CLB 包含两个 Slice。Slice 内部包含 4 个 LUT（查找表）、4 个触发器、多路开关及进位链等资源。部分 Slice 还包括分布式 RAM 和 32bit 移位寄存器，这种 Slice 称为 SLICEM，其他 Slice 称为 SLICEL。两个 Slice 是相互独立的，各自分别连接开关阵列，以便与通用布线阵列（General Routing Matrix）相连。Virtex-II 的 CLB 包含 4 个 Slice，如图 2–15 所示。

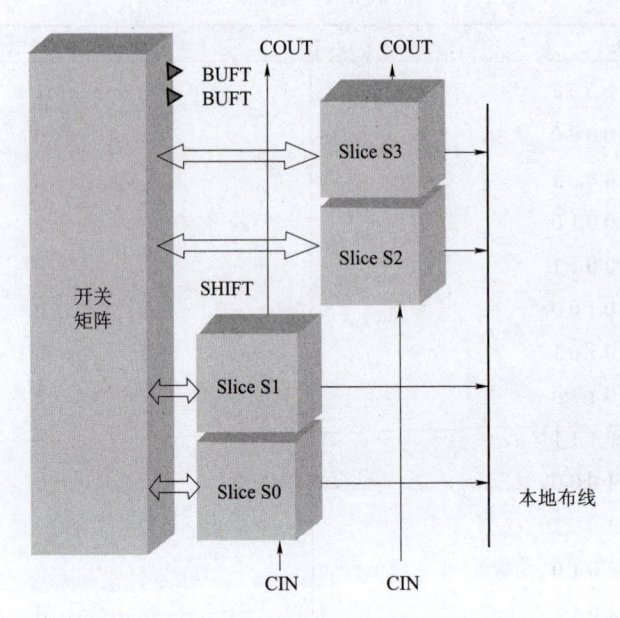

图 2-15 Virtex-Ⅱ 的 CLB 包含 4 个 Slices

图 2-16 所示为一个典型的 4 输入 Slice 结构示意（Virtex-Ⅱ）。

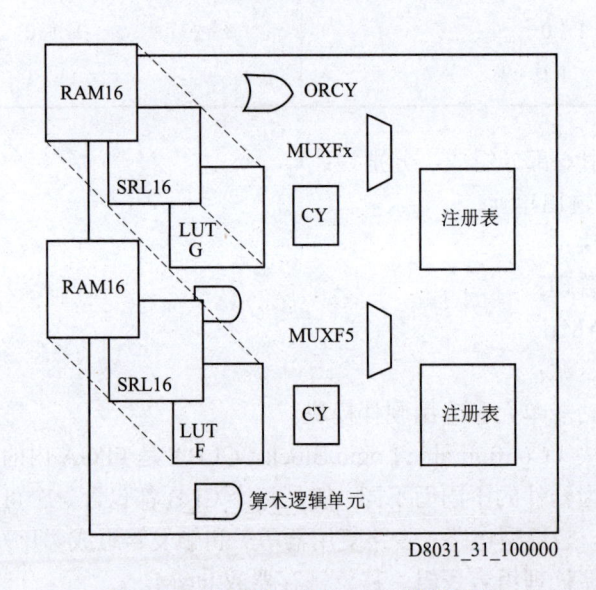

图 2-16 典型的 4 输入 Slice 结构示意

其中专用的多路复用器（MUX）提供了 Slice 和 LUT 之间的连接，如图 2-17 所示。

典型的 FPGA 由可配置逻辑块、输入/输出块（IOB）、可编程连线资源（Programmable Interconnect，PI）和一个用于存放编程数据的静态存储器组成。CLB 是实现各种逻辑功能的基本单元，可实现包括组合逻辑、时序逻辑、RAM 以及各种运算等逻辑功能。CLB 以 $n \times n$ 阵列形式散布于整个芯片，同一系列中不同型号的 FPGA 的阵列规模也不同。IOB 是芯片外部引脚数据与内部数据进行交换的接口电路，通过编程可将 I/O 引脚设置成输入、输出和双

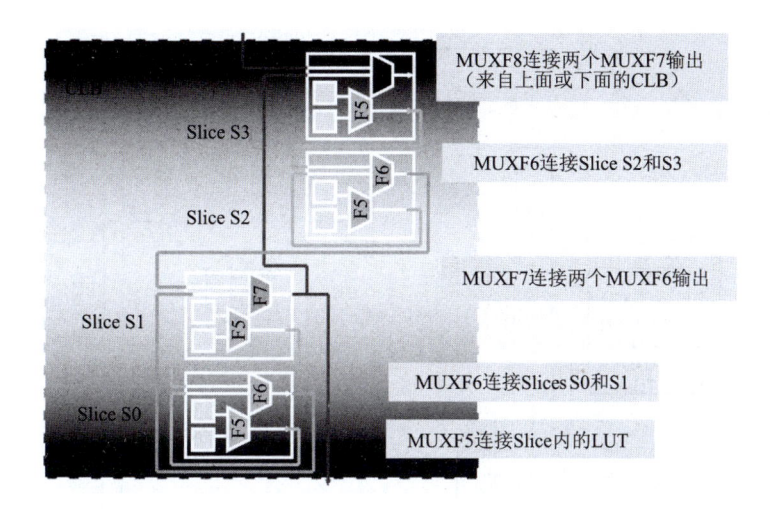

图 2–17　多路复用器连接 Slice 和 LUT

向等不同的功能。IOB 通常分布在芯片的四周。CLB 之间的空隙部分是布线区，分布着可编程连线资源，这些连线资源包括金属导线、可编程开关点和可编程开关矩阵。金属导线以纵横交错的格栅状结构分布在两个层面（一层为横向线段，另一层为纵向线段），有关的交叉点上连接着可编程开关或可编程开关矩阵，通过对可编程开关和可编程开关矩阵的编程实现 CLB 与 CLB 之间、CLB 与 IOB 之间以及全局信号与 CLB 和 IOB 之间的连接。

通过对内部静态存储器的编程确定每个模块的功能，存储在这些存储器中的编程数据决定了 FPGA 的功能。

1. 可配置逻辑块（CLB）

CLB 是 FPGA 中的基本逻辑单元，它可实现绝大多数逻辑功能。XC4000 系列 CLB 简化原理框图如图 2–18 所示。由图 2–18 可知，CLB 中包含 3 个逻辑函数发生器、两个触发器、进位逻辑（图中未画出）、编程数据存储单元、数据选择器及其他控制电路。

逻辑函数发生器是一个 n 输入 2^n 位的存储器，能实现其输入的任何函数。3 个逻辑函数发生器分别以 F、G 和 H 为标志。F 和 G 为 4 输入（变量）逻辑函数发生器，它们的输入是彼此独立的，其输出可通过可编程数据选择器送到 CLB 外，或送到 H 中。F、G 各有 16 个编程数据存储单元，当给这些存储单元写入特定的数据时，便可实现各自特定的逻辑运算，这些编程数据存储单元也称为查找表（Look-Up-Table，LUT）。H 为 3 输入（变量）逻辑函数发生器，其中的两个输入分别由两个数据选择器控制，可以选择 G 以及 F 的输出，另外一个输入取自外部输入信号。由此可见，经过 3 个逻辑函数发生器的两级组合，在 H 可以实现多达 9 个输入（变量）的组合逻辑函数，使 CLB 的组合逻辑能力得到进一步提高。

CLB 中有两个边沿 D 触发器，其输入可从逻辑函数发生器或 CLB 的外部得到。它们的时钟信号是共享的，可以通过各自的选择器选择上升沿触发或下降沿触发。触发器还带有异步置位和复位选择。

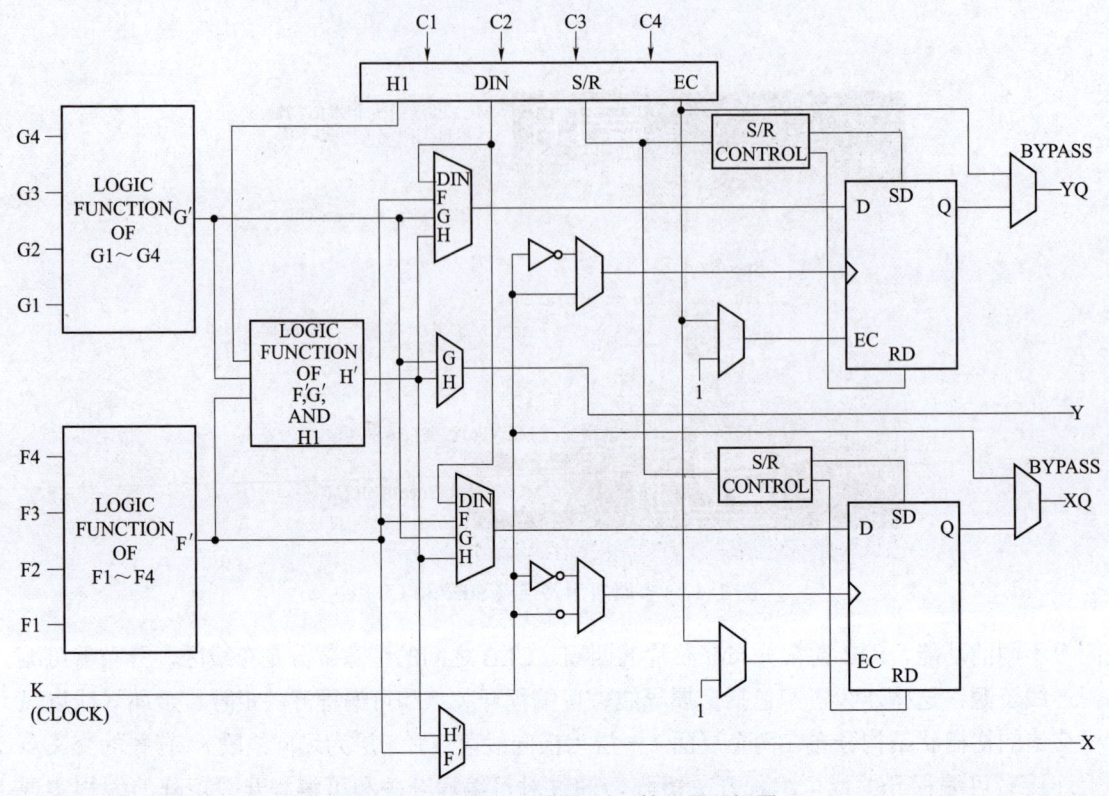

图 2–18　XC4000 系列 CLB 简化原理框图

为了提高 FPGA 算术运算的速度，CLB 中引入了快速进位逻辑。快速进位逻辑由专门的硬件实现，通过一定的配置激活，它使 CLB 中的两个 4 输入（变量）逻辑函数发生器构成含固定隐含进位的两位加法器，且可被扩展到任意长度。

CLB 除了可以实现一般的组合逻辑功能和时序逻辑功能外，F 和 G 的各 16 个编程数据存储单元还可作为读/写存储器使用。此时，一个 CLB 可以构成两个容量为 16×1 的 RAM 或一个 32×1 的 RAM。数据写入可采用边沿触发或电平触发两种方式。G 的编程数据存储单元还可设置成 16×1 的双口 RAM（可同时进行读操作和写操作）。

2. 输入/输出块（IOB）

IOB 是 FPGA 外部封装引脚和内部逻辑间的接口。每个 IOB 对应一个封装引脚，通过在与 IOB 有关的编程数据存储单元中写入不同的数据，可将引脚定义为输入、输出和双向功能。XC4000 系列 IOB 简化原理框图如图 2–19 所示。

IOB 中有输入和输出两条信号通道。当 I/O 引脚用作输出时，内部逻辑信号由 Out 端进入 IOB 模块，通过对选择器编程可选择是否反相，再由下一个选择器选择是直接送三态缓冲器还是经过 D 触发器寄存后再送三态缓冲器。三态缓冲器的使能控制信号 T 也可以通过编程定义为高电平有效或低电平有效。当 T 有效时，输出信号经三态缓冲器输出到 I/O 引脚。另外，对三态缓冲器还可进行摆率（电平跳变的速率）控制，可以选择快速和慢速两种方式：选择快速方式可适应频率较高的信号输出；选择慢速方式可减小功耗和降低噪声。当 I/O 引脚用作输入时，引脚上的输入信号经过三态缓冲器，可以直接由 I_1、I_2 进入内部逻辑电路，也可以经 D 触发器寄存后输入内部逻辑电路。输入通路和输出通路中的两个 D 触发器共用一

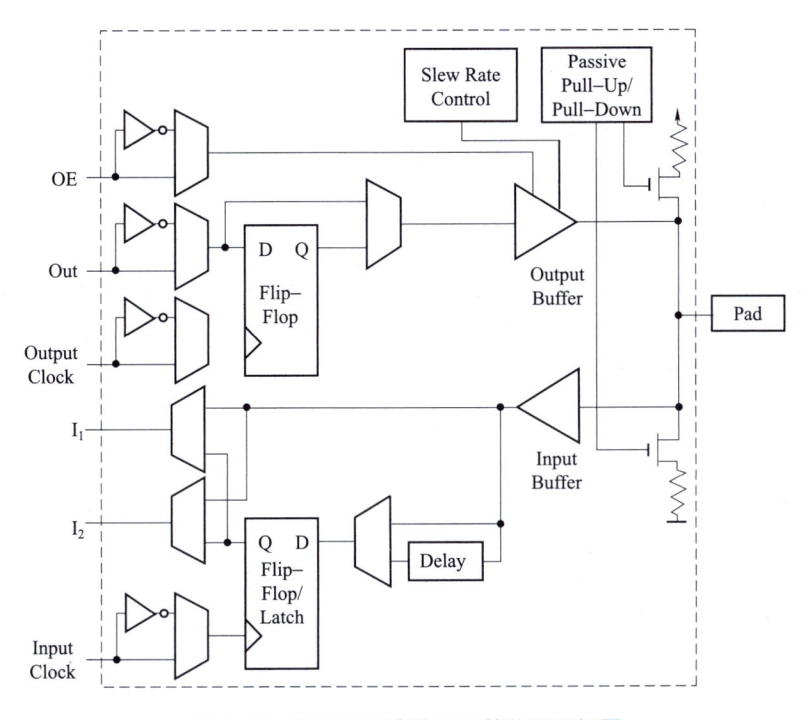

图 2-19　XC4000 系列 IOB 简化原理框图

个时钟使能控制信号 CE，但它们有各自的时钟脉冲 Input Clock 和 Output Clock，且可编程为上升沿触发或下降沿触发。没有用到的引脚可由上拉、下拉控制电路控制，通过上拉电阻接电源电压或通过下拉电阻接地，以免引脚悬空产生振荡而增加附加功耗和系统噪声。上拉、下拉电阻的阻值一般为 50～100 kΩ。

3．可编程连线资源（PI）

可编程连线资源分布在 CLB 阵列的行、列间隙上，由水平和垂直的两层金属线段组成格栅状结构。XC4000 系列中有 5 种类型的可编程连线：单长线、双长线、长线、全局时钟线和进位链。

单长线的长度相当于两个 CLB 之间的距离，它们通过开关矩阵与其他单长线相连。双长线的长度相当于 2 倍的单长线的长度。双长线每经过两个 CLB 间距才进入开关矩阵，它们两根一组，交叉穿过 CLB。除时钟端（K）输入外，所有 CLB 的输入均可由相邻的双长线驱动，且每个 CLB 的输出也可驱动水平和垂直方向的相邻双长线。长线是贯穿于整个阵列的水平或垂直线段，它们不经过开关矩阵，每条长线的中点处有一个可编程的分离开关，可将长线分成两条独立的布线通道。全局时钟线只分布在垂直方向上。

单长线与 CLB 输入、输出间有许多直接连接点，因此有很高的布线成功率。单长线提供了最好的互连灵活性和相邻模块的快速布线。由于信号每经过一个开关矩阵都要产生一定的延时，所以单长线不适合长距离传输的信号。与单长线相比，双长线减少了经过矩阵开关的数量，能更有效地提供中等距离的信号通道，提高了系统的工作速度。长线通常用于高扇出和时间要求苛刻的信号。全局时钟线主要用来提供全局的时钟信号和高扇出的控制信号。

FPGA 的 CLB 阵列结构形式克服了 PAL 等 PLD 中固定的与-或阵列结构的局限性，在组成一些复杂的、特殊的数字系统时显得更加灵活。同时，由于加大了可编程 I/O 端口的数目，各引脚信号的安排也更加方便和合理。

FPGA 本身也存在着一些明显的缺点。首先，它的信号传输延迟时间不是确定的。在构成复杂的数字系统时一般总要将若干个 CLB 组合起来才能实现，而由于每个信号的传输途径各异，所以传输延迟时间也就不可能相等。这不仅会给设计工作带来麻烦，也限制了器件的工作速度，CPLD 就不存在这个问题。其次，由于 FPGA 中的编程数据存储器是一个静态随机存储器，所以断电后数据会丢失。因此，每次开始工作时都要重新装载编程数据，并需要配备保存编程数据的 EPROM，这些都给使用带来不便。此外，FPGA 的编程数据一般是存放在 EPROM 中的，而且要读出并送到 FPGA 的 SRAM 中，因此不便于保密。CPLD 中设有加密编程单元，加密后可以防止编程数据被读出。

> **小提示**
>
> FPGA 自 1985 年由美国 Xilinx 公司首次推出后，受到世界范围内电子工程师的普遍欢迎并因此得到迅速发展。目前，各种改进结构的 FPGA 已在芯片上集成 300 万门，同时 FPGA 具有用户现场可编程、产品上市快的特点，这使 FPGA 成为 20 世纪 90 年代以来电子系统集成化的重要手段。

2.4　FPGA 和 CPLD 的性能比较和开发应用选择

2.4.1　FPGA 和 CPLD 的性能比较

由前面的分析可知，FPGA 和 CPLD 各有不能取代的优点，这也正是两种器件目前都得到广泛应用的原因。FPGA 与 CPLD 在结构上的主要区别如下：

（1）逻辑块的粒度不同。

逻辑块指 PLD 芯片中按结构划分的功能模块，它有相对独立的组合逻辑阵列，块间靠互连系统联系。

FPGA 中的 CLB 是逻辑块，其特点是粒度小，输入变量为 4～8 个，输出变量为 1～2 个，因此只是一个逻辑单元。每块芯片中有几十到近千个这样的单元。CPLD 中逻辑块粒度较大，通常有数 10 个输入端和 1～20 个输出端，每块芯片只分成几块。有些集成度较低的（如 ATV2500）则干脆不分块。显然，如此粗大的分块结构在使用时不如 FPGA 灵活。

（2）逻辑之间的互连结构不同。

逻辑系统通常可分为两大类型：一类是控制密集型；另一类是数据密集型。控制密集型也称为逻辑密集型，如高速缓存控制、DRAM 控制和 DMA 控制等，它们仅需要很少的数据处理能力，但逻辑关系一般都复杂。数据密集型需要大量数据处理能力，其应用多见于通信领域。为了选择合适的 PLD 芯片，应从速度与性能、逻辑利用率、使用方便性、编程技术等方面进行考查。

① 速度与性能。数据密集型系统，如通信中对信号进行处理的二维卷积器，每个单元所需要的输入端较少，但需要很多这样的逻辑单元。这些要求与 FPGA 的结构吻合。因为 FPGA

的粒度小，其输入到输出的传输延迟时间很短，因此能获得高的单元速度。

而控制密集型系统通常是输入密集型的，逻辑复杂，CLB 的输入端往往不够用，需要把多个 CLB 串行级联使用，同时 CLB 之间的连接有可能通过多级通用 PI 或长线，导致速度急剧下降，因此实际的传输延迟时间大于 CPLD。比如实现一个 DRAM 控制器，它由 4 个功能块组成：刷新状态机、刷新地址计数器、刷新定时器和地址选择开关，需要的输入端有几十个，显然用 CPLD 更合适。

② 逻辑利用率。逻辑利用率是指器件中资源被利用的程度。CPLD 的逻辑寄存器少，FPGA 的逻辑弱而寄存器多，这正好与控制密集型系统与数据密集型系统相对应。比如，规模同为 6000PLD 门的 ispLSI1032 有 192 个寄存器，而 XC4005E 有 616 个寄存器。因此从逻辑利用率的角度出发，对于组合电路类较复杂的设计，宜采用颗粒较粗的 CPLD；对于时序电路中触发器较多的设计，宜采用颗粒较细的 FPGA。

③ 使用方便性。对使用方便性，首先要考虑性能的可预测性，在这点上 CPLD 优于 FPGA。因为对于 CPLD，通常只要输入/输出端口数、内部门和触发器数目不超过芯片的资源并有一定裕量，总是可以实现的。而 FPGA 则很难预测，因为完成设计所需的 CLB 逻辑级数是无法事先确定的，只有靠多次试验才能得到满意的结果。

④ 编程技术：FPGA 编程信息存放在外部存储器中，要附加存储器芯片，其保密性差，断电后数据易丢失。而 CPLD 采用最佳的 E^2CMOS 技术。

⑤ 低功耗的器件如接负载重，不仅使器件工作频率降低，还可能损伤芯片。

2.4.2　FPGA 和 CPLD 的开发应用选择

FPGA 和 CPLD 同属于近年发展起来的大规模可编程专用集成电路（ASIC）。可编程 ASIC 器件的使用，使电子产品具有小型化、集成化和高可靠性的特点。FPGA 器件的现场可编程技术和 CPLD 器件的系统可编程（ISP）技术，使可编程 ASIC 器件在使用上更为方便。随着 EDA 技术的进步和软件开发系统的日趋完善，应用 FPGA 和 CPLD 进行电子系统设计已成为发展趋势。但是，CPLD 和 FPGA 的内部结构不同，各有特点，这决定了它们的应用领域各有侧重。

（1）CPLD 更适合完成各种算法和组合逻辑，而 FPGA 更适合完成时序逻辑。换句话说，FPGA 更适用于触发器丰富的结构，而 CPLD 更适用于触发器有限而乘积项丰富的结构。

（2）CPLD 的连续式布线结构决定了它的时序延迟是均匀的和可预测的，而 FPGA 的分段式布线结构决定了其延迟的不可预测性。

（3）在编程上 FPGA 比 CPLD 具有更大的灵活性。CPLD 通过修改具有固定内连电路的逻辑功能来编程，FPGA 主要通过改变内部连线的布线结构来编程；FPGA 可在逻辑门下编程，而 CPLD 是在逻辑块下编程。

（4）FPGA 的集成度比 CPLD 高，具有更复杂的布线结构和逻辑实现。

（5）CPLD 比 FPGA 使用起来更方便。CPLD 的编程采用 EEPROM 或 FAST FLASH 技术，无须外部存储器芯片，使用简单。FPGA 的编程信息需存放在外部存储器中，使用方法复杂。

（6）CPLD 的速度比 FPGA 快，并且具有较大的时间可预测性。这是由于 FPGA 是门级编程，并且 CLB 之间采用分布式互连；而 CPLD 是逻辑块级编程，并且其逻辑块之间的互连是集总式的。

（7）在编程方式上，CPLD 主要是基于 EEPROM 或 FLASH 存储器编程，编程次数可达 1 万次，其优点是系统断电时编程信息不丢失。CPLD 可分为在编程器上编程和在系统中编程两类。FPGA 大部分是基于 SRAM 编程，编程信息在系统断电时丢失，每次上电时，需从器件外部将编程数据重新写入 SRAM。其优点是可以编程任意次，可在工作中快速编程，从而实现板级和系统级的动态配置。

（8）CPLD 的保密性好，FPGA 的保密性差。

（9）一般情况下，CPLD 的功耗比 FPGA 大，集成度越高越明显。

2.5 Xilinx 新型系列器件简介

目前，Xilinx 公司有两大系列 FPGA 产品：Spartan 系列和 Virtex 系列。前者主要面向低成本的中低端应用，是当前业界成本最低的一类 FPGA；后者主要面向高端应用，属于业界的顶级产品。这两个系列的差异仅限于芯片的规模和专用模块，而其具有相同的卓越品质。

2.5.1 Spartan 系列

Spartan 系列适用于普通的工业、商业领域，目前的主流芯片包括 Spartan-2、Spartan-2E、Spartan-3、Spartan-3A 以及 Spartan-3E 等种类。其中 Spartan-2 最高可达 20 万系统门，Spartan-2E 最高可达 60 万系统门，Spartan-3 最高可达 500 万门；Spartan-3A 和 Spartan-3E 不仅系统门数更大，还增加了大量的内嵌专用乘法器和专用块 RAM 资源，具备实现复杂数字信号处理和片上可编程系统的能力。

1. Spartan-2 系列

Spartan-2 系列在 Spartan 系列的基础上继承了更多逻辑资源，性能进一步提高，芯片密度高达 20 万系统门。由于采用了成熟的 FPGA 结构，Spartan-2 系列芯片支持流行的接口标准，具有适量的逻辑资源和片内 RAM，并提供灵活的时钟处理功能，它可以运行 8 位的 PicoBlaze 软核，主要应用于各类低端产品。其主要特点如下：

（1）采用 0.18 μm 工艺，密度达到 5 292 逻辑单元；
（2）系统时钟频率可以达到 200 MHz；
（3）最大门数为 20 万门，具有延迟数字锁相环；
（4）具有可编程用户 I/O；
（5）具有片上块 RAM 存储资源。

Spartan-2 系列产品的主要技术特征如表 2-2 所示。

表 2-2 Spartan-2 系列产品的主要技术特征

型号	系统门数/千门	Slice 数目	分布式 RAM 容量/bit	块 RAM 容量/kb	专用乘法器数	DCM 数目	最大可用 I/O 数	最大差分 I/O 对数
XC2S15	15	216	6 144	16	0	0	86	0
XC2S30	30	486	13 824	24	0	0	132	0
XC2S50	50	864	24 567	32	0	0	176	0

续表

型号	系统门数/千门	Slice 数目	分布式 RAM 容量/bit	块 RAM 容量/kb	专用乘法器数	DCM 数目	最大可用 I/O 数	最大差分 I/O 对数
XC2S100	100	1 350	38 400	40	0	0	196	0
XC2S150	150	1 944	55 296	48	0	0	260	0
XC2S200	200	2 646	75 264	56	0	0	284	0

2. Spartan-2E 系列

Spartan-2E 系列基于 Virex-E 架构,具有比 Spartan-2 系列更多的逻辑门、用户 I/O 和更高的性能。Xilinx 公司还为其提供了包括存储控制器、系统接口、DSP、通信以及网络等 IP 核,并可以运行 CPU 软核,对 DSP 有一定的支持。其主要特点如下:

(1) 采用 0.15 μm 工艺,密度达到 15 552 逻辑单元;
(2) 系统时钟频率可达 200 MHz;
(3) 最大门数为 60 万门,最多具有 4 个延时锁相环;
(4) 核电压为 1.2 V,I/Q 电压可为 1.2 V、3.3 V、2.5 V,支持 19 个可选的 I/O 标准;
(5) 最大可达 288 kb 的块 RAM 和 221 kb 的分布式 RAM。

Spartan-2E 系列产品的主要技术特征如表 2–3 所示。

表 2–3 Spartan-2E 系列产品的主要技术特征

型号	系统门数/千门	Slice 数目	分布式 RAM 容量/bit	块 RAM 容量/kb	专用乘法器数	DCM 数目	最大可用 I/O 数	最大差分 I/O 对数
XC2S50E	50	964	24 576	32	0	0	182	83
XC2S100E	110	1 350	38 400	40	0	0	202	86
XC2S150E	150	1 944	55 296	48	0	0	265	114
XC2S200E	200	2 646	752 645	56	0	0	289	120
XC2S300E	300	3 456	98 304	64	0	0	329	120
XC2S400E	400	5 400	153 600	160	0	0	410	172
XC2S600E	600	7 776	221 184	288	0	0	514	205

3. Spartan-3 系列

Spartan-3 系列基于 Virtex-II FPGA 架构,采用 90 nm 技术,8 层金属工艺,系统门数超过 500 万,内嵌硬核乘法器和数字时钟管理模块。从结构上看,Spartan-3 系列将逻辑、存储器、数学运算、数字处理器、I/O 以及系统管理资源完美地结合在一起,具有更高层次、更广泛的应用,从而获得了商业上的成功,占据了较大份额的中低端市场。其主要特性如下:

(1) 采用 90 nm 工艺,密度高达 74 880 逻辑单元;
(2) 最高系统时钟频率为 340 MHz;
(3) 具有专用乘法器;
(4) 核电压为 1.2 V,端口电压为 3.3 V、2.5 V、1.2 V,支持 24 种 I/O 标准;

（5）具有高达 520 kb 的分布式 RAM 和 1 872 kb 的块 RAM；

（6）具有片上时钟管理模块（DCM）；

（7）具有嵌入式 Xtrema DSP 功能，每秒可执行 3 300 亿次乘/加。

Spartan-3 系列产品的主要技术特征如表 2–4 所示。

表 2–4　Spartan-3 系列产品的主要技术特征

型号	系统门数/千门	Slice 数目	分布式 RAM 容量/kb	块 RAM 容量/kb	专用乘法器数	DCM 数目	最大可用 I/O 数	最大差分 I/O 对数
XC3S50	50	864	12	72	4	2	124	56
XC3S200	200	2 260	30	216	12	4	173	76
XC3S400	400	4 032	56	288	16	4	264	116
XC3S1000	1 000	8 640	120	432	24	4	391	175
XC3S1500	1 500	14 976	208	576	32	4	487	221
XC3S2000	2 000	23 040	320	720	40	4	565	270
XC3S4000	4 000	31 104	432	1 728	96	4	712	312
XC3S5000	5 000	37 440	520	1 872	104	4	784	344

4. Spartan-3A/3ADSP/3AN 系列

Spartan-3A 系列在 Spartan-3 和 Spartan-3E 平台的基础上整合了各种创新特性，帮助客户极大地削减了系统总成本。它利用独特的器件 DNA ID 技术，实现业内首款 FPGA 电子序列号；提供了经济、功能强大的机制来防止发生窜改、克隆和过度设计的现象；具有集成式看门狗监控功能的增强型多重启动特性；支持商用 FLASH 存储器，有助于削减系统总成本。其主要特性如下：

（1）采用 90 nm 工艺，密度高达 74 880 逻辑单元；

（2）工作时钟频率范围为 5～320 MHz；

（3）具有领先的连接功能平台，以及最广泛的 I/O 标准（26 种，包括新的 TMDS 和 PPDS）支持；

（4）利用独特的 Device DNA 序列号实现业内首个功能强大的防克隆安全特性；

（5）5 个器件，具有高达 1.4×10^6 的系统门和 502 个 I/O；

（6）能够进行灵活的功耗管理。

Spartan-3A 系列产品的主要技术特征如表 2–5 所示。

表 2–5　Spartan-3A 系列产品的主要技术特征

型号	系统门数/千门	Slice 数目	分布式 RAM 容量/kb	块 RAM 容量/kb	专用乘法器数	DCM 数目	最大可用 I/O 数	最大差分 I/O 对数
XC3S50A	50	864	11	54	3	2	144	64
XC3S200A	200	2 016	28	288	16	4	248	112
XC3S400A	400	4 032	56	360	20	4	311	142
XC3S700A	700	6 624	92	360	20	4	372	165
XC3S1400A	1 400	12 672	176	576	32	8	502	227

Spartan-3ADSP 平台提供了最具成本效益的 DSP 器件，其架构的核心是 XtremeDSP DSP48A Slice，还提供了性能超过 30 GMAC/s、存储器带宽高达 2 196 Mb/s 的新型 XC3SD3400A 和 XC3SD1800A 器件。新型 Spartan-3A DSP 平台是成本敏感型 DSP 算法和需要极高 DSP 性能的协处理应用的理想之选，其主要特征如下：

（1）采用 90 nm 工艺，密度高达 74 880 逻辑单元；
（2）内嵌的 DSP48A 可以工作到 250 MHz；
（3）采用结构化的 Select RAM 架构，提供了大量的片上存储单元；
（4）V_{CCAUX} 的电压支持 2.5 V 和 3.3 V，针对 3.3 V 的应用简化了设计；
（5）功耗低，Spartan-3A DSP 器件具有很高的信号处理能力，其性能高达 4.06 GMAC/s。
Spartan-3ADSP 系列产品的主要技术特征如表 2–6 所示。

表 2–6　Spartan-3ADSP 系列产品的主要技术特征

型号	系统门数/千门	Slice 数目	分布式 RAM 容量/kb	块 RAM 容量/kb	专用乘法器数	DCM 数目	最大可用 I/O 数	最大差分 I/O 对数
XC3S1800A	1 800	18 770	260	1 512	84	8	519	227
XC3S3400A	3 400	26 856	373	2 268	126	8	469	213

Spartan-3AN 芯片为最高级别系统集成的非易失性安全 FPGA，它提供下列 2 个独特的性能：先进 SRAM FPGA 的大量特性和高性能；非易失性 FPGA 的安全、节省板空间和易于配置的特性。Spartan-3AN 平台是对空间要求严苛、安全应用及低成本嵌入式控制器的理想选择。Spartan-3AN 平台的关键特性包括以下几方面：

（1）是业界首款 90 nm 非易失性 FPGA，具有可以灵活实现的、低成本安全性能的 Device DNA 电子序列号；
（2）具有业内最大的片上用户 FLASH，容量高达 11 Mb；
（3）提供最广泛的 I/O 标准支持，包括 26 种单端与差分信号标准；
（4）具有灵活的电源管理模式，在休眠模式下可节省超过 40%的功耗；
（5）5 个器件，具有高达 1.4×10^6 的系统门和 502 个 I/O。
Spartan-3AN 系列产品的主要技术特征如表 2–7 所示。

表 2–7　Spartan-3AN 系列产品的主要技术特征

型号	系统门数/千门	Slice 数目	分布式 RAM 容量/Kb	块 RAM 容量/Kb	专用乘法器数	DCM 数目	最大可用 I/O 数	最大差分 I/O 对数
XC3S50AN	50	792	11	54	3	2	108	50
XC3S200AN	200	2 016	28	288	16	4	195	90
XC3S400AN	400	4 032	56	360	20	4	311	142
XC3S700AN	700	6 624	92	360	20	8	372	165
XC3S1400AN	1 400	12 672	176	576	32	8	502	227

5. Spartan-3E 系列

Spartan-3E 系列是目前 Spartan 系列的最新产品，具有系统门数为 10 万～160 万的多款芯片，是在 Spartan-3 系列的基础上进一步改进的产品，提供了比 Spartan-3 系列更多的 I/O 端口和更低的单位成本，是 Xilinx 公司性价比最高的 FPGA 芯片。由于更好地利用了 90 nm 工艺，它在单位成本上实现了更多的功能和处理带宽，是 Xilinx 公司新的低成本产品代表，是 ASIC 的有效替代品。它主要面向消费电子应用，如宽带无线接入、家庭网络接入以及数字电视设备等。其主要特点如下：

（1）采用 90 nm 工艺；
（2）具有大量用户 I/O 端口，最多可支持 376 个 I/O 端口或者 156 对差分端口；
（3）端口电压为 3.3 V、2.5 V、1.8 V、1.5 V、1.2 V；
（4）单端端口的传输速率可以达到 622 Gb/s，支持 DDR 接口；
（5）最多可达 36 个专用乘法器、648 kb 的块 RAM、231 kb 的分布式 RAM；
（6）具有宽的时钟频率以及多个专用片上数字时钟管理（DCM）模块。

Spartan-3E 系列产品的主要技术特征如表 2-8 所示。

表 2-8 Spartan-3E 系列产品的主要技术特征

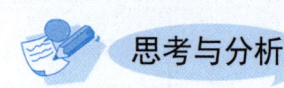

型号	系统门数/千门	Slice 数目	分布式 RAM 容量/kb	块 RAM 容量/kb	专用乘法器数	DCM 数目	最大可用 I/O 数	最大差分 I/O 对数
XC3S100E	100	960	15	72	4	2	108	40
XC3S250E	250	2 448	38	216	12	4	172	68
XC3S500E	500	4 656	73	360	20	4	232	92
XC3S1200E	1 200	8 672	136	504	28	8	304	124
XC3S1600E	1 500	14 752	231	648	36	8	376	156

思考与分析

Spartan 系列的几种产品有何异同点？

2.5.2 Virtex 系列

Virtex 系列是 Xilinx 公司的高端产品，也是业界的顶级产品，Xilinx 公司正是凭借 Virtex 系列产品赢得市场，从而获得 FPGA 供应商领头羊的地位。可以说 Xilinx 公司以其 Virtex-5、Virtex-4、Virtex-Ⅱ Pro 和 Virtex-Ⅱ 系列 FPGA 产品引领现场可编程门阵列行业。其主要面向电信基础设施、汽车工业、高端消费电子等应用领域。目前的主流芯片包括 Vitex-2、Virtex-2 Pro、Virtex-4 和 Virtex-5 等种类。

1. Virtex-2 系列

Virtex-2 系列具有优秀的平台解决方案，这进一步提升了其性能；内置 IP 核硬核技术，可以将硬 IP 核分配到芯片的任何地方，具有比 Spartan 系列更多的资源和更高的性能。其主要特征如下：

（1）采用 0.15/0.12 μm 工艺；
（2）核电压为 1.5 V，工作时钟频率可以达到 420 MHz；

（3）支持 20 多种 I/O 接口标准；

（4）内嵌多个硬核乘法器，提高了 DSP 处理能力；

（5）具有完全的系统时钟管理功能，以及多达 12 个 DCM 模块。

Virtex-2 系列产品的主要技术特征如表 2-9 所示。

表 2-9　Virtex-2 系列产品的主要技术特征

型号	系统门数/千门	Slice 数目	分布式 RAM 容量/kb	块 RAM 容量/kb	专用乘法器数	DCM 数目	最大可用 I/O 数	最大差分 I/O 对数
XC2V40	40	256	8	72	4	4	88	0
XC2V80	80	512	16	144	8	4	120	0
XC2V250	250	1 536	48	432	24	8	200	0
XC2V500	500	3 072	96	576	32	8	264	0
XC2V1000	1 000	5 120	160	720	40	8	432	0
XC2V1500	1 500	7 680	240	864	48	8	528	0
XC2V2000	2 000	10 752	336	1 008	56	8	624	0
XC2V3000	3 000	14 336	448	1 728	96	12	720	0
XC2V4000	4 000	23 040	720	2 160	120	12	912	0
XC2V6000	6 000	33 792	1 056	2 592	144	12	1 104	0
XC2V8000	8 000	46 592	1 456	3 024	168	12	1 108	0

2. Virtex-2Pro 系列

Virtex-2Pro 系列在 Virtex-2 系列的基础上增强了嵌入式处理功能，内嵌 PowerPC405 内核，采用先进的主动互联（Active Interconnect）技术，以解决高性能系统所面临的挑战。此外还增加了高速串行收发器，提供了千兆以太网的解决方案。其主要特征如下：

（1）采用 0.13 μm 工艺；

（2）核电压为 1.5 V，工作时钟频率可以达到 420 MHz；

（3）支持 20 多种 I/O 接口标准；

（4）增加了 2 个高性能 RISC 技术、频率高达 400 MHz 的 PowerPC 处理器；

（5）增加了多个 3.125 Gb/s 速率的 Rocket 串行收发器；

（6）内嵌多个硬核乘法器，提高了 DSP 处理能力；

（7）具有完全的系统时钟管理功能，以及多达 12 个 DCM 模块。

Virtex-2 Pro 系列产品的主要技术特征如表 2-10 所示。

表 2-10　Virtex-2 Pro 系列产品的主要技术特征

型号	Slice 数目	分布式 RAM 容量/kb	块 RAM 容量/kb	PowerPC	专用乘法器数	DCM 数目	Rocket I/O	最大可用 I/O 数
XC2VP2	1 408	44	216	0	12	4	4	204

续表

型号	Slice 数目	分布式 RAM 容量/kb	块 RAM 容量/kb	PowerPC	专用乘法器数	DCM 数目	Rocket I/O	最大可用 I/O 数
XC2VP4	3 008	94	504	1	28	4	4	348
XC2VP7	4 928	154	792	1	44	8	8	396
XC2VP20	9 280	290	1 584	2	88	8	8	564
XC2VP30	13 696	428	2 448	2	136	8	8	644
XC2VP40	19 392	606	3 456	2	192	8	12	804

3. Virtex-4 系列

Virtex-4 系列整合了多达 200 000 个逻辑单元，具有高达 500 MHz 的性能和无可比拟的系统特性。Vitex-4 系列基于新的高级硅片组合模块（ASMBL）架构，提供了一个多平台方式（LX、SX、FX），使设计者可以根据需求选用不同的开发平台；其逻辑密度高，系统时钟频率能够达到 500 MHz；具备 DCM 模块、PMCD 相位匹配时钟分频器、片上差分时钟网络；采用集成 FIFO 控制逻辑的 500 MHz Smart RAM 技术，每个 I/O 都集成了 ChipSync 源同步技术的 1 Gb/s I/O 和 Xtreme DSP 逻辑片。其主要特点如下：

（1）采用 90 nm 工艺，集成了多达 20 万个逻辑单元；

（2）系统时钟频率可达 500 MHz；

（3）采用了集成 FIFO 控制逻辑的 500 MHz Smart RAM 技术；

（4）具有 DCM 模块、PMCD 相位匹配时钟分频器和片上差分时钟网络；

（5）每个 I/O 都集成了 ChipSync 源同步技术的 1 Gb/s I/O；

（6）具有超强的信号处理能力，集成了数以百计的 Xtreme DSP Slice。

Virtex-4 LX 平台 FPGA 的特点是密度高达 20 万逻辑单元，是全球逻辑密度最高的 FPGA 系列之一，适合对逻辑门需求高的设计应用。

Virtex-4 SX 平台提高了 DSP、RAM 单元与逻辑单元的比例，最多可以提供 512 个 XtremeDSP 硬核，可以工作在 500 MHz 的系统时钟频率下，并可以其创建 40 多种不同功能，能通过多个组合实现更大规模的 DSP 模块。与 Virtex-2 Pro 系列相比，它还大大降低了成本和功耗，具有极低的 DSP 成本。Virtex-4 SX 平台的 FPGA 非常适合应用于高速、实时的数字信号处理领域。

Virtex-4 FX 平台内嵌 1～2 个 32 位 RISC PowerPC 处理器，提供了 4 个 1 300 Dhrystone MIPS、10/100/1 000 自适应的以太网 MAC 内核，协处理器控制器单元（APU）允许处理器在 FPGA 中构造专用指令，使 Virtex-4 FX 器件的性能达到固定指令方式的 20 倍；此外还包含 24 个 Rocket I/O 串行高速收发器，支持常用的 0.6 Gb/s、1.25 Gb/s、2.5 Gb/s、3.125 Gb/s、4 Gb/s、6.25 Gb/s、10 Gb/s 等高速传输速率。Virtex-4 FX 平台适用于复杂计算和嵌入式处理应用。

Virtex-4 系列产品的主要技术特征如表 2-11 所示。

表 2–11　Virtex-4 系列产品的主要技术特征

型号	Slice 数目	分布式 RAM 容量/kb	块 RAM 容量/kb	PowerPC	XtremeDSP Slice	DCM 数目	Rocket I/O	以太网 MAC
XC4VLX15	6 144	96	864	0	32	4	0	0
XC4VLX25	10 572	168	1 296	0	48	8	0	0
XC4VLX40	18 432	288	1 728	0	64	8	0	0
XC4VLX60	26 624	416	2 880	0	64	8	0	0
XC4VLX80	35 840	560	3 600	0	80	12	0	0
XC4VLX100	49 152	768	4 320	0	96	12	0	0
XC4VLX160	67 584	1 056	5 184	0	96	12	0	0
XC4VLX200	89 088	1 392	6 048	0	96	12	0	0
XC4VSX25	10 240	160	2 304	0	128	4	0	0
XC4VSX35	15 360	240	3 456	0	192	8	0	0
XC4VSX55	24 576	384	5 760	0	320	8	0	0
XC4VFX12	5 472	86	648	1	32	4	0	2
XC4VFX20	8 544	134	1 224	1	32	4	8	2
XC4VFX40	18 624	291	2 592	2	48	8	12	4
XC4VFX60	25 280	395	4 176	2	128	12	16	4
XC4VFX100	42 176	659	6 768	2	160	12	20	4
XC4VFX140	63 168	987	9 936	2	192	20	24	4

4. Virtex-5 系列

Virtex-5 系列是 Xilinx 公司最新一代的 FPGA 产品，计划提供 4 种新型平台，每种平台都在高性能逻辑、串行连接功能、信号处理和嵌入式处理性能方面实现最佳平衡。现有的 3 款平台为 LX、LXT 以及 SXT。LX 平台针对高性能逻辑进行了优化，LXT 平台针对具有低功耗串行连接功能的高性能逻辑进行了优化，SXT 平台针对具有低功耗串行连接功能的 DSP 和存储器密集型应用进行了优化。其主要特点如下：

（1）采用最新的 65 nm 工艺，结合低功耗 IP 块将动态功耗降低了 35%；此外，还利用 65 nm 三栅极氧化层技术，保持低静态功耗；

（2）利用 65 nm Express Fabric 技术，实现了真正的 6 输入 LUT，并将性能提高了 2 个速率级别；

（3）内置用于构建更大型阵列的 FIFO 逻辑和 ECC 的增强型 36 kb 块 RAM，带有低功耗电路，可以关闭未使用的存储器；

（4）逻辑单元多达 33 万个，可以实现无与伦比的高性能；

（5）I/O 引脚多达 1 200 个，可以实现高带宽存储器/网络接口，1.25 Gb/s LVDS；

（6）低功耗收发器多达 24 个，可以实现 100 Mb/s～3.75 Gb/s 高速串行接口；

（7）核电压为 1 V，系统时钟频率可达 550 MHz；

（8）550 MHz DSP48E Slice，内置 25×18 位 MAC，提供 352 GMAC/s 的性能，能够在将资源使用率降低 50% 的情况下实现单精度浮点运算；

（9）利用内置式 PCIe 端点和以太网 MAC 模块提高面积使用效率；

（10）具有更加灵活的时钟管理管道（Clock Management Tile），结合了用于进行精确时钟相位控制与抖动滤除的新型 PLL 和用于各种时钟综合的数字时钟管理器（DCM）；

（11）采用第二代 sparse chevron 封装，改善了信号完整性，并降低了系统成本；

（12）增强了器件配置，支持商用 FLASH 存储器，从而降低了成本。

现有的 Virtex-5 系列产品的主要技术特征如表 2–12 所示。

表 2–12 Virtex-5 系列产品的主要技术特征

型号	Slice	分布式 RAM 容量/kb	块 RAM 容量/kb	以太网 MAC	DSP48E Slice	Rocket I/O	I/O bank 数目	最大可用 I/O 数
XC5VLX30	4 800	320	1 152	0	32	0	13	400
XC5VLX50	7 200	480	1 728	0	48	0	17	560
XC5VLX85	12 950	840	3 456	0	48	0	17	560
XC5VLX110	17 280	1 120	4 608	0	64	0	23	800
XC5VLX220	34 560	2 280	6 912	0	128	0	23	800
XC5VLX330	51 840	3 520	10 368	0	192	0	23	1 200
XC5VLX30T	4 800	320	1 296	4	32	8	12	360
XC5VLX50T	7 200	480	2 160	4	48	12	15	450
XC5VLX85T	12 960	840	3 888	4	48	12	15	450
XC5VLX110T	17 280	1 120	5 328	4	64	16	20	680
XC5VLX220T	34 560	2 280	7 632	4	128	16	20	680
XC5VLX330T	51 840	3 420	11 664	4	192	24	27	980
XC5VSX35T	5 440	520	3 024	4	192	8	12	360
XC5VSX50T	8 160	760	4 750	4	288	12	15	480
XC5VSX95T	14 720	1 520	8 784	4	640	16	18	640

小提示

一个 Virtex-5 Slice 具有 4 个查找表和 4 个触发器，而一个前文所提及的常规 Slice 只包含 2 个查找表和 2 个触发器。每个 DSP48E 包含 1 个 25×18 位的硬核乘法器、1 个加法器和 1 个累加器。

思考与分析

Virtex 系列的几种产品有何异同点？

本章小结

本章首先介绍了可编程逻辑器件的基本概念和发展历史，分析了其基本结构；然后详细介绍了 CPLD、FPGA 的工作原理、芯片结构，并在此基础上讨论了相关器件的组成部分、特点；最后列举了 Xilinx 公司的主流新型产品，这些产品被广泛地应用在数字系统设计中。其性能指标和参数是 Xilinx 芯片开发人员必须熟悉的。

课程拓展

一、知识图谱绘制

根据前面知识的学习，请完成本单元所涉及的知识图谱的绘制。

二、器件发展调研

半导体产品的集成度和成本迄今一直按照摩尔定律所预见的规律变化，作为半导体器件的重要一部分——可编程逻辑器件也不例外，每一次工艺升级带来的优势，都会在 FPGA 产品的功耗、频率、密度及成本方面得到体现。

请搜集资料并试从研究和开发 FPGA 的角度分析 FPGA 器件前沿设计技术的演变，同时对未来发展趋势进行大胆预测。

三、以证促学

以集成电路设计与验证职业技能等级证书（中级）为例，本章内容与 1+X 证书对应关系如表 2–13 所示。

表 2–13 本章内容与 1+X 证书对应关系

集成电路设计与验证职业技能等级证书（初级）			教材对应小节
工作领域	工作任务	技能要求	
1. 基于 FPGA 的 IC 设计	1.1 数字电路设计	1.1.1 能正确认识常见数字电路模块基本功能。 1.1.2 能使用数字电路设计相关 EDA 软件的基础功能。 1.1.3 能掌握基本的 Verilog/VHDL 等硬件描述语言。 1.1.4 能正确辨识数字电路仿真时序逻辑图。 1.1.5 能正确判断数字电路模块仿真结果是否符合功能要求。	2.1
	1.2 数字电路验证	1.2.1 能正确认识数字芯片验证的主要概念。 1.2.2 能正确认识数字芯片验证的基本方法。 1.2.3 能使用模块级的电路验证环境。 1.2.4 能对简单模块级电路的验证结果进行检查和判断。 1.2.5 能正确进行测试点分解、覆盖率收集等任务。	2.3
	1.3 数字电路综合	1.3.1 能认识芯片从 RTL 到 GDS 的数字后端实现流程。 1.3.2 能分辨各种工艺库。 1.3.3 能使用数字电路综合相关 EDA 软件的基础功能。 1.3.4 能根据约束文件辅助进行简单数字电路模块的逻辑综合工作。 1.3.5 能辅助进行简单数字电路模块的形式验证。	2.1、2.3

四、以赛促练

（一）填空题

1. 可编程逻辑器件按基本结构分为_____和_____两类。
2. 世界上主要的 PLD 制造商有_____、_____、_____。
3. 典型的 FPGA 由_____、_____、_____和_____组成。
4. PLD 器件中含有更丰富寄存器资源的是_____。

（二）选择题

1. 在下列可编程逻辑器件中，不属于高密度可编程逻辑器件的是（   ）。
   A. EPLD　　　　　　B. CPLD　　　　　　C. FPGA　　　　　　D. PAL
2. 在下列可编程逻辑器件中，属于易失性器件的是（   ）。
   A. EPLD　　　　　　B. CPLD　　　　　　C. FPGA　　　　　　D. PAL
3. 在自顶向下的设计过程中，描述器件总功能的模块一般称为（   ）。
   A. 底层设计　　　　B. 顶层设计　　　　C. 完整设计　　　　D. 全面设计
4. 边界扫描测试技术主要解决（   ）的测试问题。
   A. 印制电路板　　　B. 数字系统　　　　C. 芯片　　　　　　D. 微处理器

（三）简答题

1. 简述可编程逻辑器件的概念。
2. 简单 PLD 器件包括哪几种类型的器件？它们之间有什么相同点和不同点？
3. CPLD 与 FPGA 在结构上有何异同？如何选择？
4. Xilinx 公司的 XC9500 系列 CPLD 有什么特点？
5. Xilinx 公司的 XC4000 系列器件主要由哪几部分组成？它们之间有什么联系？
6. 简述 Xilinx 新型系列器件。它们各有什么特点？

第 3 章 基于 ISE 的开发环境使用指南

【知识目标】
（1）掌握基于 ISE 的 FPGA 开发流程；
（2）掌握 ISE 11.1 设计输入、综合、实现及下载等基本操作方法；
（3）了解 ISE 11.1 在线逻辑分析仪的使用。

【技能目标】
（1）熟练掌握使用 ISE 软件开发 FPGA 的基本步骤；
（2）了解 ISE 11.1 在线逻辑分析仪的操作流程。

【素养目标】
（1）培养学习新技术和新知识的自主学习能力；
（2）培养科技报国的家国情怀和使命担当；
（3）培养一丝不苟、精益求精的工匠精神。

【重点难点】
（1）熟练应用 ISE 软件开发 FPGA 的各个步骤；
（2）学会使用 ISE 11.1 在线逻辑分析仪的操作方法。

【参考学时】
24 学时。

课程引入

工欲善其事，必先利其器

——孔子《论语·卫灵公》

子贡问为仁。子曰："工欲善其事，必先利其器。居是邦也，事其大夫之贤者，友其士之仁者。"

工匠想要做好工作，一定先使其工具锋利。比喻要做好一件事，准备工具非常重要，只有工具合适趁手，事情才会做得尽善尽美。

"工欲善其事，必先利其器"这个道理放在 FPGA 的学习中同样适用，学习 FPGA 开发设计，首先要熟练掌握设计工具。ISE 是 Xilinx 公司的 FPGA 硬件开发设计工具平台，ISE 的全称为 Integrated Software Environment，即"集成软件环境"，它结合了先进的技术与灵活性、易使用性的图形界面与各种工具组件。

集成电路设计领域的另一款重要工具是 Quartus Ⅱ，Quartus Ⅱ 更侧重于 FPGA 和数字 ASIC 电路的设计与开发。

3.1 ISE 的安装与基本操作

3.1.1 ISE 软件介绍

1. ISE 简要介绍

Xilinx 公司是全球领先的提供可编程逻辑器件完整解决方案的供应商，长期以来，它一直推动着 FPGA 技术的发展。随着时间的推移，Xilinx 公司的开发工具也不断升级。本章着重介绍 Xilinx ISE 11.1 开发软件的使用方法。

> 小提示
>
> Xilinx ISE 11.1 集成了 FPGA 开发所需要的所有功能部件，从功能上讲，不需要借助任何第三方软件。

与 ISE 10.1 相比，ISE 11.1 具有以下特点：

（1）全面支持 Virtex-6 和 Spartan-6 系列器件，前期使用客户现在就可以利用最新开发套件在基于 Virtex-6 和 Spartan-6 FPGA 的目标设计平台上开始新的设计。同时它也后向支持 Xilinx 公司的所有 FPGA 器件。

（2）生产力、功耗和性能指标更上一层楼。ISE 11.1 设计套件可将基于 Virtex-5 和 Spartan-3 FPGA 的设计所需要的开发周期缩短多达 50%，动态功耗降低 10%，仿真性能提高 4 倍，布局和布线速度提高两倍，XST 综合的运行速度平均提高 1.6 倍，存储器使用率提高 28%。

（3）对设计流程进行了整合。ISE 11.1 设计套件改进了 Project Navigator 和 System Generator for DSP、Platform Studio（EDK）和 Core Generator System 之间的交互通信，改善了整个设计流程中不同工具间的通信，实现了所有设计配置间的无缝操作。

（4）针对特定用户群体提供 4 种目标领域优化的设计版本，包括逻辑设计版本、DSP 设计版本、嵌入式设计版本和系统设计版本。

（5）提供更灵活的新型 FLEXnet 许可证管理方法。ISE 11.1 设计套件的相关产品及版本均通过 Acresso Software 公司的 FLEXnet Publisher 进行许可证管理，它提供"节点锁定"许可证和"流动"许可证两种管理方案。

> **小提示**
>
> ISE 具有界面友好、操作简单、功能齐全、与第三方软件扬长补短的优势，再加上 Xilinx 公司的 FPGA 芯片占有很大的市场，这使其成为非常通用的 FPGA 工具软件。

2. ISE 功能简介

完整的 FPGA/CPLD 设计流程包括设计输入、仿真、综合、实现及下载等主要步骤。下面分别介绍 FPGA 开发流程中 ISE 提供的设计工具。

1）设计输入

ISE 提供的设计输入工具包括用于输入 HDL 代码和查看报告的 ISE 文本编辑器（The ISE Text Editor）、用于生成 IP Core 的 Core Generator、用于约束文件编辑的 Constraint Editor 以及用于原理图编辑的工具 ECS（The Engineering Capture System）等。

2）仿真

ISE 提供基于 HDL 测试代码的仿真，同时提供使用 Mentor Graphic 公司的 Modesim 进行仿真的接口。

> **小提示**
>
> ISE 11.1 以前的版本还提供了具有图形化波形编辑功能的仿真工具 HDL Bencher，但在 ISE 11.1 以后版本中删去了这一工具。

3）综合

ISE 的综合工具不但包含 Xilinx 公司自身提供的综合工具 XST，还可以内嵌 Mentor Graphic 公司的 Leonardo Spectrum 和 Synplicity 公司的 Synplify 综合工具，实现无缝连接。

4）实现

实现过程包括翻译（Translate）、映射（Map）和布局布线（Place & Route）3 步。在实现过程中需要添加约束。

5）下载

下载功能包括 BitGen 和 iMPACT。BitGen 用于将布局布线后的设计文件转换为位流文件；iMPACT 用于进行设备配置和通信，并控制将程序烧写到 FPGA 芯片中去。

3.1.2　ISE 软件的安装

ISE 11.1 软件支持 Microsoft Windows XP、Microsoft Vista、Red Hat Enterprise Linux 以及 SUSE Enterprise 10 等多种操作系统，软件安装路径必须为全英文，保存文件夹用英文名。

> **小提示**
>
> IES 11.1 软件安装的基本硬件要求如下：CPU 在 Pentium Ⅲ以上，内存大于 256 MB，硬盘容量大于 10 GB。

下面以 Microsoft Windows XP 操作系统为例介绍具体的安装过程。

(1)将光盘放进 DVD 光驱，等待其自动运行，自动运行时将弹出如图 3-1 所示的欢迎界面，单击"Next"按钮进入下一页。

小提示

如果没有自动运行，直接执行光盘目录下的"xsetup.exe"文件即可。

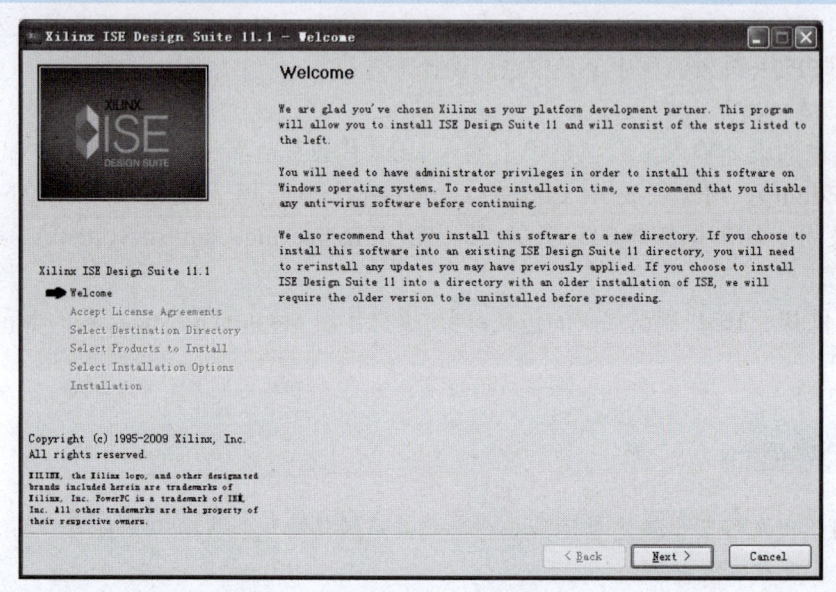

图 3-1 ISE 安装过程中的欢迎界面

(2)在 ISE 授权声明界面，选择"I accept the terms of this software license"选项，如图 3-2 所示；然后单击"Next"按钮，进入第二个授权声明界面，同样选择"I accept the terms of this software license"选项，如图 3-3 所示；单击"Next"按钮，进入下一页。

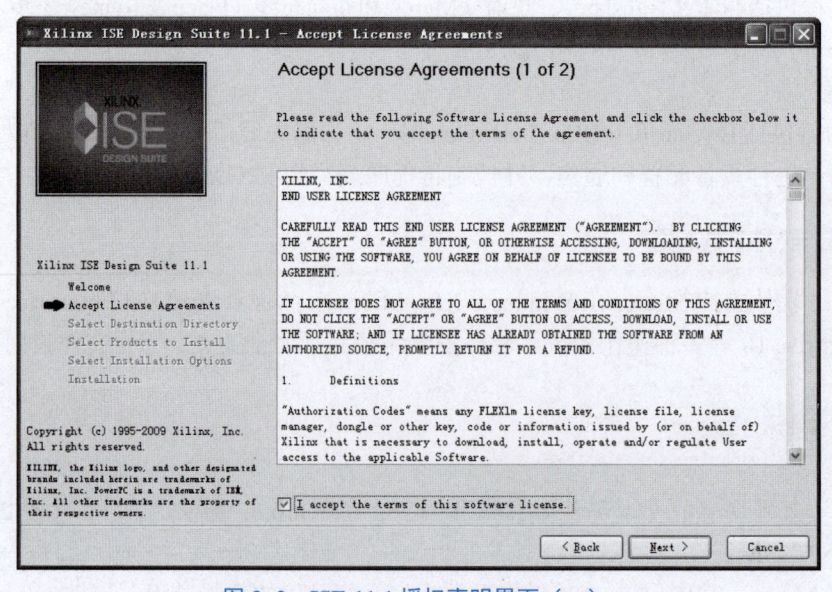

图 3-2 ISE 11.1 授权声明界面（一）

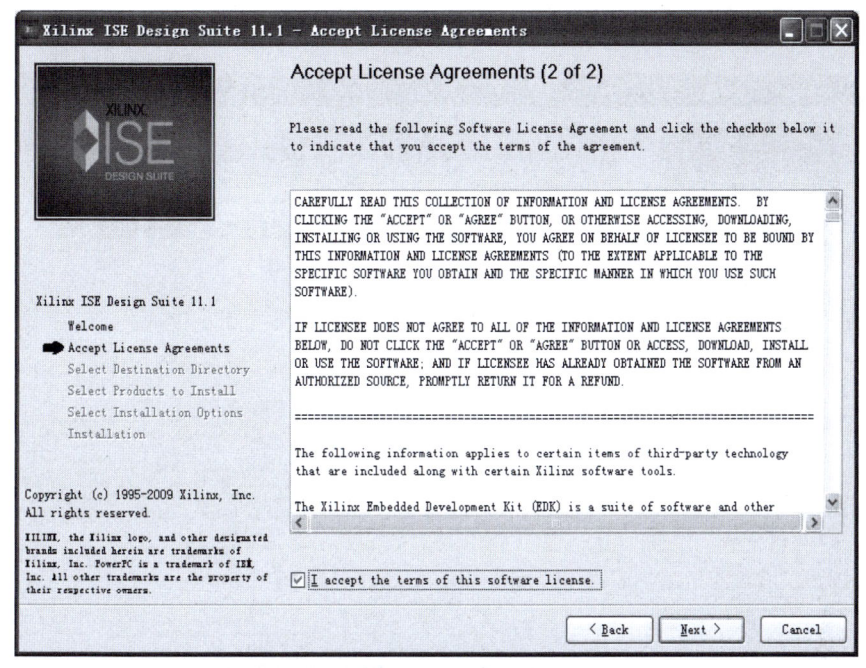

图 3–3　ISE 11.1 授权声明界面（二）

（3）ISE 安装路径选择对话框如图 3–4 所示。单击"Browse"按钮选择安装路径，也可以保持默认的安装路径，单击"Next"按钮进入下一对话框。

小提示

ISE 软件的安装路径中不能出现汉字，也不能有空格。

图 3–4　ISE 安装路径选择对话框

(4)选择安装 ISE 软件对话框如图 3-5 所示,单击"Next"按钮进入下一页。

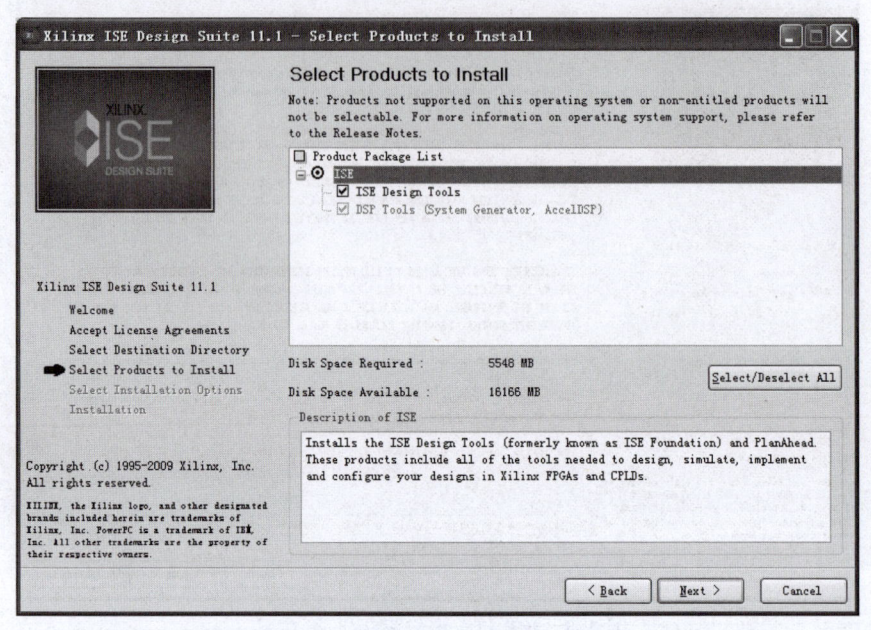

图 3-5　选择安装 ISE 软件对话框

(5)进入 ISE 安装组件选择对话框,如图 3-6 所示。如果要安装所有 ISE 套件,直接单击"Next"按钮,进入下一页。接下来的几个对话框都是安装套件选择对话框,在硬盘资源不紧张的情况下,通常选择全部选项。

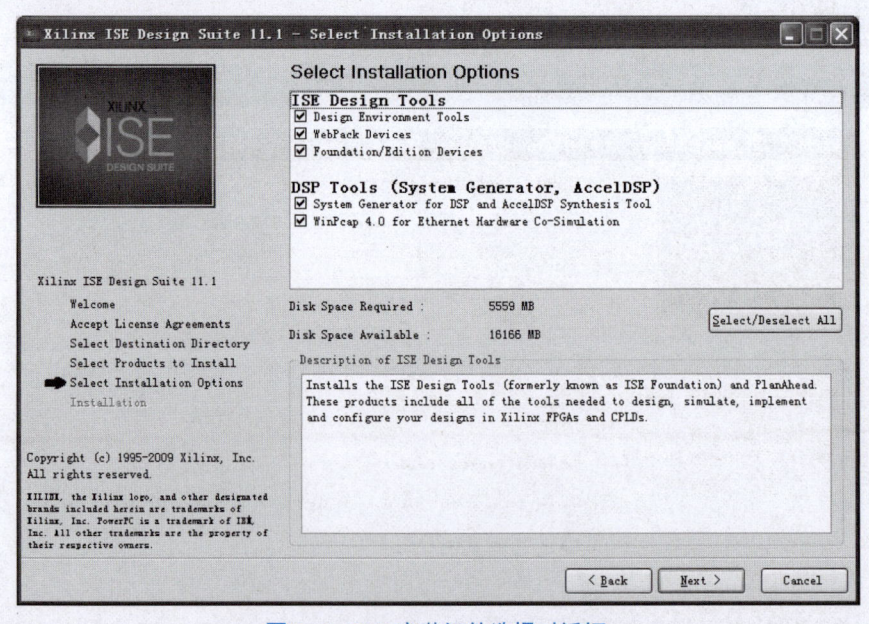

图 3-6　ISE 安装组件选择对话框

(6)进入确认安装对话框,如图 3-7 所示。如果发现错误,可单击"Back"按钮返回修改。单击"Install"按钮即开始安装,如图 3-8 所示。

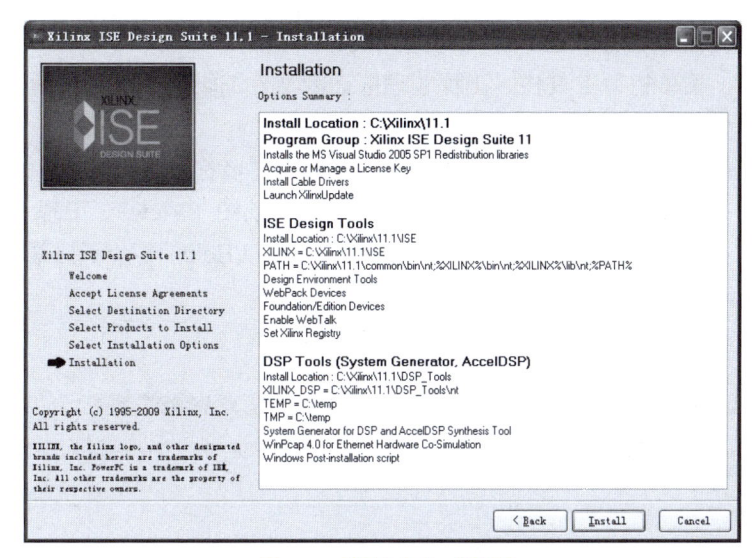

图 3–7　确认安装对话框

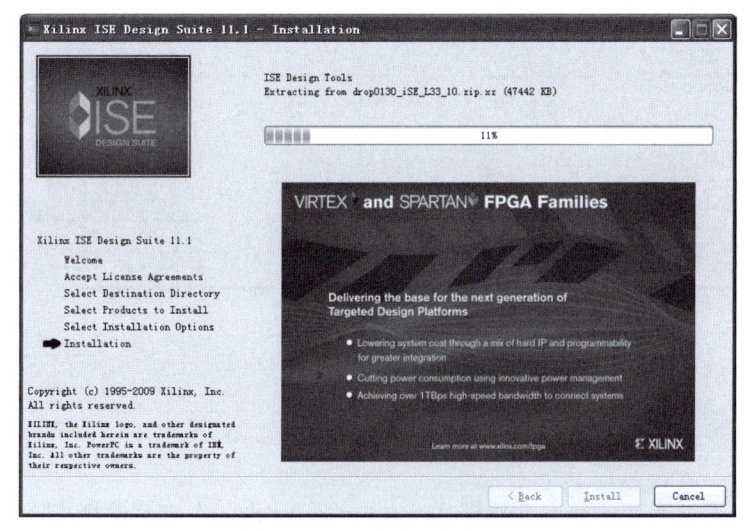

图 3–8　ISE 安装进程示意

（7）安装完成后，会在桌面上以及"程序"菜单中添加 Project Navigator 的快捷方式，双击桌面图标即可进入 ISE 集成开发环境。

小提示

ISE 安装成功后桌面上不仅会出现 Project Navigator 的快捷方式，还会出现其他 ISE 集成工具的快捷方式，如 Chipscope Pro 开发工具、DSP 开发工具、软核开发工具 EDK 等。

3.1.3　ISE 软件的基本操作

1. ISE 主界面

双击桌面上的快捷方式或者依次选择"开始"→"程序"→"Xilinx ISE Design Suite 11"→

"ISE"→"Project Navigator"选项，即可进入 ISE 主界面，如图 3-9 所示。ISE 主界面由上到下分为标题栏、菜单栏、工具栏、工程管理区、源文件编辑区、过程管理区、信息显示区和状态栏 8 个部分。这 8 个部分的功能分别如下：

（1）标题栏：显示当前工程的名称和当前打开的文件名称。

（2）菜单栏：主要包括文件（File）、编辑（Edit）、视图（View）、工程（Project）、源文件（Source）、操作（Process）、窗口（Windows）和帮助（Help）8 个下拉菜单。其使用方法和常用的 Windows 软件类似。

（3）工具栏：包括常用命令的快捷按钮。

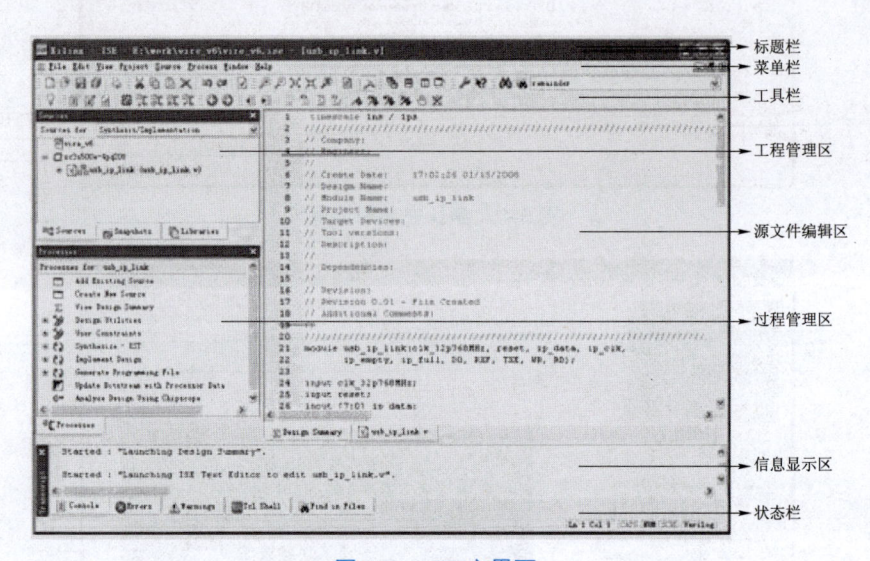

图 3-9　ISE 主界面

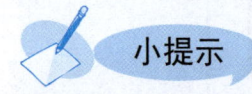

小提示

灵活运用工具栏可以极大地方便用户在 ISE 中的操作，在工程管理中，工具栏的运用极为频繁。

（4）工程管理区：提供工程及相关文件的显示和管理功能。

（5）源文件编辑区：提供了源代码的编辑功能。

（6）过程管理区：本窗口显示的内容取决于工程管理区中所选定的文件。相关操作与 FPGA 设计流程紧密联系，包括设计输入、仿真、综合、实现和生成配置文件等。

小提示

对某个文件进行了相应的处理后，在处理步骤的前面会出现一个图标表示该步骤的状态。

（7）信息显示区：显示 ISE 中的处理信息，如操作步骤信息、警告信息和错误信息等。信息显示区的下角有两个标签，分别对应控制台信息区（Console）和文件查找区（Find in Files）。

> **小提示**
>
> 如果设计出现了错误或警告,双击信息显示区的警告和错误标签就能自动切换到源代码出错的地方。

(8)状态栏:显示相关命令和操作的信息。

2. ISE 菜单的基本操作

ISE 中所有的操作都可以通过菜单完成,下面简要介绍 ISE 菜单命令及其主要功能。

1)"File"菜单

"File"菜单的命令包括 New Project、Open Project、Open Examples、Project Browser、Copy Project、Close Project、New、Open、Close、Save、Save As、Save All、Print Preview、Print、Recent Files、Recent Projects 和 Exit 等。

(1)New Project:新建一个工程。

> **小提示**
>
> ISE 会为新建的工程创建一个和工程同名的文件夹,专门用于存放该工程的所有文件。

(2)Open Project:用于打开一个已存在的 ISE 工程。

> **小提示**
>
> ISE 具有向下兼容的特点,即高版本的 ISE 可以打开低版本的 ISE 工程,但需要版本转换,该转换是单向的、不可逆的,因此需要做好版本备份。低版本的 ISE 不能打开高版本的 ISE 工程。

(3)Open Examples:打开 ISE 提供的各种类型的示例。
(4)Project Browser:通过这个选项重新打开一个工程。
(5)Copy Project:复制当前工程。
(6)Close Project:关闭当前工程。

> **小提示**
>
> 如果关闭当前未保存的文件,ISE 会在关闭工程之前询问用户是否保存当前工程。

(7)New:新建源文件,可生成原理图、符号以及文本文件。

> **小提示**
>
> 在对文本文件进另存为操作时可修改其后缀名,能生成".v"或".vhd"源文件。

(8)Open:打开所有 Xilinx 所支持的文件格式的文件,便于用户查看各类文件资源。
(9)Close:关闭当前源文件编辑区正在查看的文件。

（10）Save、Save As 和 Save All：分别为保存当前源文件、另存为当前源文件以及保存所有源文件。

> **警告**
>
> 用户要在开发过程中养成及时保存文件的习惯，以避免代码丢失，造成不可挽回的损失。

（11）Print Preview：打印预览当前文件。

（12）Print：用于打印当前文件。

（13）Recent Files：查看最近打开的文件。

（14）Recent Projects：查看最近打开的工程。

（15）Exit：退出 ISE 软件。

2)"Edit" 菜单

"Edit" 菜单的命令包括 Undo、Redo、Cut、Copy、Paste、Delete、Find、Find Next、Find Previous、Find & Replace、Language Templates、Select All、Message Filters 和 Preference 等，大多数命令用于源代码开发。

（1）Undo：撤销当前操作，返回前一状态。

（2）Redo：Undo 命令的逆操作，恢复被撤销的操作。

（3）Cut：剪贴选中的代码，快捷键为"Ctrl+X"。

（4）Copy：复制选中的代码，快捷键为"Ctrl+C"。

（5）Paste：粘贴剪贴或复制的代码，快捷键为"Ctrl+V"。

（6）Delete：删除选中的代码。

（7）Find：查找选中的文字，或查找在其对话框中输入的内容，快捷键为"Ctrl+F"。

（8）Find Next：寻找目前所选文字的下一个搜索结果。

（9）Find Previous：寻找目前所选文字的上一个搜索结果。

（10）Find & Replace：查找选中文字，然后用 Replace 中的文字替换。

（11）Language Templates：可打开语言模板，里面有丰富的学习资料，是非常完整的 HDL 帮助手册。

（12）Select All：选中所有的文字，快捷键为"Ctrl+A"。

（13）Message Filters：过滤消息，只显示用户期望的消息。

（14）Preference：设定 ISE 的启动参数以及运行参数，其有很多设置项，最常用的就是第三方 EDA 软件的关联设置。

> **小提示**
>
> 所关联的第三方 EDA 软件一定是已安装在计算机上的软件，否则无法设定为启动参数。

3)"View" 菜单

"View" 菜单主要管理 ISE 软件的视图，不涉及 FPGA 开发流程中的任何环节，其中常用的命令有 Panels、Toolbars、Transcript、Status、Zoom、File Names、Display Full Paths、Refresh、Restore Default Layout。

（1）Panels：控制信息显示区可选的窗口数。

（2）Toolbars：控制工具栏显示命令。

（3）Transcript：显示或隐藏信息显示区。

（4）Status：显示或隐藏状态栏。

（5）Zoom：放大或缩小所选择的区域。

（6）File Names：显示文件名称。

（7）Display Full Paths：显示文件的完整路径。

（8）Refresh：刷新工程。

（9）Restore Default Layout：恢复 ISE 默认的主界面布局。

4）"Project"菜单

"Project"菜单包含对工程的各个操作，是工程设计中最常用的菜单之一，包括 New Source、Add Source、Add Copy of Source、Clean up Project Files、Toggle Paths、Archive、Take Snapshot、Make Snapshot Current、Apply Project Properties、Source Control 和 View Design Summary 等命令。

（1）New Source：向工程中添加源代码，可以添加 HDL 源文件、IP Core 以及管脚和时序约束等文件。

（2）Add Source：将已有的各类源代码文件加入工程。

> **小提示**
>
> ISE 中不同的文件具有不同的后缀，Verilog 模块的后缀为 ".v"，VHDL 模块的后缀为 ".vhd"，IP Core 源文件的后缀为 ".xco" 或 ".xaw"，约束文件的后缀为 ".ucf"。

（3）Add Copy of Source：将目标文件复制一份并添加到工程中。

（4）Clean up Project Files：用于清空综合和实现过程中所产生的文件和目录。

> **小提示**
>
> 如果在 EDIF 设计模式中，则只清空实现过程中所产生的文件。

（5）Toggle Paths：显示或隐藏非工程文件夹中的远端源文件的路径。

（6）Archive：压缩当前工程，默认压缩类型为 ".zip" 格式。

（7）Take Snapshot：产生一个工程快照，即当前目录和远程资源的一个只读记录，常用于版本控制。

（8）Make Snapshot Current：用户恢复快照覆盖当前工程。

> **小提示**
>
> 由于该命令将会删除当前工程，因此使用前一定要做好数据备份工作。

（9）Apply Project Properties：应用工程属性，会提示用于选择的相应工程。

（10）Source Control：用于代码的导入和导出。

> **小提示**
>
> Source Control 有 Export 和 Import 两个子命令，其中 Export 用于代码的导出、Import 用于代码的导入。

（11）View Design Summary：打开设计总结，可查看工程状态、设计使用资源、设计性能、管脚分配、综合/实现输出报告等一切与设计有关的信息。

5)"Source"菜单

"Source"菜单主要面向工程管理区，包含对资源文件的各个操作，每个命令的操作也都可以在工程管理区通过单击鼠标右键弹出的快捷菜单来实现，包括 Open、Set as Top Module、Use Smart Guide、New Partition、Delete Partition、Partition properties、Partition Force、Remove、Move to library 和 Properties 等命令。

（1）Open：打开所有类型的源文件。

（2）Set as Top Module：将选中的文件设置成顶层模块。可打开的文件格式包括".v"".vhd"".xco"".xaw"和".ucf"等。

> **小提示**
>
> 只有设置成顶层模块，才能对其综合、实现以及生成相应的二进制比特流文件。

（3）Use Smart Guide：允许用户在本次实现时利用上一次实现的结果，包括时序约束以及布局布线结果，在工程改动不大的情况下可以节省时间。

（4）New Partition：新建分区，常用于区域约束。

（5）Delete Partition：删除区域约束的分区。

（6）Partition properties：设置分区属性。

（7）Partition Force：包含 Force Synthesis Out-of-data 和 Force Implement Design Out-of-data 两个子命令，分别用于分区综合和增量设计。

（8）Remove：将选中的文件从工程中删除，但仍保留在计算机硬盘上。

（9）Move to library：将选中的源文件移动到相应的库中，以便建立用户文件库。

（10）Properties：查看源文件属性，有 Synthesis/Implementation Only、Simulation Only 和 Synthesis/Imp + Simulation 3 种类型。

> **小提示**
>
> Simulation Only 类文件只能仿真，不能被综合。

6)"Process"菜单

"Process"菜单包含了工程管理区的所有操作，每个命令的操作也都可以在过程管理区通过单击相应的图标来实现，包括 Implement Top Module、Run、Rerun、Rerun All、Stop、Open Without Updating 和 Properties 等命令。

（1）Implement Top Module：完成顶层模块的实现过程。

（2）Run：在工程/过程管理区选中不同的操作，单击该命令，可分别启动综合、转换、映射、布局布线等命令。

（3）Rerun：重新运行 Run 命令所执行的内容。

（4）Rerun All：重新运行所有 Run 命令所执行的内容。

（5）Stop：停止当前操作，可中止当前操作，包括综合和实现的任一步骤。

（6）Open Without Updating：打开相应上一次完成的综合或实现过程后所产生的文件。

（7）Properties：在工程/过程管理区选中不同的操作，单击该命令，可设置不同阶段的详细参数。

7）"Windows"菜单

"Windows"菜单的主要功能是排列所有窗口，使其易看、易管理。通过此菜单可以看到当前打开的所有窗口，并能直接切换到某个打开的窗口。

8）"Help"菜单

"Help"菜单主要提供 ISE 的所有帮助以及软件管理操作，包括 Help Topics、Software Manuals、Xilinx on the Web、Tutorials、Update Software Product Configuration、Tip of the Day、Web Updata 和 About 等命令。

（1）Help Topics：执行该命令将自动调用 IE 浏览器打开 ISE 的帮助文档。

（2）Software Manuals：执行该命令将自动打开 PDF 文件，通过超链接链接到用户感兴趣的软件使用文档，其内容比网页形式的帮助文档更丰富。

（3）Xilinx on the Web：包括完整的 Xilinx 网络资源，可根据需要查看链接。

（4）Tutorials：包括本地快速入门 ISE 的说明文档和 Xilinx 网站的入门教学内容，可单击查看。

（5）Update Software Product Configuration：用于更新 ISE 软件的注册 ID。

小提示

试用版用户在试用期间购买正版软件后不用卸载并重新安装，只需要通过该命令更换 ID 即可。

（6）Tip of the Day：实现每天提示功能，在每次启动 ISE 时，弹出的对话框列出了 ISE 的最新功能和一个应用技巧，可设置成关闭状态。

（7）Web Updata：执行该命令可自动链接到 Xilinx 公司的官方网站，下载最新的软件包并提示用户安装。

（8）About：执行该命令将弹出 ISE 的版本，包括主版本和升级号以及注册 ID。

ISE 11.1 软件是 Xilinx 公司的 FPGA 设计开发工具，本节首先介绍了 ISE 11.1 与 ISE 10.1 相比的新特点，然后叙述了 ISE 11.1 的安装步骤和注意事项，最后介绍了 ISE 11.1 的基本操作。读者应重点掌握 ISE 的操作方法，这也是进行 FPGA 设计的基础。

3.2 ISE 的工程建立与设计输入

3.2.1 ISE 的工程建立

（1）打开 ISE 软件。双击桌面上的快捷方式或者依次选择"开始"→

原理图设计
文件输入方法（微课）

"程序"→"Xilinx ISE Design Suite 11"→"ISE"→"Project Navigator"选项，即可进入 ISE 主界面，如图 3-10 所示。

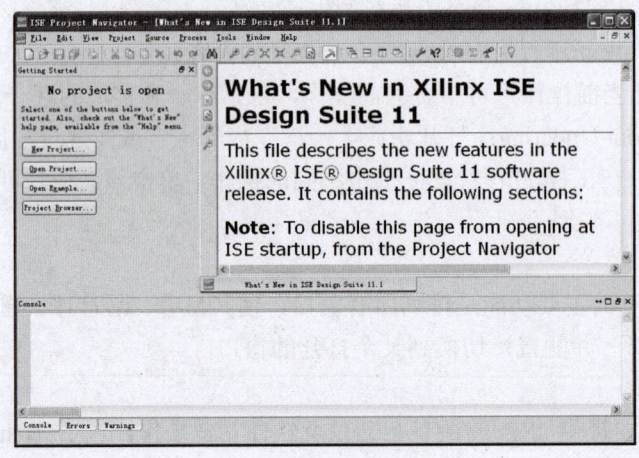

图 3-10 ISE 主界面

（2）选择"File"→"New Project"命令或者直接单击左侧的"New Project"按钮，在弹出的新建工程对话框中"Name"栏中输入工程名，例如本例中输入"counter"。单击"Browse"按钮，把工程放到指定目录，如图 3-11 所示。单击"Next"按钮进入下一页。

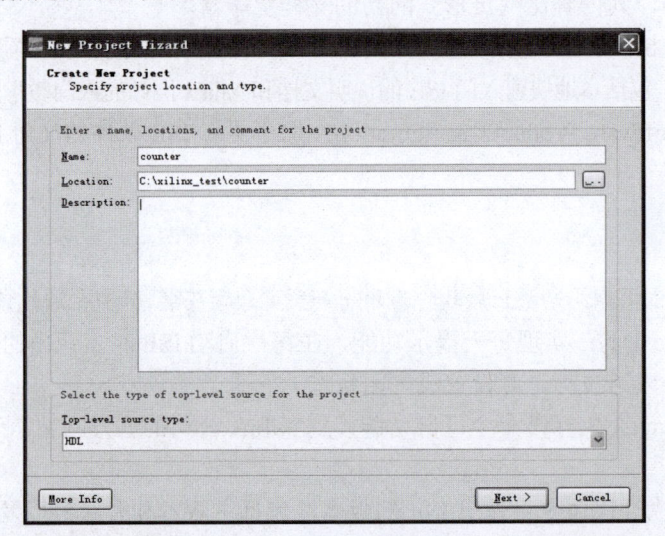

图 3-11 新建工程对话框

小提示

每次启动时 ISE 都会默认恢复到最近使用过的工程界面。当第一次使用时，由于此时还没有过去的工程记录，在工程管理区会显示该版本的一些新特性。

（3）选择所使用的芯片类型以及综合、仿真工具。对于本工程在"Family"栏中选择"Spartan3A and Spartan3AN"选项，在"Device"栏中选择"XC3S700A"选项，其他的保持

第 3 章　基于 ISE 的开发环境使用指南

默认，如图 3-12 所示。单击"Next"按钮进入下一页。

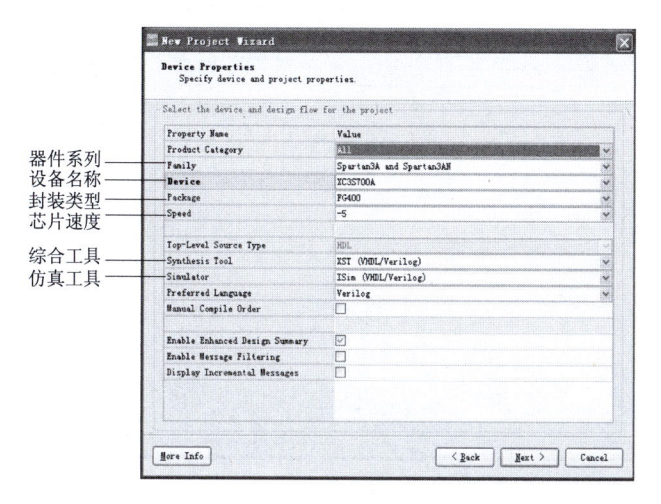

图 3-12　新建工程器件属性配置对话框

> **小提示**
>
> 计算机上所安装的用于仿真和综合的第三方 EDA 工具都可以在下拉菜单中找到，如果没有安装第三方软件，可以直接使用 Xilinx 公司提供的仿真和综合工具。

（4）如图 3-13 所示，可以选择新建源代码文件，也可以直接跳过，单击"Next"按钮进入下一页。

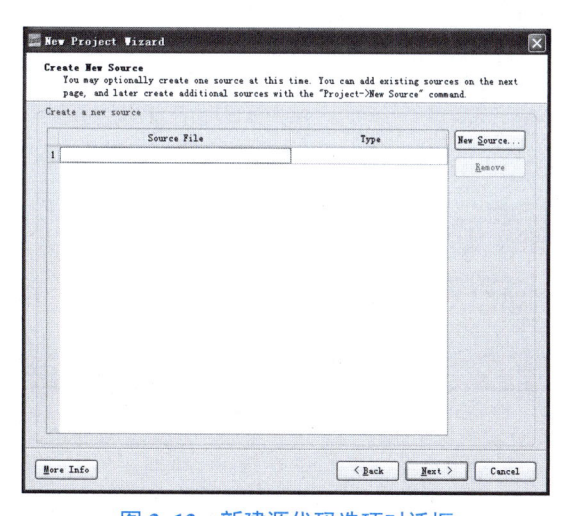

图 3-13　新建源代码选项对话框

（5）第 4 页用于添加已有的设计文件，单击"Add Source"按钮为工程添加已存在的源代码，如图 3-14 所示。

63

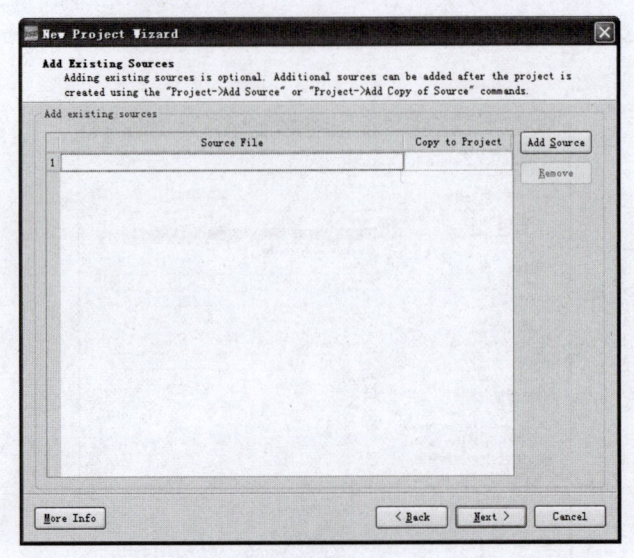

图 3-14　添加源代码对话框

> **小提示**
>
> 如果没有源文件或者不需要添加源代码，可直接单击"Next"按钮进入下一页。

（6）单击"Next"按钮进入新建工程的最后一个对话框，如图 3-15 所示。单击"Finish"按钮完成 ISE 的工程建立。

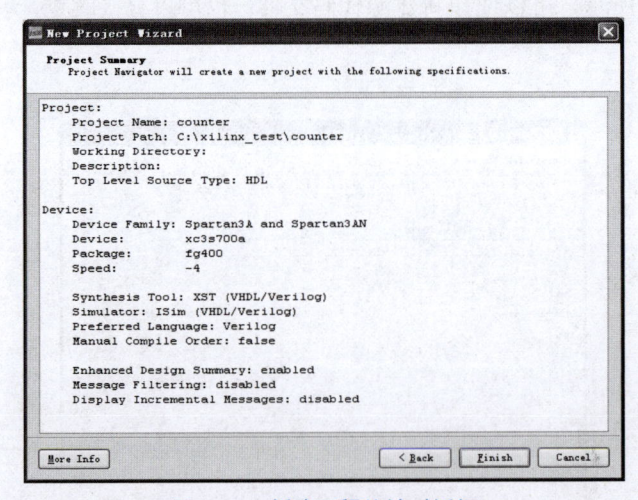

图 3-15　新建工程总结对话框

> **小提示**
>
> 工程建立之后，ISE 主界面的左侧会稍有变化，在工程管理区会出现工程名和所选择的芯片型号，如图 3-16 所示。

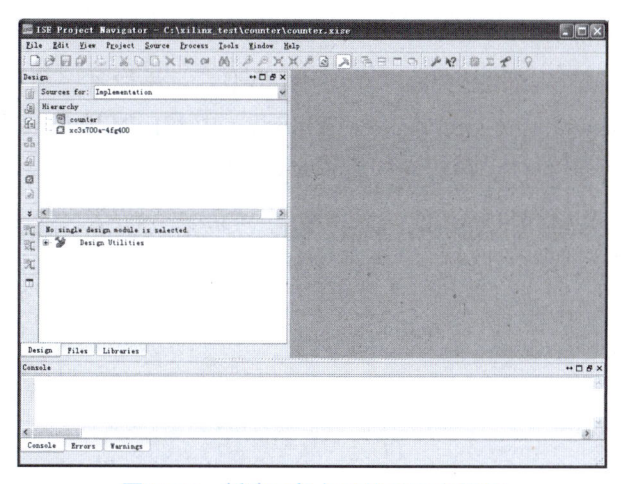

第 3 章 基于 ISE 的开发环境使用指南

图 3-16 新建工程之后的 ISE 主界面

3.2.2 基于 ISE 的 HDL 代码输入

工程建立之后，就要进行源代码的输入。对于逻辑设计，最常用的输入方式是 Verilog HDL 代码输入法（Verilog Module），接下来介绍如何使用 HDL 代码进行输入。

（1）用鼠标右键单击工程名会出现图 3-17 所示的窗口，单击"New Source"选项后会弹出图 3-18 所示的源文件类型选择窗口。

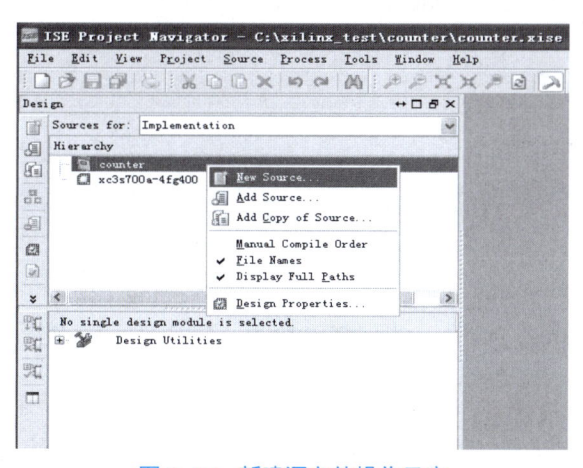

图 3-17 新建源文件操作示意

小提示

若文件存在则直接单击"Add Source"选项，可将源文件直接加到工程中。

图 3-18 所示对话框左侧的列表用于选择新建代码的类型，各项的意义如下：

① BMM File：块存储器映射（Block Memory Map）文件，用于将单个的块 RAM 连成一个更大容量的存储逻辑单元。

② ChipScope Definition and Connection File：在线逻辑分析仪 Chipscope 文件类型，具有

独特的优势和强大的功能。

③ Implementation Constraints File：约束文件类型，可添加时序和位置约束。

④ IP（CORE Generator & Architecture Wizard）：由 ISE 的 IP Core 生成工具快速生成可靠的源代码，这是目前最流行、最快速的一种设计方法。

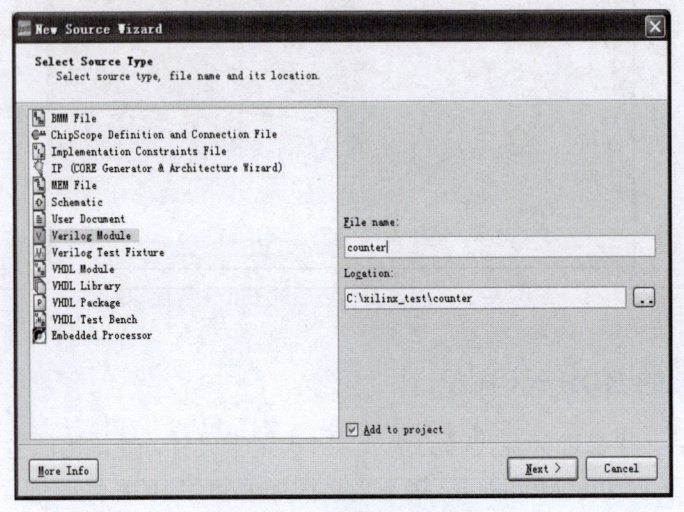

图 3-18　选择源文件类型

⑤ MEM File：存储器定义（Memory Define）文件，用于定义 RAMB4 和 RAMB16 存储单元的内容。

小提示

一个工程只能包含一个 MEM 文件。

⑥ User Document：用户文档类型。
⑦ Verilog Module：Verilog 模块类型，用于编写 Verilog 代码。
⑧ Verilog Test Fixture：Verilog 测试模块类型，专门编写 Verilog 测试代码。
⑨ VHDL Module：VHDL 模块类型，用于编写 VHDL 代码。
⑩ VHDL Library：VHDL 库类型，用于制作 VHDL 库。
⑪ VHDL Package：VHDL 包类型，用于制作 VHDL 包。
⑫ VHDL Test Bench：VHDL 测试模块类型，专门用于编写 VHDL 测试代码。
⑬ Embedded Processor：选择嵌入式处理。

小提示

HDL 代码输入法是目前最主要的 FPGA 设计输入方法，主要包括 Verilog HDL 和 VHDL 两大类。二者同属 HDL 范畴，并且可相互调用。由于 Verilog HDL 的客户较多，语法结构与 C 语言相近，便于理解，因此本书所有实例以 Verilog HDL 为主来进行说明。

（2）在图 3-18 所示的对话框中，选择"Verilog Module"选项，在"File name"文本框

中输入"counter","Location"栏保持默认选项。

（3）单击"Next"按钮进入 Verilog 模块端口定义对话框，如图 3-19 所示。其中"Module name"就是前面输入的"counter"，列表框用于定义端口。"Port Name"表示端口名称，"MSB"表示信号的最高位，"LSB"表示信号的最低位，对于单位信号"MSB"和"LSB"栏不用填写。

> **小提示**
>
> Direction 端口方向可以选择为 input、output 或 inout 三种类型。

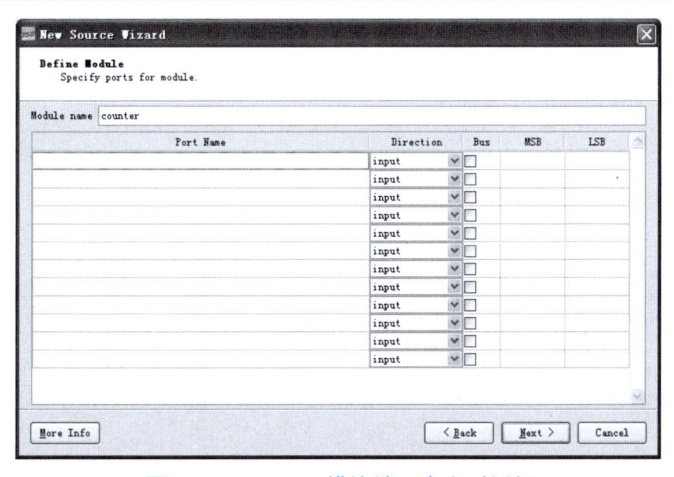

图 3-19 Verilog 模块端口定义对话框

（4）定义了模块端口后，单击"Next"按钮进入下一步，如图 3-20 所示。单击"Finish"按钮完成一个 HDL 源文件的创建。ISE 会自动创建一个 Verilog 模块的例子，并在源代码编辑区内打开。

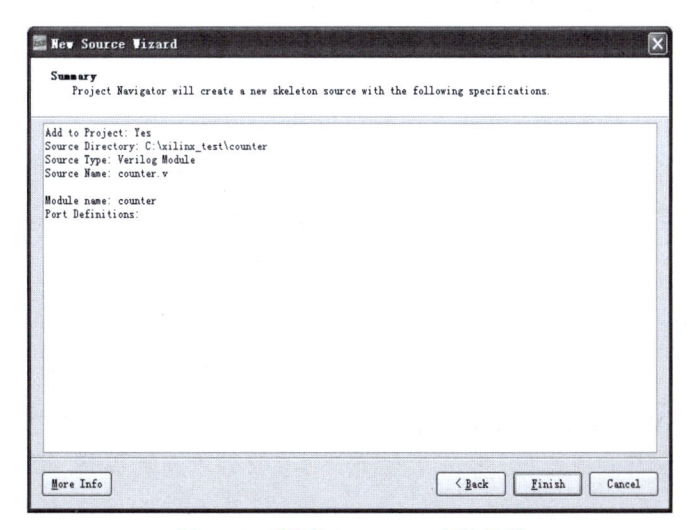

图 3-20 新建 Summary 文件总结

> **小提示**
>
> 成功地新建一个".v"文件后，会自动生成简单的注释和模块定义，剩余的工作就是在模块中实现代码。

下面的一个例子就是用 Verilog HDL 代码设计一个 8 位计数器。只需在源代码编辑区输入例 3–1 中的代码即可。

【例 3–1】用 Verilog HDL 设计一个 8 位计数器。

```
module counter(clk,reset,data_out);
input clk,reset;
output [7:0] data_out;
reg [7:0] data_out;
always @(posedge clk)
begin
    if(reset==0)
    data_out<=0;
else
    data_out<=data_out+1'b1;
end
endmoudle
```

> **小提示**
>
> ISE 11.1 版本增强了代码编辑器的功能，将鼠标光标移动到一对"（）"或者"[]"任一部分的后面，则该对括号以红色显示，方便用户查看是否配对。

3.2.3 基于 ISE 代码模板的使用

ISE 内嵌的语言模块包含大量的开发实例和所有 FPGA 语法的介绍和实例，在 ISE 工具栏中单击 按钮，或执行"Edit"→"Language Templates"命令，都可以打开语言模板，其界面如图 3–21 所示。

> **小提示**
>
> 语言模板包括 Verilog HDL/VHDL 的常用模块、FPGA 原语使用实例、约束文件的语法规则以及各类指令和符号的说明。语言模板不仅可在设计中直接调用，还是 FPGA 开发的最好的工具手册。

图 3–21 所示界面左边有 4 个选项——Tcl、UCF、VHDL 以及 Verilog，分别对应各自的参考资料。以"Verilog"选项为例，单击其前面的"+"号，会显示 Common Constructs、Device Macro Instantiation、Device Primitive Instantiation、Simulation Constructs、Synthesis Constructs

以及 User Templates 6 个子项，如图 3–22 所示。

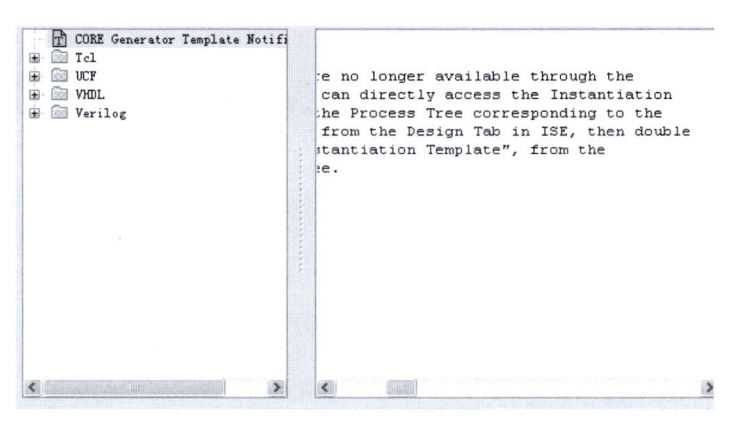

图 3–21　ISE 语言模板界面

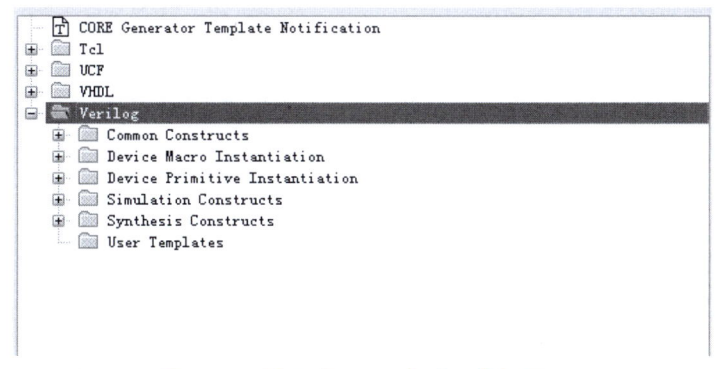

图 3–22　展开"Verilog"选项模板界面

小提示

Common Constructs 主要介绍 Verilog 开发中所用的各种符号，包括注释符、运算符等。

Device Macro Instantiation 给出了 Xilinx FPGA 常用模块的例化，主要包括同步 FIFO、双口 RAM 等。

Device Primitive Instantiation 主要介绍 Xilinx 原语的使用，可以最大限度地利用 FPGA 的硬件资源。

Simulation Constructs 给出了程序仿真中所有指令和语句的说明和示例。

Synthesis Constructs 给出了实际开发中可综合的 Verilog 语句，并给出了大量可靠、实用的应用实例，FPGA 开发人员应熟练掌握这部分内容。

User Templates 是设计人员自己添加的代码模板。

下面以调用 128×1 ROM 语言模板为例，给出语言模板的使用方法。在语言模板中，选择"Verilog"→"Device Primitive Instantiation"→"FPGA"→"RAM/ROM"→"Distributed ROM"→"128×1（ROM 128×1）"命令，即可看到调用 128×1 ROM 的示例代码，如图 3–23 所示。

图 3-23　128×1 ROM 语言模板

3.2.4　基于 ISE 的原理图输入法

原理图输入法有直观、清晰等特点，它常与 HDL 设计混合使用，即利用 HDL 设计底层的复杂功能模块，而用原理图构建顶层模块，类似利用原理图绘制软件来设计整个系统。下面介绍如何通过原理图输入法建立顶层模块。

1. 生成用户设计的图形化符号

> **小提示**
>
> 只有将 HDL 模块转化成图形化符号后才能在原理图输入法中调用，所以在新建源文件之前，必须先将 HDL 代码转换成图形化符号，ISE 11.1 提供了上述转换功能。

在工程中建立 HDL 模块，完成 HDL 仿真测试以及综合后，单击该模块，在过程管理区单击"Design Utilities"前面的"+"号，用鼠标右键单击"Create Schematic Symbol"命令，在弹出的菜单中选择"Run"命令，如图 3-24 所示，或者双击"Create Schematic Symbol"命令，即可生成该模块的图形化符号。

2. 利用原理图输入法构建工程

1) 新建原理图设计文件

在新建源文件的列表中选择 Schematic（原理图）类型的文件，在"File name"栏中输入"counter"，如图 3-25 所示，然后在工程管理区的 Source 页面中双击该文件，可打开图 3-26 所示的原理图设计窗口。

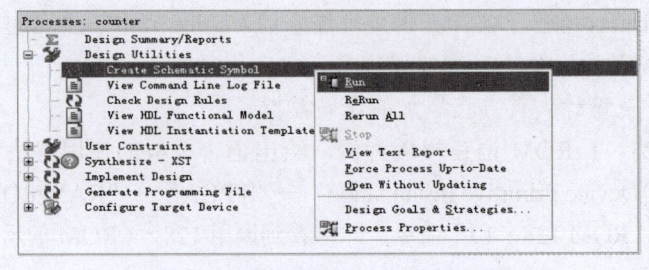

图 3-24　模块图形化符号生成操作

图 3-25 新建原理图文件

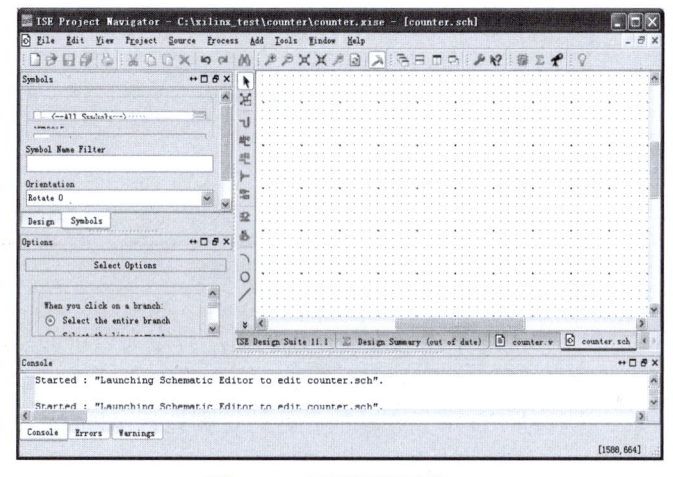

图 3-26 原理图设计窗口

2）原理图输入法的基本操作

原理图设计的元件库中包含固有的图形化组件和用户自定义的图形化模块组件。

小提示

Xilinx ISE 元件库的固有图形化组件包含数字电路中所有的基本单元和 Xilinx 系列 FPGA 中集成的硬核模块，如与门、或门、非门、加法器、编码器、乘法器、块 RAM 和 PowerPC 处理器等。

在原理图混合设计中，最常用且不可缺少的是 I/O 端口组件，因为用户自定义的图形化模块是不包括 I/O 端口的，需要添加元件库中的 I/O 单元才能构成完整的电路。

（1）添加用户自定义模块。在界面左侧的"Categories"列表框中选择当前工程路径条目，则在"Symbols"列表框中会列出当前工程中用户自定义的所有图形化模块组件。单击选中目标，然后移动鼠标到设计区，会发现鼠标光标变成十字形且附带图形化单元，只需要在合适的位置单击鼠标，即可添加一个组件，如图 3-27 所示。

> **小提示**
>
> 添加完所需的自定义模块后,单击鼠标右键或按 Esc 键,鼠标恢复正常。

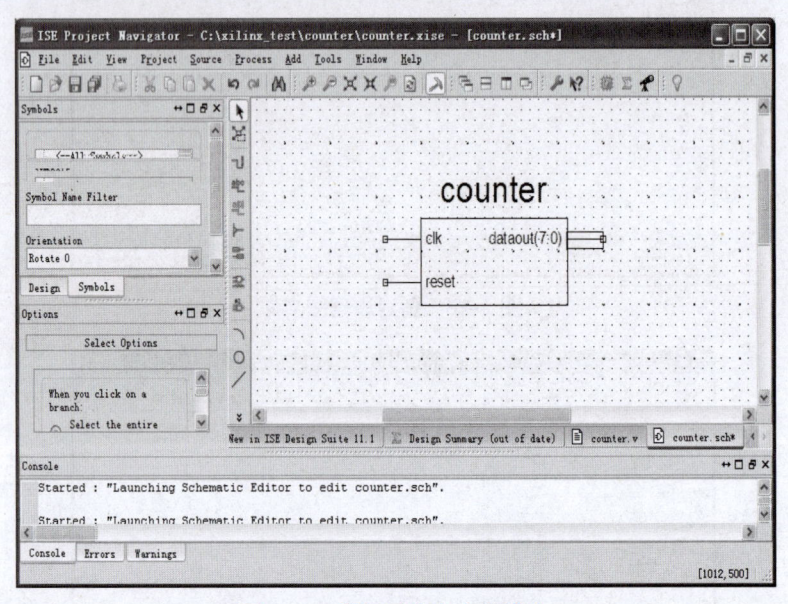

图 3-27 添加用户自定义模块

(2)添加 I/O 单元。添加 I/O 单元的方法和添加用户自定义模块的方法类似。单击工具栏中的 按钮,或者用鼠标右键单击设计区,在弹出的菜单中选择"Add"→"I/O Maker"选项,如图 3-28 所示。当移动 I/O 单元到功能元件的管脚处且出现 图标时再次单击鼠标完成添加。添加完 I/O 单元后的效果如图 3-29 所示。

> **小提示**
>
> I/O 单元必须在其余功能元件添加完之后才能添加。

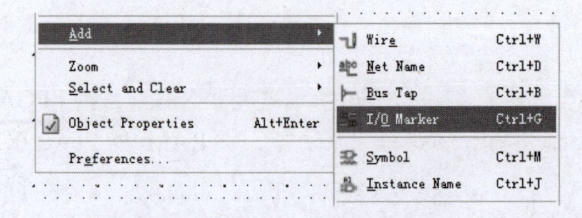

图 3-28 添加 I/O 单元操作示意

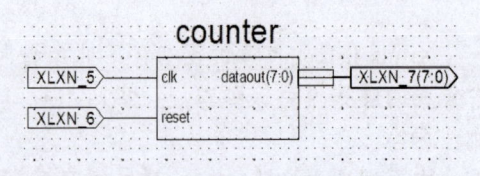

图 3-29 将 I/O 单元添加到模块

(3)添加的 I/O 单元会自动根据元件管脚的方向属性调整为输入/输出,同时也会自动调整位宽。在添加后,可通过双击 I/O 单元修改管脚名称,相应的编辑对话框如图 3-30 所示。在"Name"框中输入修改名称,单击"OK"按钮,管脚的名称就修改好了,如图 3-31 所示。

图 3–30　I/O 单元编辑对话框 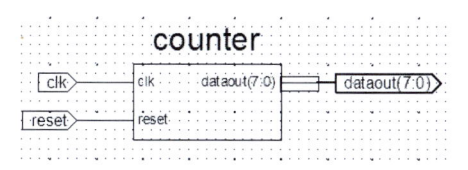　　　　　　图 3–31　修改管脚名称的效果

（4）添加并修改完 I/O 单元名称之后，关闭原理图设计。返回工程管理区的 Source 页面，在"XLXI_1-counter（counter.sch）"上单击鼠标右键，选择"Set as Top Module"命令，将其设置为顶层模块，如图 3–32 所示。

图 3–32　将原理图设置为顶层模块

3.2.5　基于 ISE 的 IP Core 的使用

1. Xilinx IP Core 简介

IP Core 生成器（Core Generator）是 Xilinx FPGA 设计中的一个重要设计工具，为用户提供大量成熟的、高效的 IP Core，涵盖了基本单元、通信和网络、数字信号处理、FPGA 特点和设计、数学函数、汽车工业、记忆和存储单元、标准总线接口 8 大类，从简单的基本设计模块到复杂的处理器一应俱全。配合 Xilinx 网站的 IP 中心使用，能够大幅度减少设计人员的工作量，提高设计可靠性。

> **小提示**
>
> 所谓 IP Core 就是预先设计好、经过严格测试和优化的电路功能模块，如乘法器、滤波器、标准总线接口等，并且一般采用参数可配置的结构，方便用户根据实际情况调用这些模块。
> 　随着 FPGA 规模的增大，使用 IP Core 完成设计成为 FPGA 设计的发展趋势。
> 　Core Generator 最重要的配置文件的后缀是".xco"，该类配置文件既可以是输出文件也可以是输入文件，包含当前工程的属性和 IP Core 的参数信息。

2. 调用 IP core 的操作流程

启动 Core Generator 有两种方法，一种是在 ISE 新建源文件类型对话框中选择新建 IP 类型的源文件，如图 3-33 所示。

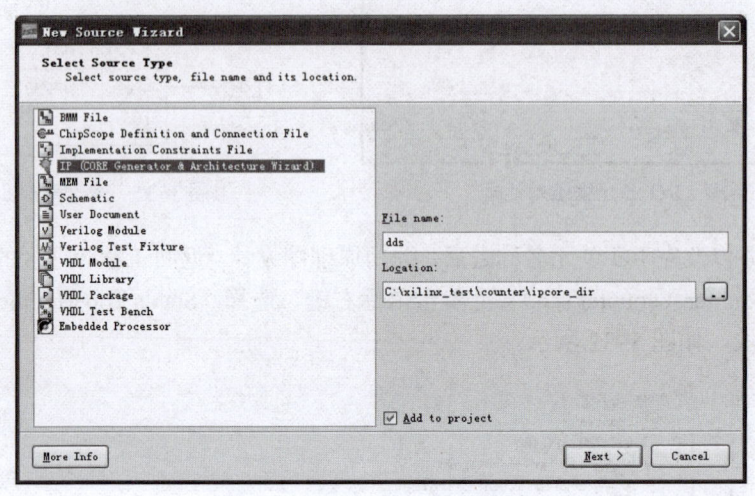

图 3-33 新建 IP 类型的源文件

另一种方法是选择"开始"→"程序"→"Xilinx ISE Design Suite 11"→"ISE"→"Accessories"→"Core Generator"选项。Xilinx 公司提供了丰富的 IP Core 资源。究其本质可以分为两类：一类是面向应用的，与芯片无关；还有一类用于调用 FPGA 底层的宏单元，与芯片型号密切相关。本节以调用和芯片结构无关的数字频率合成器（DDS）IP Core 为例，说明如何调用一个 IP Core。

（1）在工程管理区单击鼠标右键，在弹出的菜单中选择"New Source"命令，选中 IP 类型，在"File name"文本框中输入"dds"，如图 3-33 所示，然后单击"Next"按钮，进入 IP Core 目录分类页面，如图 3-34 所示。

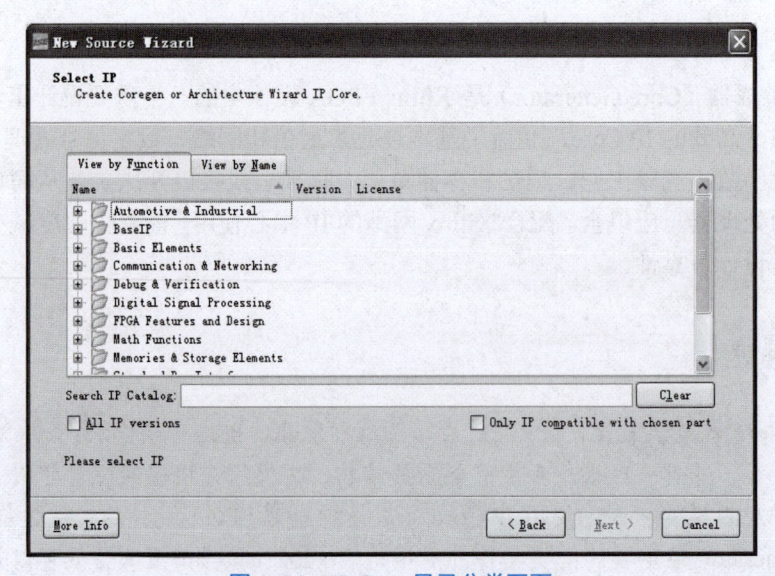

图 3-34 IP Core 目录分类页面

> **警告**
>
> 在"File name"文本框中输入的文件名中不能出现大写字母。

(2) 在 IP Core 目录分类页面中,DDS IP Core 位于"Digital Signal Processing"下的"Waveform Synthesis"栏中。选择"DDS Compiler 2.1"模块,如图 3–35 所示。

(3) 单击"Next"按钮,进入下一页,单击"Finish"按钮即可进入 DDS IP Core 的用户设置界面,如图 3–36 所示。该 IP Core 支持余弦、正弦以及正交函数的输出,旁瓣抑制比的范围为 18~115 dB,最小频率分辨率为 0.02 Hz,可同时独立支持 16 个通道。其中的查找表既可以利用分布式 RAM,也可利用块 RAM。

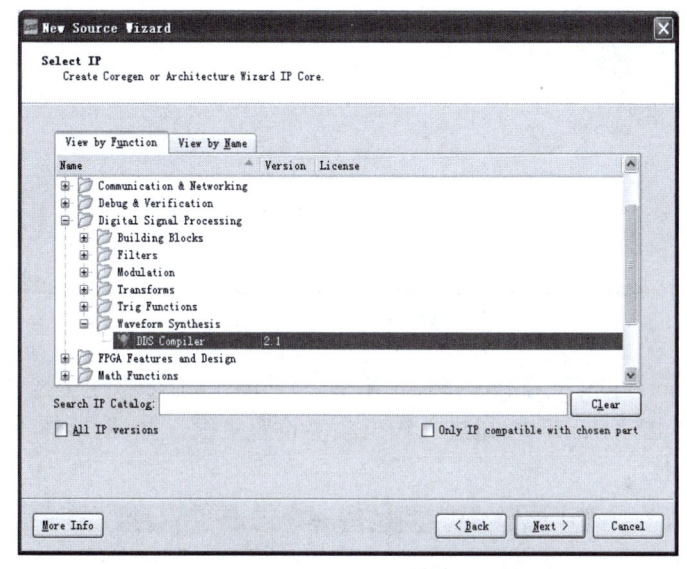

图 3–35 DDS IP Core 选择对话框

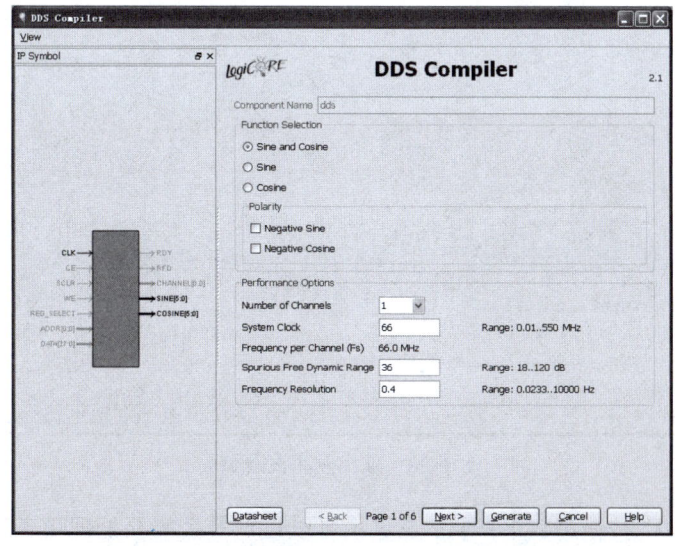

图 3–36 DDS IP Core 的用户设置界面

下面使用 DDS IP Core 实例化一个 10 MHz，分辨率为 0.4 Hz，带外抑制比为 60 dB 的正弦、余弦信号发生器，假设工作时钟频率为 100 MHz。

在图 3-36 所示页面中的"System Clock"框中输入"66"，其余保持默认选择，单击"Next"按钮进入下一页，如图 3-37 所示。

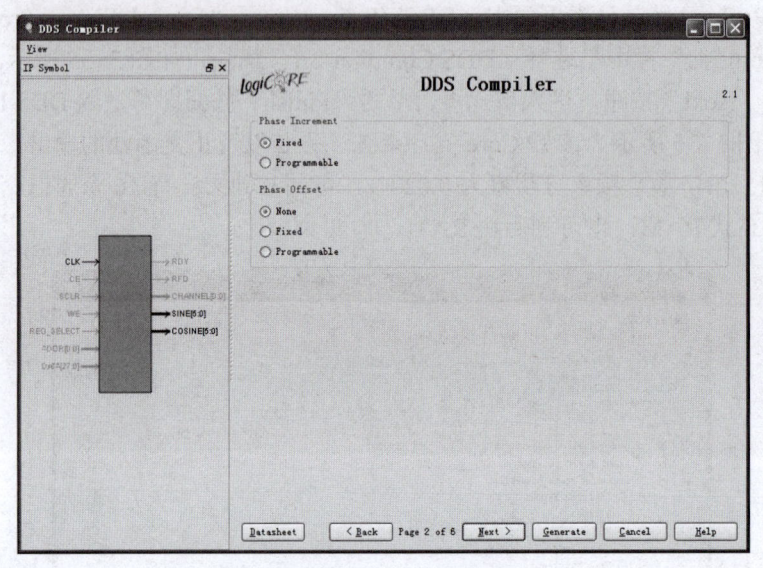

图 3-37 DDS 相位设置页面

（4）"Phase Increment"用于选择相位增量，"Phase Offset"用于选择相位差。此处都保持默认选择，单击"Next"按钮进入输出频率设置页面，如图 3-38 所示。在这里设定输出频率为 10 MHz。

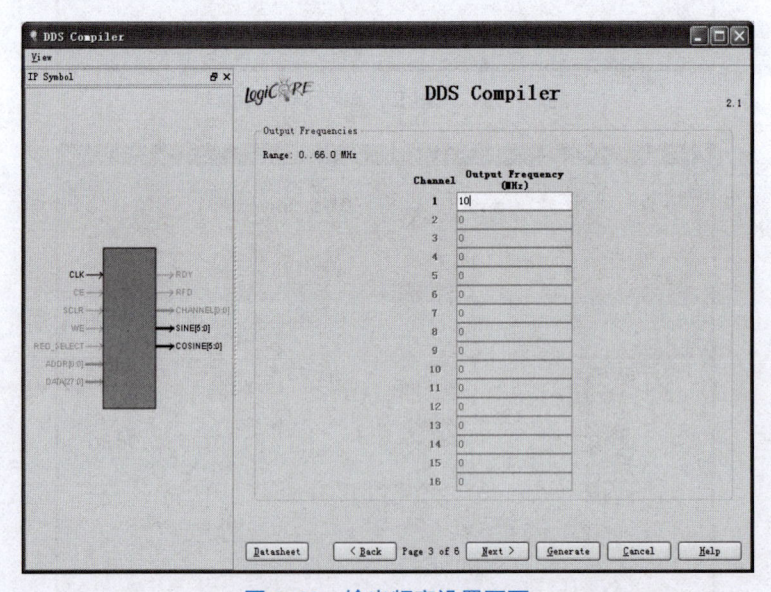

图 3-38 输出频率设置页面

（5）单击"Next"按钮进入下一页，在这里可以设定是否需要处理噪声等操作，如图 3-39 所示，此处都保持默认选择。

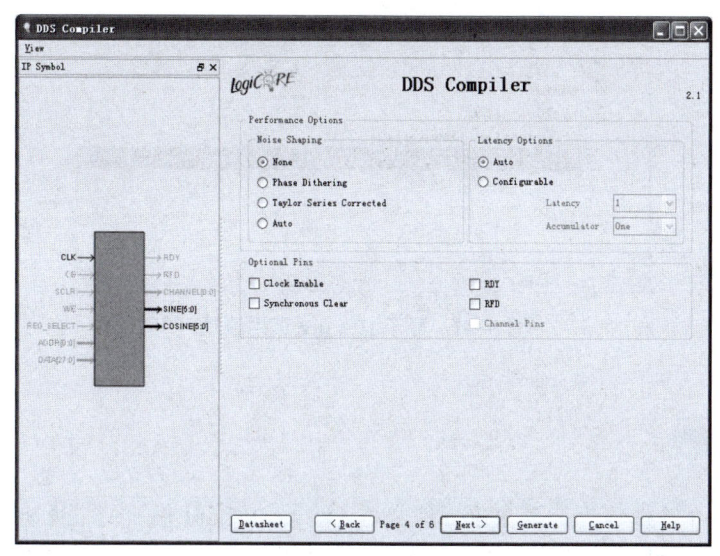

图 3-39 优化设置页面

（6）单击"Next"按钮进入下一页，接下来的两页都可以查看前面设置的一些参数，如果无需修改则单击"Generate"按钮完成 DDS IP Core 的调用，如图 3-40 所示。

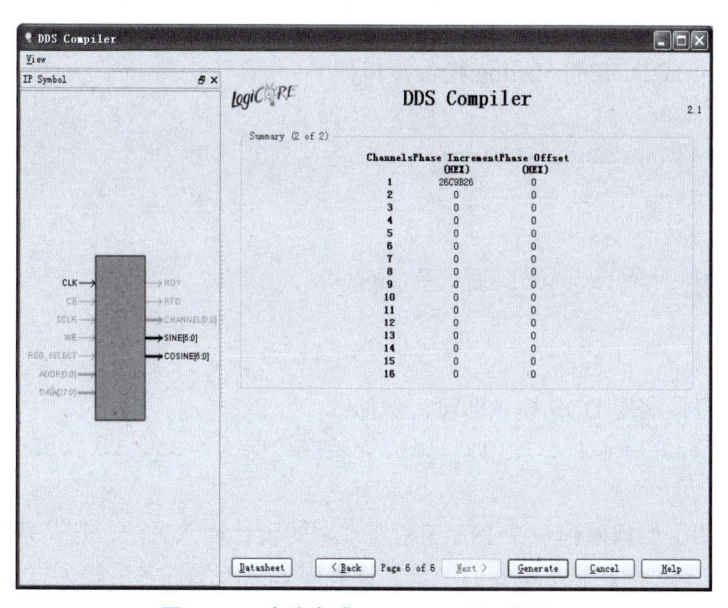

图 3-40 确认生成 DDS IP Core 对话框

小提示

如果发现有错误，或者需要重新设定，可以单击"Back"按钮退回前面的界面。

（7）如果调用 IP Core 成功，会在工程管理区下面显示刚刚调用的 IP Core，如图 3-41 所示。

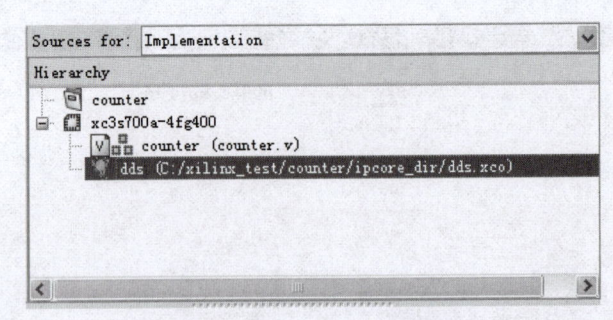

图 3–41　显示 IP Core 调用成功

> **小提示**
>
> IP Core 在综合时被认为是黑盒子，综合器不会对 IP Core 作任何编译。

这样就可以在工程里任意调用 DDS 模块了。由此可见，IP Core 极大地方便、丰富了系统的开发设置。

单击过程管理区内的 CORE Generator 前面的"+"，可以通过双击"View HDL Functional Model"和"View HDL Instantiation Template"选项分别查看生成的 DDS Verilog 代码及可调用的 DDS 模块。

IP Core 直接生成 DDS 的 Verilog 模块接口如下：

```
timescale 1 ns/1 ps
module dds (clk, sine, cosine);
    input clk;
    output [5:0] cosine;
//synthesis translate_off
…
endmodule
```

在使用时，直接调用 DDS 模块即可，例如：

ddsYourInstanceName(.clk(clk),.cosine(cosine),//Bus[5:0].sine(sine));
//Bus[5:0]

本节主要介绍了如何新建一个 ISE 工程及常用的设计输入方法，这是基于 Xilinx ISE 开发 FPGA 的第一步，也是非常重要的一步。读者应该熟练掌握各种输入方法，特别是 HDL 输入法，这是 FPGA 设计过程中使用最多的一种输入方法。

3.3　基于 ISE 的仿真

如前所述，基于 ISE 的 FPGA 开发流程包含设计输入、仿真、综合、实现以及下载。仿真的作用是在代码输入之后验证代码是否符合设计的要求。下面以一个 8 位计数器为例，介绍如何使用 ISE 集成仿真工具。

设计一个计数器，其功能是将输入的数据加 1 后寄存并输出。

仿真并观察 RTL 电路
（微课）

```verilog
module counter(clk,reset,data_out);
input clk,reset;
output [7:0] data_out;
reg [7:0] data_out;
always @(posedge clk)
begin
if(reset==0)
    data_out<=0;
else
    data_out<=data_out+1'b1;
end
endmoudle
```

仿真目的：通过模块实例化语句对功能模块添加激励，检查其输出是否满足要求。

在代码编写完毕后，需要借助测试平台验证所设计的模块是否满足要求。下面介绍如何利用 HDL 测试代码进行仿真验证。

小提示

> 较低版本的 ISE 提供了两种测试平台的建立方法：一种是使用 HDL Bencher 的图形化波形编辑功能编写；另一种就是利用 HDL 编写测试代码（Testbench），但在 ISE 11.1 中不再提供图形化波形编辑功能。
>
> Testbench 相对于图形化波形编辑器来说使用更为简单、功能更为强大，但难点在于测试代码的编写。读者应该熟练掌握 Testbench 的编写方法。

（1）首先在工程管理区将"Sources for"选项设置为"Behavioral Simulation"，如图 3–42 所示。在工程管理区单击鼠标右键，并在弹出的菜单中选择"New Source"命令，然后选择"Verilog Test Fixture"类型，输入文件名"test_counter"，如图 3–42 所示。

图 3–42　新建 HDL 测试代码源文件

（2）单击"Next"按钮进入下一页。如果工程中有多个 Verilog Module 文件，所有 Verilog Module 文件的名称都会显示出来，设计人员需要从中选择要进行测试的模块。本工程中只有一个源文件，单击 counter 文本，如图 3-43 所示。

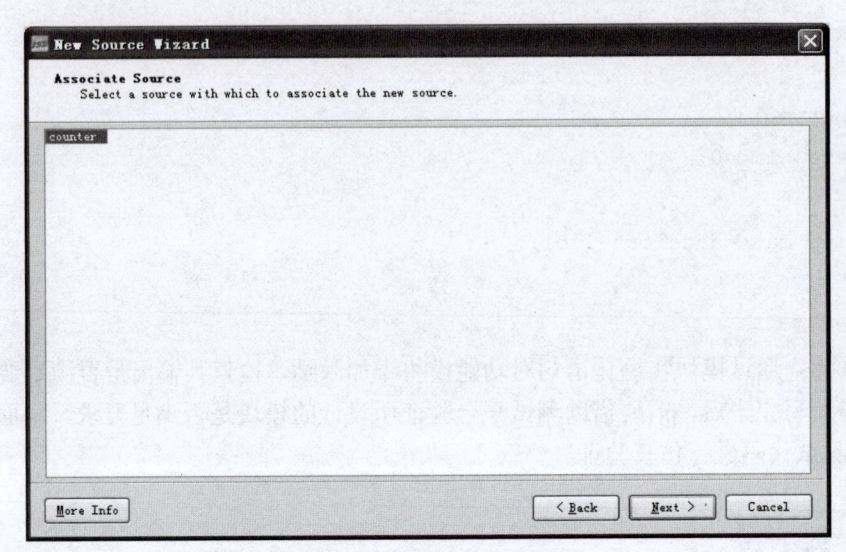

图 3-43　选择需要测试的文件

（3）单击"Next"按钮进入下一页，直接单击"Finish"按钮，ISE 会在源代码编辑区自动显示测试模块的代码，相应代码如下：

```
timescale 1ns/1ps
//////////////////////////////////////////////////
//Company:
//Engineer:
//Create Date:14:10:19 06/08/2010
//Design Name:counter
//Module Name:C:/xilinx_test/counter/test_counter.v
//Project Name:counter
//Target Device:
//Tool versions:
//Description:
//Verilog Test Fixture created by ISE for module: counter
//Dependencies:
//Revision:
//Revision 0.01 - File Created
//Additional Comments:
//////////////////////////////////////////////////
module test_counter;
//Inputs
```

```
reg clk;
reg reset;
//Outputs
wire [7:0] dataout;
//Instantiate the Unit Under Test (UUT)
counter uut(.clk(clk),.reset(reset),.dataout(dataout));
initial begin
//Initialize Inputs
clk=0;
    reset=0;
//Wait 100 ns for global reset to finish
#100;
#15 reset=1;
//Add stimulus here
end
always #5 clk=~clk;
 endmodule
```

由此可见，ISE 自动生成了测试平台的完整架构，包括所需信号、端口声明以及模块调用。所需的工作就是在 initial…end 模块中的"//Add stimulus here"后面添加测试向量生成代码。添加的测试代码如下：

```
#15 reset=1;
always #5 clk=~clk;
```

完成测试代码的添加后，在工程管理区将"Sources for"选项设置为"Behavioral Simulation"，这时在过程管理区会显示与仿真有关的进程。用鼠标右键单击"Simulate Behavioral Model"选项，在弹出的菜单中选择"Run"命令，如图 3–44 所示，或者双击"Simulate Behavioral Model"选项，则自动重启 ISE Simulator 软件，如图 3–45 所示。

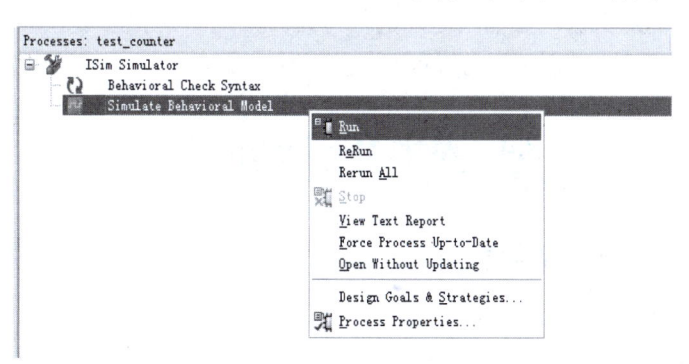

图 3–44　仿真过程示意

在界面的中心区可以查看代码仿真的结果，确定其功能是否符合设计意图。这里设计的计数器仿真结果完全符合设计意图，如图 3–46 所示。

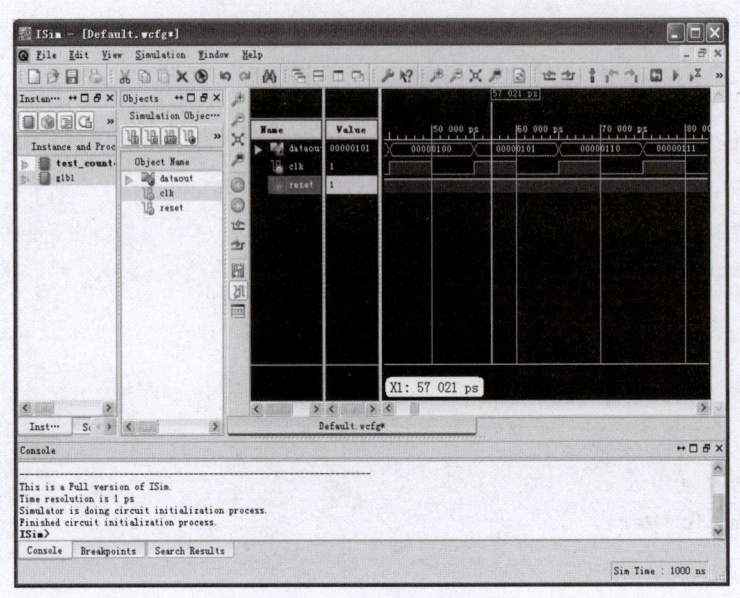

图 3-45　ISim 主界面

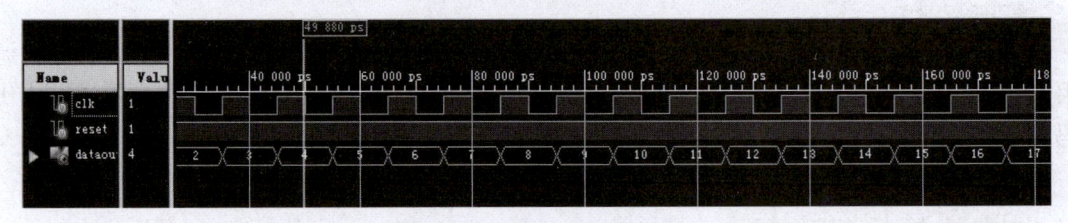

图 3-46　计数器的仿真图

仿真验证包含综合后仿真和功能仿真等。功能仿真就是对设计电路的逻辑功能进行模拟测试，看其是否满足设计要求。

综合后仿真是在针对目标器件进行适配之后进行的，仿真结果接近真实器件的特性，能精确给出输入与输出之间的信号延时数据。本节主要介绍了使用 ISE 软件提供的 ISim 进行功能仿真的具体操作方法。

什么是自顶向下（Top_Down）设计（微课）

3.4　基于 ISE 的综合与实现

3.4.1　基于 Xilinx XST 的综合

1. 综合工具的使用

🖊 小提示

　　所谓综合，就是将 HDL、原理图等设计输入翻译成由与、或、非门和 RAM，触发器等基本逻辑单元组成的逻辑连接（网表），并根据目标和要求（约束条件）优化所生成的逻辑连接，生成 EDF 文件。

完成了输入、仿真以及管脚分配后即可以进行综合和实现。在过程管理区用鼠标右键单击"Synthesize-XST"，在弹出的菜单中选择"Run"命令，如图 3–47 所示。或者双击"Synthesize-XST"，软件会自动对工程进行综合。

XST 内嵌在 ISE 3 以后的版本中，并且在不断完善。此外，由于 XST 是 Xilinx 公司自己的综合工具，因此它对部分 Xilinx 芯片独有的结构具有更好的融合性。

综合可能出现 3 种结果：如果综合后完全正确，则在"Synthesize-XST"前面有一个打钩的绿色小圆圈；如果有警告，则出现一个带感叹号的黄色小圆圈；如果有错误，则出现一个带叉的红色小圆圈。

小提示

综合一旦出现错误，就无法继续进行下一步操作，必须在更改错误之后重新综合。

图 3–47　设计综合窗口

1）查看综合报告

综合完成之后，会给出初步的资源消耗情况。用鼠标右键单击"Design Summary/Reports"选项，在弹出的菜单中选择"Run"命令，如图 3–48 所示，或双击过程管理区的"Design Summary/Reports"选项，就可以打开综合报告。图 3–49 给出了模块的综合报告。

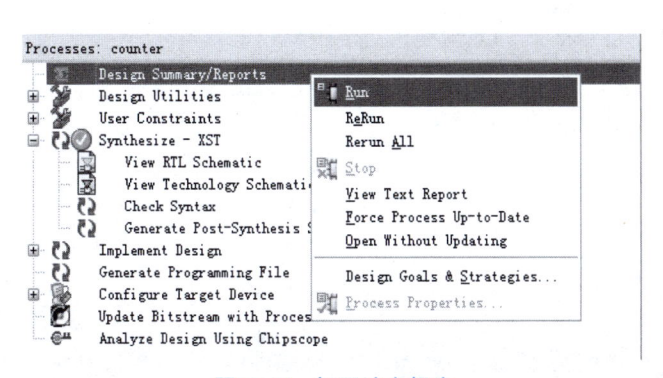

图 3–48　打开综合报告

counter Project Status (06/08/2010 - 19:00:34)			
Project File:	counter.ise	Implementation State:	Synthesized
Module Name:	counter	• Errors:	No Errors
Target Device:	xc3s700a-4fg400	• Warnings:	No Warnings
Product Version:	ISE 11.1	• Routing Results:	
Design Goal:	Balanced	• Timing Constraints:	
Design Strategy:	Xilinx Default (unlocked)	• Final Timing Score:	

Device Utilization Summary (estimated values)				[-]
Logic Utilization	Used	Available	Utilization	
Number of Slices	4	5888		0%
Number of Slice Flip Flops	8	11776		0%
Number of 4 input LUTs	9	11776		0%
Number of bonded IOBs	10	311		3%
Number of GCLKs	1	24		4%

图 3-49　模块的综合报告

2）查看综合后的 RTL 视图

（1）在图 3-48 所示的窗口中用鼠标右键单击"View RTL Schematic"选项，在弹出的菜单中选择"Run"命令，如图 3-50 所示。或者双击"View RTL Schematic"选项，源文件编辑区会弹出图 3-51 所示的对话框。

> **小提示**
>
> 在 ISE 中有两个选项可以看到 RTL 级视图，分别为"View RTL Schematic"和"View Technology Schematic"，前者是单纯的综合效果，而后者更接近综合后在芯片中要形成的实际电路和资源使用情况。

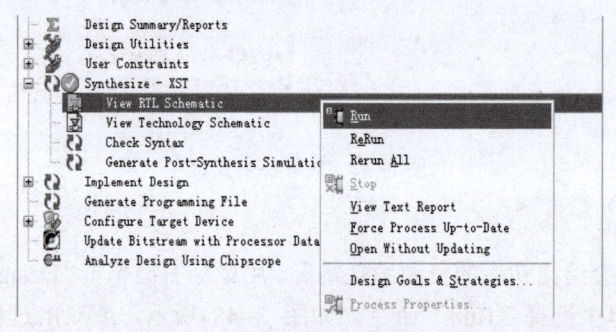

图 3-50　创建 RTL 视图操作示意

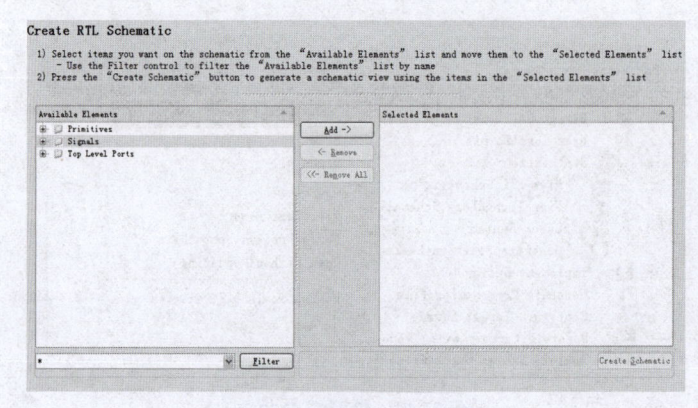

图 3-51　创建 RTL 视图窗口

(2)单击"Primitives"前面的"+",选择"dataout1"选项,如图 3-52 所示。

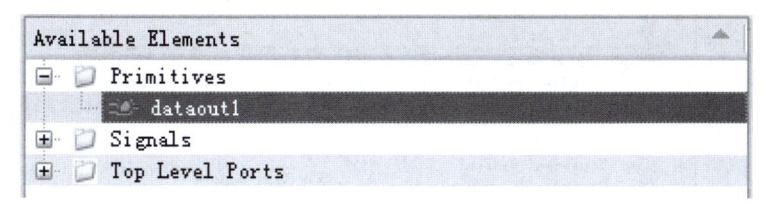

图 3-52 选择需要查看的视图

(3)单击右侧的"Add"按钮,在左侧的"Selected Elements"窗口中会出现刚刚添加的信号,如图 3-53 所示。

图 3-53 已经选定的信号

(4)单击右下角的"Create Schematic"按钮,会弹出想要查看的 RTL 视图,如图 3-54 所示。

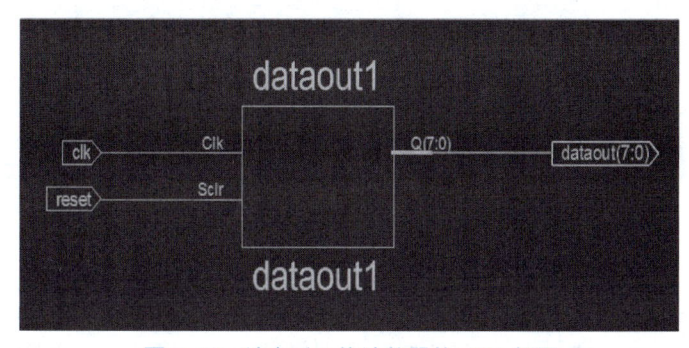

图 3-54 综合后 8 位计数器的 RTL 视图

2. Xilinx XST 综合属性的设置

小提示

一般在使用 XST 时,所有的属性都采用默认值,但 XST 对不同的逻辑设计可提供丰富、灵活的属性配置,在特殊情况下还必须事先设置综合过程的配置属性。

下面对 ISE 11.1 中内嵌的 XST 属性进行说明。打开 ISE 中的设计工程,在过程管理区选择"Synthesize-XST"并单击鼠标右键,在弹出的菜单中选择"Process Properties"选项,如图 3-55 所示,弹出图 3-56 所示的界面。

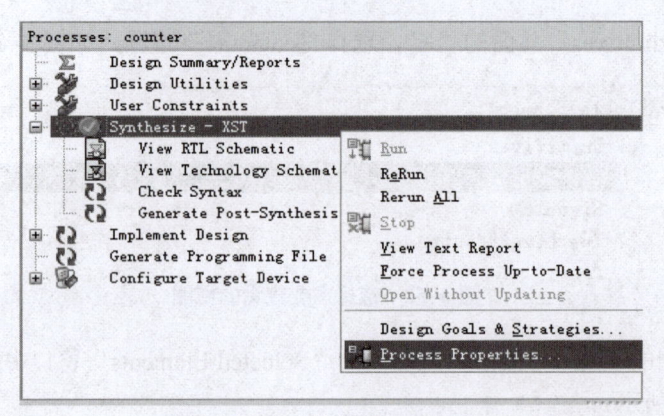

图 3-55　设计综合属性窗口

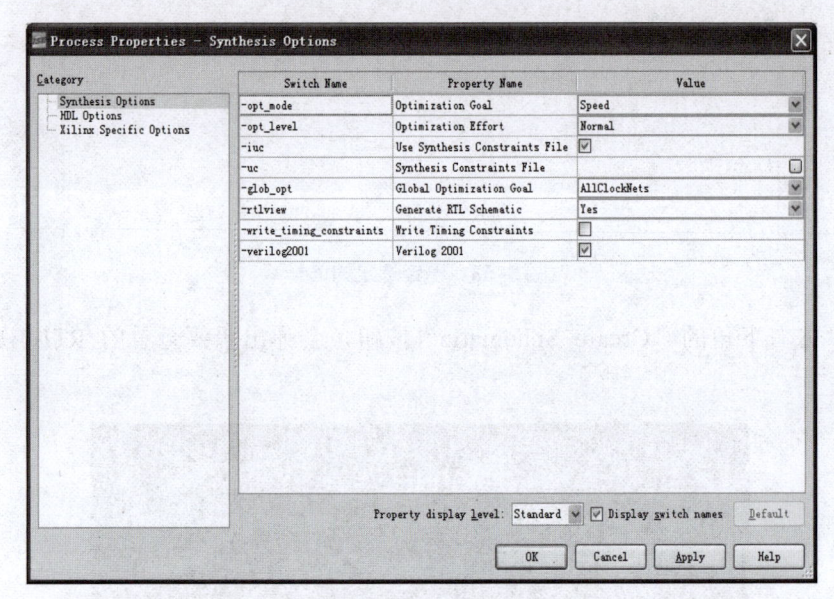

图 3-56　综合选项

由图 3-56 所示界面可以看出，XST 配置页面分为综合选项（Synthesis Options）、HDL 选项（HDL Options）以及 Xilinx 特殊选项（Xilinx Specific Options）三大类，分别用于设置综合的全局目标和整体策略、HDL 硬件语法规则以及 Xilinx 特有的结构属性。

1）综合选项（Synthesis Options）

综合选项参数配置界面如图 3-56 所示，包括 8 个选项，具体功能如下：

Optimization Goal：优化的目标。该参数决定了综合工具对设计进行优化时，是以面积还是以速度作为优先原则。

> **小提示**
>
> 面积优先原则可以节省器件内部的逻辑资源，即尽可能地采用串行逻辑结构，但这是以牺牲速度为代价的。而速度优先原则保证了器件的整体工作速度，即尽可能采用并行逻辑结构，但这会浪费器件内部大量的逻辑资源，它是以牺牲逻辑资源为代价的。

Optimization Effort：优化程度。这里有 Normal 和 High 两种选择方式。

> **小提示**
>
> 对于 Normal 方式，优化器对逻辑设计仅进行普通的优化处理，综合结果可能并不是最好的，但是综合和优化流程速度较快。如果选择 High 方式，优化器对逻辑设计进行反复的优化处理和分析，并能生成最理想的综合和优化结果，一般来讲，高性能和最终的设计通常采用这种模式，当然综合和优化需要的时间较长。

Use Synthesis Constraints File：使用综合约束文件。

> **小提示**
>
> 如果选择这个选项，那么综合约束文件 XCF 有效。

Synthesis Constraints File：综合约束文件。用于指定 XST 综合约束文件 XCF 的路径。
Global Optimization Goal：全局优化目标。可选的属性包括 All Clock Nets、Inpad To Outpad、Offest In Before、Offest Out After、Maximm Delay。

> **小提示**
>
> 该参数仅对 FPGA 器件有效，可用于选择所设定的寄存器之间、输入引脚与寄存器之间、寄存器与输出引脚之间或者输入引脚与输出引脚之间逻辑的优化策略。

Generate RTL Schematic：生成寄存器传输级视图文件。
Write Timing Constraints：写时序约束。

> **小提示**
>
> 该参数仅对 FPGA 器件有效，用来设置是否将 HDL 源代码中用于控制综合的时序约束传给 NGC 网表文件。NGC 网表文件用于布局和布线。

Verilog 2001：是否支持 Verilog 2001 版本。
2）HDL 选项（HDL Options）
HDL 选项的配置界面如图 3–57 所示，包括 16 个选项，具体功能如下：
FSM Encoding Algorithm：有限状态机编码算法。用于指定有限状态机的编码方式。

> **小提示**
>
> 提供的选项有 Auto、One-Hot、Compact、Sequential、Gray、Johnson、User、Speed1、None 编码方式，默认为 Auto 编码方式。

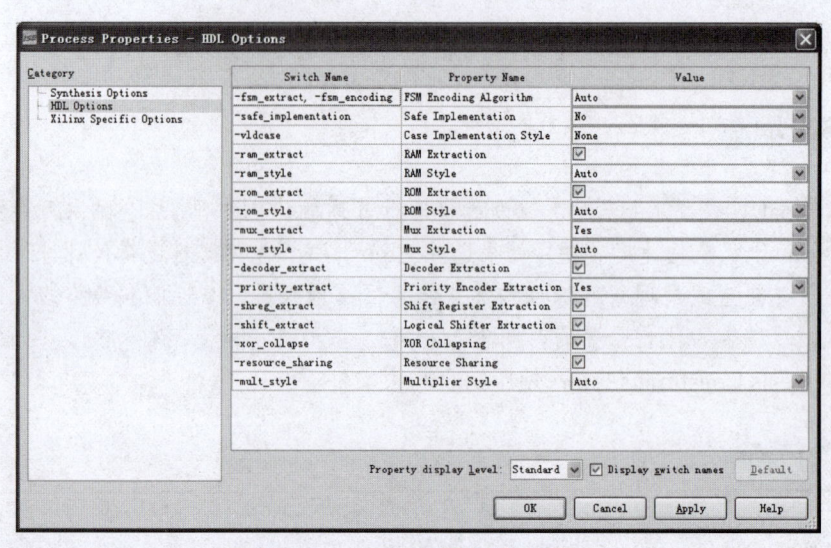

图 3-57　HDL 选项的配置界面

Safe Implementation：添加安全模式约束来实现有限状态机，添加额外的逻辑，使状态机从无效状态转到有效状态，否则只能通过复位来实现，有 Yes、No 两种选择，默认为 No。

Case Implementation Style：条件语句实现类型。用于控制 XST 综合工具解释和推论 Verilog 的条件语句。

> 小提示

> Case Implementation Style 提供的选项有 None、Full、Parallel、Full-Parallel 4 种，默认为 None。这 4 个选项的区别如下：
> （1）None：XST 将保留程序中条件语句的原型，不进行任何处理。
> （2）Full：XST 认为条件语句是完整的，避免锁存器的产生。
> （3）Parallel：XST 认为在条件语句中不能产生分支，并且不使用优先级编码器。
> （4）Full-Parallel：XST 认为条件语句是完整的，并且在内部没有分支，不使用锁存器和优先级编码器。

RAM Extraction：存储器扩展。该参数仅对 FPGA 器件有效，用于使能和禁止 RAM 宏接口。默认为允许使用 RAM 宏接口。

RAM Style：RAM 实现类型。该参数仅对 FPGA 器件有效，用于选择是采用块 RAM 还是分布式 RAM 作为 RAM 的实现类型。默认为 Auto。

ROM Extraction：只读存储器扩展。该参数仅对 FPGA 器件有效，用于使能和禁止只读存储器 ROM 宏接口。默认为允许使用 ROM 宏接口。

ROM Style：ROM 实现类型。该参数仅对 FPGA 器件有效，用于选择是采用块 RAM 还是分布式 RAM 作为 ROM 的实现和推论类型。默认为 Auto。

Mux Extraction：多路复用器扩展。该参数用于使能和禁止多路复用器的宏接口。根据某些内定的算法，对于每个已识别的多路复用/选择器，XST 能够创建一个宏并进行逻辑优化。可以选择 Yes、No 和 Force 中的任何一种，默认为 Yes。

Mux Style：多路复用实现类型。该参数用于为宏生成器选择实现和推论多路复用/选择器的宏类型。可以选择 Auto、MUXF 和 MUXCY 中的任何一种，默认为 Auto。

Decoder Extraction：译码器扩展。该参数用于使能和禁止译码器宏接口，默认为允许使用该接口。

Priority Encoder Extraction：优先级译码器扩展。该参数用于指定是否使用带有优先级的译码器宏单元。

Shift Register Extraction：移位寄存器扩展。该参数仅对 FPGA 器件有效，用于指定是否使用移位寄存器宏单元。默认为使能。

Logical Shifter Extraction：逻辑移位寄存器扩展。该参数仅对 FPGA 器件有效，用于指定是否使用逻辑移位寄存器宏单元。默认为使能。

XOR Collapsing：异或逻辑合并方式。该参数仅对 FPGA 器件有效，用于指定是否将级联的异或逻辑单元合并成一个大的异或宏逻辑结构。默认为使能。

Resource Sharing：资源共享。该参数用于指定在 XST 综合时是否允许复用一些运算处理模块，如加法器、减法器、加/减法器和乘法器等。默认为使能。如果综合工具的选择是以速度为优先原则的，则不考虑资源共享。

Multiplier Style：乘法器实现类型。该参数仅对 FPGA 器件有效，用于指定宏生成器使用乘法器宏单元的方式。

> **小提示**
>
> Multiplier Style 提供的选项有 Auto、Block、LUT 和 Pipe_LUT。默认为 Auto。选择的乘法器实现类型和所选择的器件有关。

3）Xilinx 特殊选项（Xilinx Specific Options）

Xilinx 特殊选项用于将用户逻辑适配到 Xilinx 芯片的特殊结构中，不仅能节省资源，还能提高设计的工作频率，其配置界面如图 3–58 所示，包括 10 个配置选项，具体功能如下：

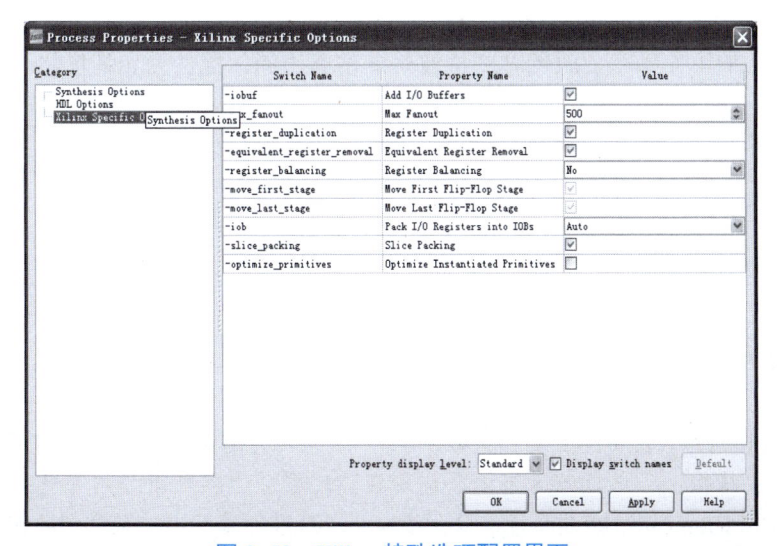

图 3–58 Xilinx 特殊选项配置界面

Add I/O Buffers：插入 I/O 缓冲器。该参数用于控制对所综合的模块是否自动插入 I/O 缓冲器。默认为自动插入。

Max Fanout：最大扇出数。该参数用于指定信号和网线的最大扇出数。这里扇出数的选择与设计的性能有直接的关系，需要用户合理选择。

Register Duplication：寄存器复制。用于控制是否允许寄存器的复制。对高扇出和时序不能满足要求的寄存器进行复制，可以减少缓冲器输出的数目以及逻辑级数，改变时序的某些特性，提高设计的工作频率。默认为允许寄存器复制。

Equivalent Register Removal：等效寄存器删除。该参数用于指定是否把与寄存器传输级功能等效的寄存器删除，这样可以减少寄存器资源的使用。如果某个寄存器是用 Xilinx 的硬件原语指定的，那么就不会被删除，默认为使能。

Register Balancing：寄存器配平。该参数仅对 FPGA 器件有效，用于指定是否允许平衡寄存器。选项有 No、Yes、Forward 和 Backward。采用寄存器配平技术，可以改善某些设计的时序条件。其中，Forward 为前移寄存器配平，Backward 为后移寄存器配平。采用寄存器配平后，所用到的寄存器数会相应地增减。默认为寄存器不配平。

Move First Flip-Flop Stage：移动前级寄存器。该参数仅对 FPGA 器件有效，用于控制在进行寄存器配平时，是否允许移动前级寄存器。如果 Register Balancing 的设置为 No，那么该参数的设置无效。

Move Last Flip-Flop Stage：移动后级寄存器。该参数仅对 FPGA 器件有效，用于控制在进行寄存器配平时是否允许移动后级寄存器。如果 Register Balancing 的设置为 No，那么该参数的设置无效。

Pack I/O Registers into IOBs：I/O 寄存器置于输入/输出块。该参数仅对 FPGA 器件有效，用于控制是否将逻辑设计中的寄存器用 IOB 内部寄存器实现。在 Xilinx 系列 FPGA 的 IOB 中分别有输入和输出寄存器。如果将设计中的第一级寄存器或最后一级寄存器用 IOB 内部寄存器实现，那么就可以缩短 I/O 引脚到寄存器之间的路径，通常可以缩短 1～2 ns 的传输延时。默认为 Auto。

Slice Packing：优化 Slice 结构。该参数仅对 FPGA 器件有效，用于控制是否将关键路径的查找表逻辑尽量配置在同一个 Slice 或者 CLB 模块中，以此缩短 LUT 之间的布线。这一功能对于提高设计的工作频率、改善时序特性是非常有用的。默认为允许优化 Slice 结构。

Optimize Instantiated Primitives：优化已例化的原语。该参数控制是否需要优化在 HDL 代码中已例化的原语。默认设置为不优化。

3.4.2 基于 ISE 的实现

1. ISE 实现过程简介

> 小提示

实现（Implement）是将综合输出的逻辑网表翻译成所选器件的底层模块与硬件原语，将设计映射到器件结构上，进行布局布线，达到在选定器件上实现设计的目的。实现主要分为 3 个步骤：翻译（Translate）逻辑网表，映射（Map）到器件单元与布局布线（Place & Route）。具体作用如下：

（1）翻译的主要作用是将综合输出的逻辑网表翻译为 Xilinx 特定器件的底层结构和硬件原语。

（2）映射的主要作用是将设计映射到具体型号的器件上。

（3）布局布线调用 Xilinx 布局布线器，根据用户约束和物理约束，对设计模块进行实际的布局，并根据设计链接对布局后的模块进行布线，产生 FPGA/CPLD 配置文件。

1）翻译过程

在翻译过程中，设计文件和约束文件将被合并生成 NGD（原始类型数据库）输出文件和 BLD 文件，其中 NGD 文件包含当前设计的全部逻辑描述，BLD 文件是转换的运行和结果报告。

> **小提示**
>
> 实现工具可以导入 EDN、EDF、EDIF、SEDIF 格式的设计文件，以及 UCF（用户约束文件）、NCF（网表约束文件）、NMC（物理宏库文件）、NGC（含有约束信息的网表）格式的约束文件。

在 ISE 11.1 的翻译界面中，双击 "Translate" 选项即可开始翻译过程，如图 3–59 所示。或者用鼠标右键单击 "Translate" 选项，在弹出的菜单中选择 "Run" 命令，如图 3–60 所示。

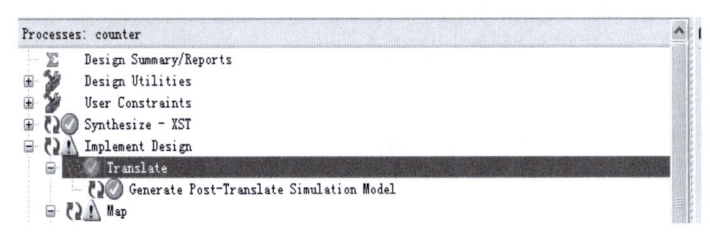

图 3–59　ISE 11.1 的翻译界面

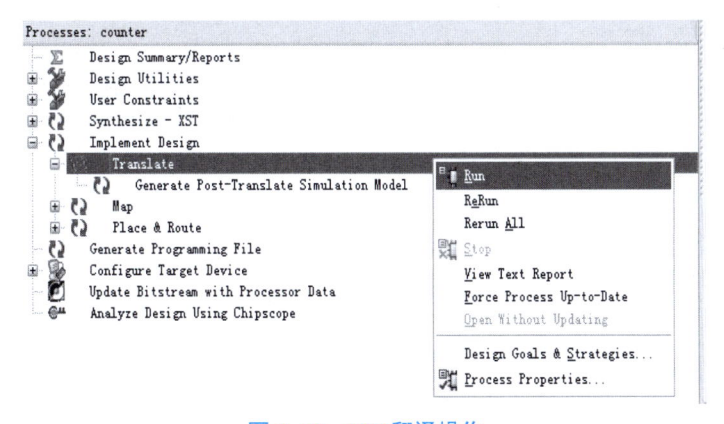

图 3–60　ISE 翻译操作

> **小提示**
>
> "Generate Post-Translate Simulation Model" 选项用于产生翻译步骤后的仿真模型，由于该仿真模型不包含实际布线延时，所以有时省略此仿真步骤。

2）映射过程

在映射过程中，由翻译过程生成的 NGD 文件将被映射为目标器件的特定物理逻辑单元，并保存在 NCD（展开的物理设计数据库）文件中。

> **小提示**
>
> 映射的输入文件包括 NGD、NMC、NCD 和 MFP（映射布局规划器）文件，输出文件包括 NCD、PCF（物理约束文件）、NGM 和 MRP（映射报告）文件。
> （1）NCD 文件包含当前设计的物理映射信息。
> （2）PCF 文件包含当前设计的物理约束信息。
> （3）NGM 文件与当前设计的静态时序分析有关。
> （4）MRP 文件是映射的运行报告，主要包括映射的命令行参数、目标设计占用的逻辑资源、映射过程中出现的错误和告警、优化过程中删除的逻辑等内容。

ISE 11.1 的映射界面如图 3-61 所示，用鼠标右键单击"Map"选项，在弹出的菜单中选择"Run"命令，如图 3-62 所示，或者双击"Map"选项即可开始映射过程。

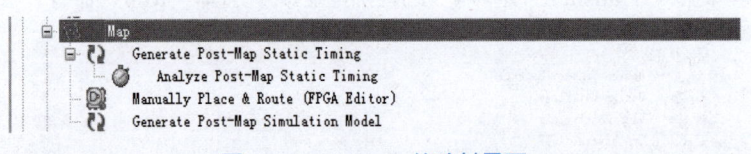

图 3-61　ISE 11.1 的映射界面

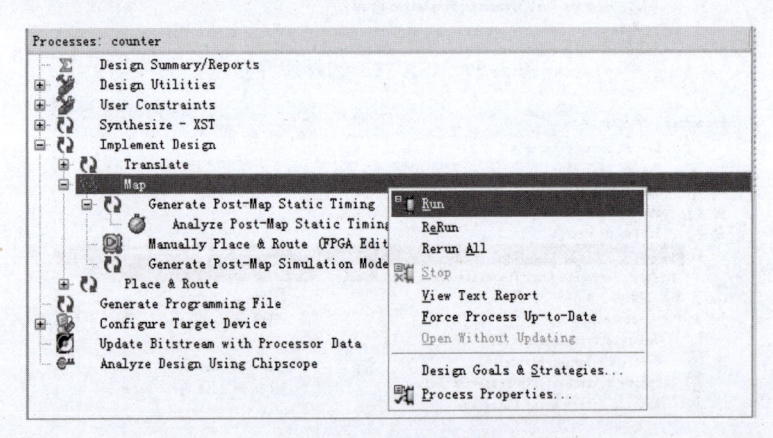

图 3-62　ISE 映射操作

映射选项包括如下命令：

Generate Post-Map Static Timing：产生映射静态时序分析报告，启动时序分析器（Timing Analyzer）分析映射后的静态时序。

Manually Place & Route（FPGA Editor）：用于启动 FPGA 底层编辑器进行手动布局布线，协助 Xilinx 自动布局布线器，解决布局布线异常，提高布局布线效率。

Generate Post-Map Simulation Model：用于产生映射步骤后仿真模型，由于该仿真模型不包含实际布线延时，所以有时也省略此仿真步骤。

3）布局和布线过程

> **小提示**
>
> 布局布线将映射后生成的物理逻辑单元在目标系统中放置和连线，并提取相应的时间参数。布局布线的输入文件包括 NCD 和 PCF 模板文件，输出文件包括 NCD、DLY（延时文件）、PAD 和 PAR 文件。
> （1）NCD 文件包含当前设计的全部物理实现信息。
> （2）DLY 文件包含当前设计的网络延时信息。
> （3）PAD 文件包含当前设计的输入/输出（I/O）管脚配置信息。
> （4）PAR 文件主要包括布局布线的命令行参数、布局布线中出现的错误和告警、目标占用的资源、未布线网络、网络时序信息等内容。

ISE 11.1 的布局布线界面如图 3-63 所示，用鼠标右键单击"Place & Router"选项，在弹出的菜单中选择"Run"命令，如图 3-64 所示，或者双击"Place & Router"选项即可开始布局布线过程。

图 3-63　ISE 11.1 的布局布线界面

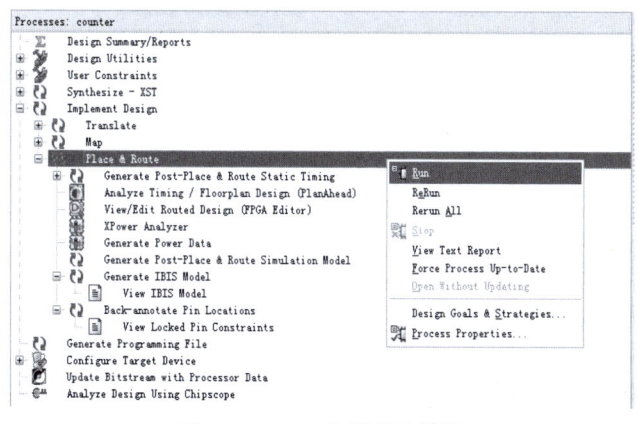

图 3-64　ISE 布局布线操作

布局布线主要包括以下命令：

Generate Post-Place & Route Static Timing：包含进行布局布线后静态时序分析的一系列命令，可以启动 Timing Analyzer 分析布局布线后的静态时序。

Analyze Timing/Floorplan Design（PlanAhead）：分析时序和管脚约束文件。

View/Edit Routed Design（FPGA Editor）：用于启动 FPGA Editor，完成 FPGA 布局布线的结果分析、编辑，手动更改布局布线结果，产生布局布线指导与约束文件，辅助 Xilinx 自动布局布线器，提高布局布线效率并解决布局布线中的问题。

XPower Analyzer：用于启动功耗仿真器分析设计功耗。

Generate Power Data：用于产生功耗分析数据。

Generate Post-Place & Route Simulation Model：用于产生布局布线后仿真模型，该仿真模型包含的延时信息最全，不仅包含门延时，还包含实际布线延时。该仿真步骤必须进行，以确保设计功能与 FPGA 实际运行结果一致。

Generate IBIS Model：用于产生 IBIS 仿真模型，辅助 PCB 布板的仿真与设计。

Multi Pass Place & Route：用于进行多周期反复布线。

Back-annotate Pin Locations：用于反标管脚锁定信息。

2. ISE 实现操作及属性设置

1）ISE 实现操作

综合完成之后，在过程管理区用鼠标右键单击"Implement Design"选项，在弹出的菜单中选择"Run"命令，如图 3-65 所示，或者双击"Implement Design"选项，即可自动完成实现的 3 个步骤。

> **小提示**
>
> 如果在 ISE 实现之前，工程还没有经过综合，则会先启动 XST 工具完成综合，在综合后再完成 ISE 实现过程。

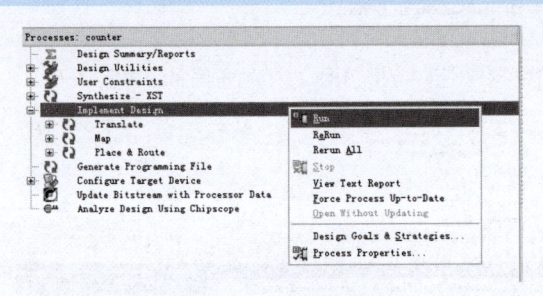

图 3-65　ISE 实现操作

> **小提示**
>
> ISE 实现之后 ISE 会给出精确的资源占用情况，分别单击"Detailed Reports"选项下的"Translation Report""Map Report""Place and Route Report"选项，如图 3-66 所示，可分别得到翻译报告，映射报告和布局布线报告。可查阅最终实现资源报告，如图 3-67 所示。

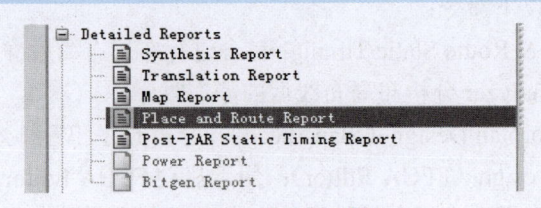

图 3-66　查看实现报告

```
Design Summary Report:

  Number of External IOBs              10 out of 311      3%

    Number of External Input IOBs       2

      Number of External Input IBUFs    2

    Number of External Output IOBs      8

      Number of External Output IOBs    8

    Number of External Bidir IOBs       0


  Number of BUFGMUXs                    1 out of 24       4%
  Number of Slices                      4 out of 5888     1%
    Number of SLICEMs                   0 out of 2944     0%
```

图 3-67 最终实现资源报告

2）ISE 实现属性设置

在图 3-68 所示界面中选择过程管理区中的"Implement Design"选项并单击鼠标右键，在弹出的菜单中选择"Process Properties"选项，会弹出图 3-69 所示的对话框。该对话框主要包括翻译、映射、布局布线以及后仿真时序参数的设置。

> **小提示**
>
> 一般在 ISE 实现时，所有的属性都采用默认值。但在有特殊要求的情况之下需要对实现属性进行设置。

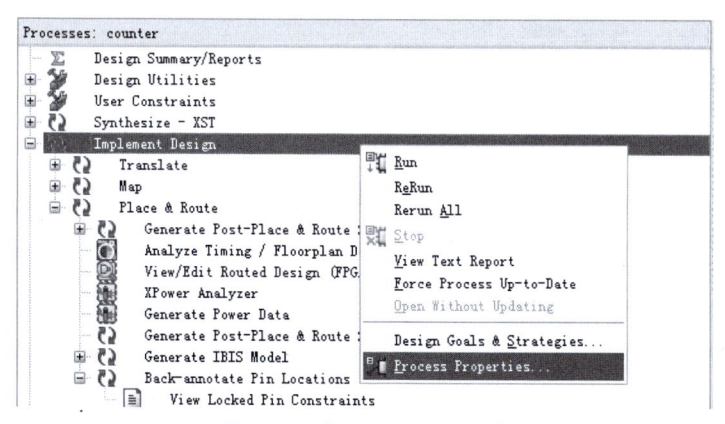

图 3-68 打开 ISE 属性操作

（1）翻译参数设置。

翻译参数设置窗口如图 3-69 所示。

Macro Search Path：宏查找路径。用于提供宏的存放路径。

Allow Unmatched LOC Constraints：允许不匹配的引脚约束。

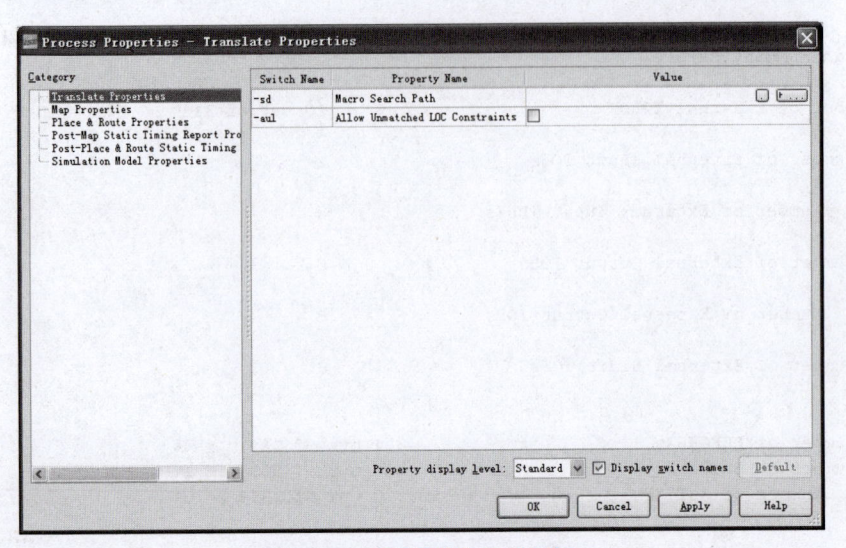

图 3-69 实现属性设置对话框

> **小提示**
>
> 选择此选项是决定当遇到不能展开 NGD 原语的块时，NGDBuild 工具是否继续运行。如果在设计中没有较低级的模块，该参数允许 NGDBuild 运行结束而不出现错误。默认值为 False。

（2）映射参数设置。

映射参数设置窗口如图 3-70 所示。

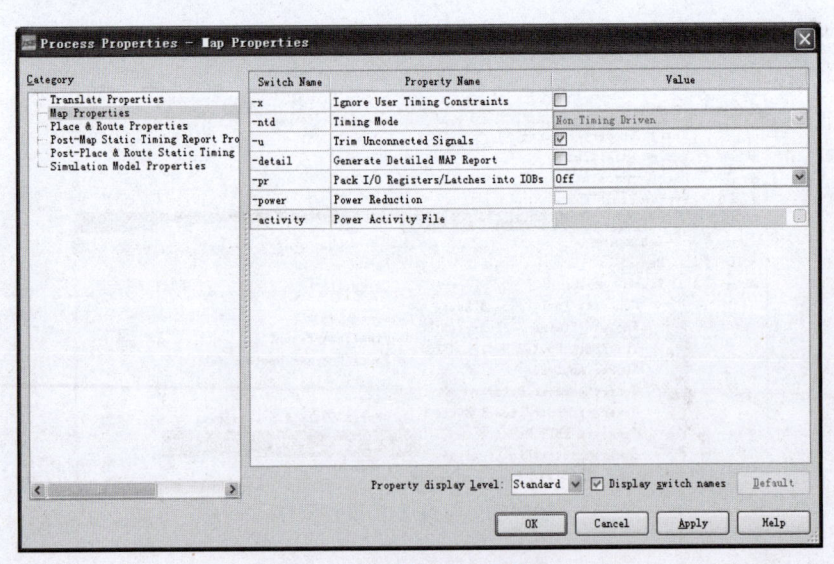

图 3-70 映射参数设置窗口

Ignore User Timing Constraints：是否忽视用户时序约束。

Timing Mode：时序模型。

Trim Unconnected Signals：整理未连接的信号。

> **小提示**
>
> 该参数用于控制在映射之前是否整理未连接的逻辑单元和连线。该参数有助于评估设计中的逻辑资源，并获得部分设计的时序信息。默认值为需要整理。

Generate Detailed MAP Report：生成详细的映射报告。

> **小提示**
>
> 该参数用于选择是否需要生成详细的映射报告。详细的映射报告将在映射时提示去掉的多余逻辑块和信号，以及提示展开的逻辑，交叉引用的信号、符号等。默认值为不产生详细的映射报告。

Pack I/O Registers/Latches into IOBs：选择输入/输出块中的寄存器/锁存器。

> **小提示**
>
> 该参数用于控制是否将器件内部的输入/输出寄存器用 IOB 中的寄存器/锁存器来代替。可以有以下选择：
>
> ① For Inputs and Outputs：尽可能将设计中输入/输出寄存器放入 IOB。
> ② For Inputs Only：仅考虑把输入寄存器放入 IOB。
> ③ For Outputs Only：仅考虑把输出寄存器放入 IOB。
> ④ Off：采用用户的设计要求进行处理，不考虑自动选择方式。

Power Reduction：设置是否节省功率，默认为不节省。
Power Activity File：产生动态功耗文件。
（3）布局布线参数设置。
布局布线参数设置窗口如图 3-71 所示。

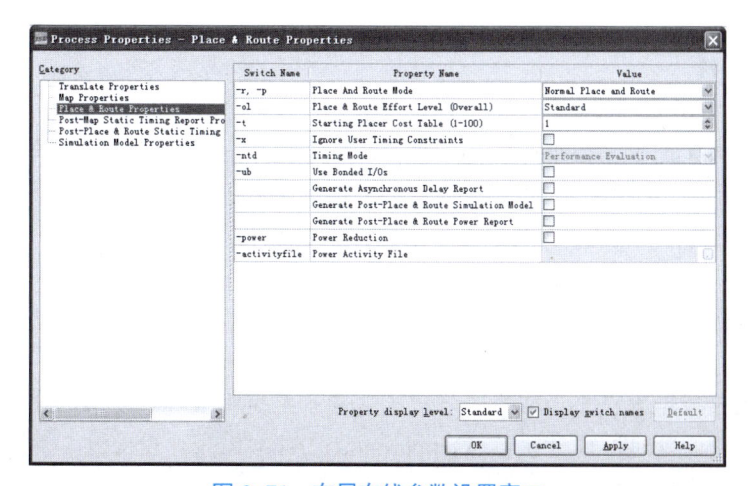

图 3-71　布局布线参数设置窗口

Place And Route Mode：布局布线方式。

> **小提示**
>
> 该参数用来指定采用哪种方式进行布局布线处理。可以有以下选择：
> ① Normal Place and Route：一般的布局布线处理，该方式为默认值。
> ② Place Only：运行所选择的布局布线努力程度，但不运行布线器，当选择该参数后，布局布线器至少运行一次。
> ③ Route Only：运行所选择的布局布线努程度，但不运行布局器，当选择该参数后，布局布线器至少运行一次；
> ④ Reentrant Route：重复布线，保持布局布线方式，布线器用当前的路由再一次布线。该布线器由努力程度来控制。

Place & Route Effort Level（Overall）：全局的布局布线努力程度。

> **小提示**
>
> 该参数控制布局布线流程的努力程度和运行次数。根据需要可以选择"Standard""Medium"和"High"选项。默认值为 Standard。
> ① Standard：将有最快的运行时间，但不会有好的布局布线效果，不适合复杂的逻辑设计。
> ② Medium：运行时间和布局布线效果折中，既要控制运行时间又要保证布局布线效果。
> ③ High：将对逻辑设计进行反复的布局布线处理，并生成最理想的布局布线结果，对高性能、复杂和最终的设计通常采用这种模式，但比较费时。

Starting Placer Cost Table（1–100）：布局器运行开销表。默认值为 1。
Ignore User Timing Constraints：是否忽视用户时序约束。
Timing Mode：时序模型。
Use Bonded I/Os：使用绑定的 I/O。

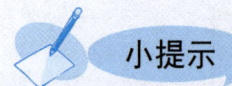

> **小提示**
>
> 该参数用来选择是否允许布局布线器将内部的输入/输出逻辑放到 I/O 脚中，未使用的用于绑定 I/O 的位置。该参数也允许布线资源穿过用于绑定 I/O 的位置。默认值为该参数无效。

Generate Asynchronous Delay Report：生成异步延迟报告。

> **小提示**
>
> 该参数用来选择是否在布局布线运行时生成异步延迟报告。该报告列出了设计中所有的网线和网络上负载的延迟。通过执行 Asynchronous Delay Report Process，可以打开该报告。默认值为不生成异步延迟报告。

Generate Post-Place & Route Simulation Model：生成布局布线后的仿真模型。

小提示

该参数用于选择是否在布局布线后生成仿真模型。如果选择需要生成该模型，需要在 Simulation Model Properties 中选择仿真模型参数。默认值为不生成仿真模型。

Generate Post-Place & Route Power Report：生成布局布线后的静态时序功耗报告。
Power Reduction：设置是否节省功率，默认为不节省。
Power Activity File：产生动态功耗文件。

（4）映射后静态时序报告参数设置。

映射后静态时序报告参数设置窗口如图 3-72 所示。

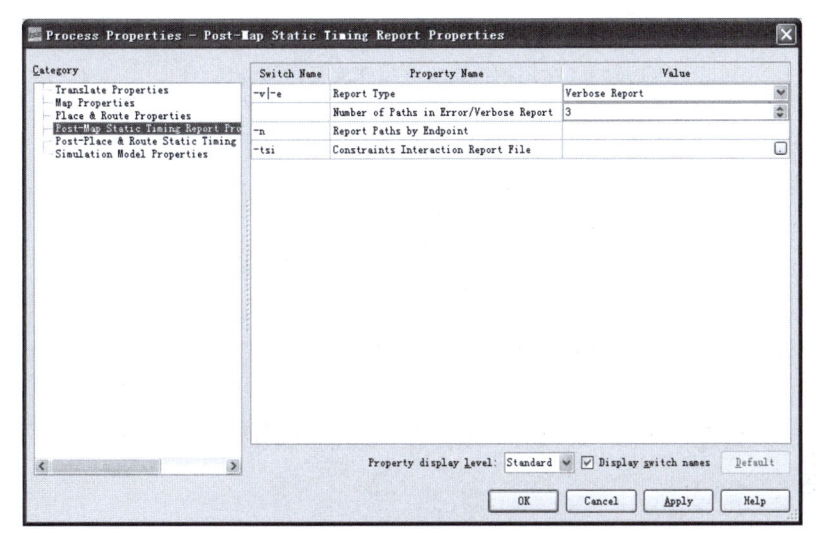

图 3-72　映射后静态时序报告参数设置窗口

Report Type：设置时序报告类型。

小提示

有 Error Report、Verbose Report 两种选择，默认为前者。前者只保持错误信息，比较简洁；后者是全部详细的分析结果，信息全面但冗余。

Number of Paths in Error/Verbose Report：设置时序报告中保存的路径数。
Report Paths by Endpoint：设置报告终端模块使用情况。
Constraints Interaction Report File：交互时序约束报告文件。

（5）布局布线后静态时序报告参数设置。

布局布线后静态时序报告参数设置窗口如图 3-73 所示。

Report Type：设置时序报告类型，有 Error Report、Verbose Report 两种选择，默认为 Error Report。

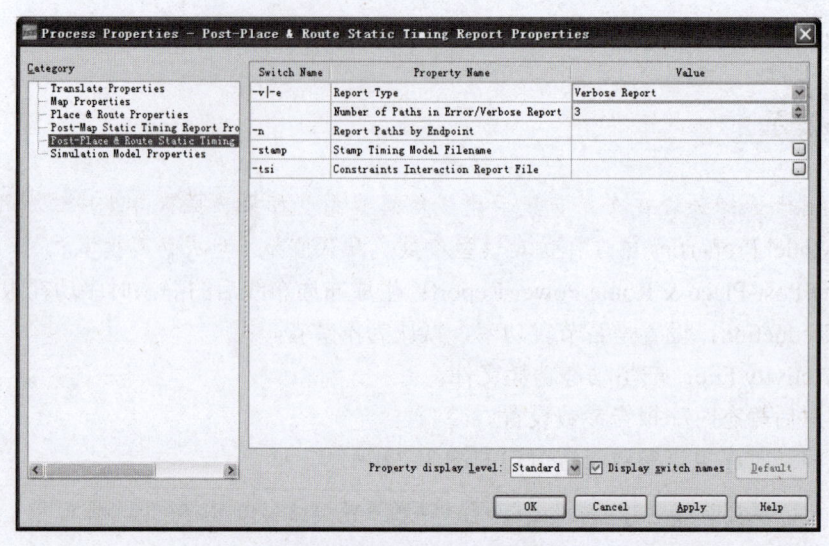

图 3-73 布局布线后静态时序报告参数设置窗口

Number of Paths in Error/Verbose Report：设置时序报告中保存的路径数。
Report Paths by Endpoint：设置报告终端模块使用情况。
Stamp Timing Model Filename：标记时序模型的文件。
Constraints Interaction Report File：交互时序约束报告文件。
（6）仿真模型参数设置。
仿真模型参数设置窗口如图 3-74 所示。

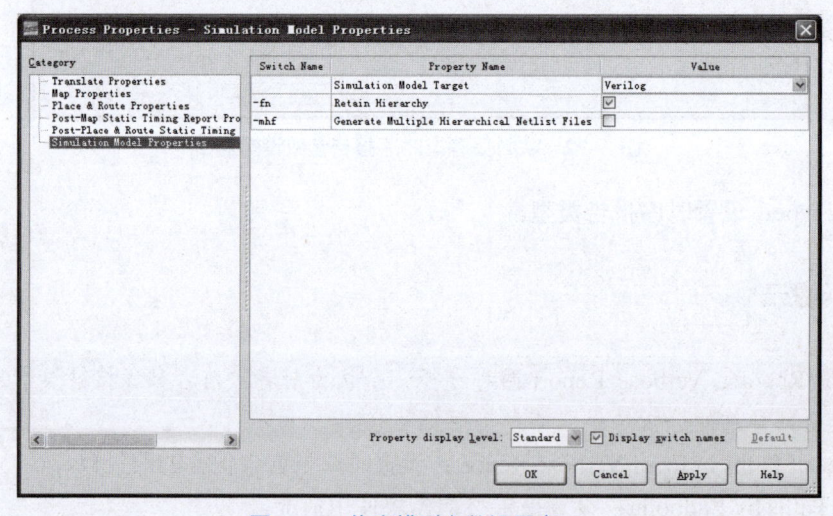

图 3-74 仿真模型参数设置窗口

Simulation Model Target：用于设置仿真模型特性。
Retain Hierarchy：用于设置是否保持分级结构，默认为保持。
Generate Multiple Hierarchical Netlist Files：用于设置是否产生不同层次的网表文件，默认为不生成。

综合是将在行为和功能层次表达的电子系统转化为低层次模块的组合。一般来说，综合是针对 HDL 来说的，即将 HDL 描述的模型、算法、行为和功能转换为与 FPGA/CPLD 基本结构相对应的网表文件，即构成对应的映射关系。本节主要介绍了基于 ISE 的综合与实现的操作方法及属性设置，读者应该重点掌握综合和实现的操作方法。

3.5 FPGA 配置与编程

目前，配置 FPGA 的方式有很多种，可以通过 JTAG（边界扫描）口配置（一般在调试过程中使用），可以通过专用的 PROM 进行配置，还可以通过 CPU 或者 CPLD 进行配置（常用在最终的产品中）。本节主要介绍 Xilinx FPGA 配置电路以及相应软件的操作。

> **小提示**
>
> FPGA 器件基于 SRAM 结构实现可编程特性，具有集成度高、逻辑功能强等特点，但掉电后信息立即丢失。芯片每次加电后，都必须重新下载设计文件生成的配置比特流。

3.5.1 Xilinx FPGA 配置电路综述

1. 概述

硬件配置是 FPGA 开发的关键一步，只有将 HDL 代码下载到 FPGA 芯片中，才能最终实现相应的功能。完成 FPGA 配置，必须有类似于单片机仿真器的下载电缆才能完成，典型的 FPGA 配置系统组成如图 3–75 所示。

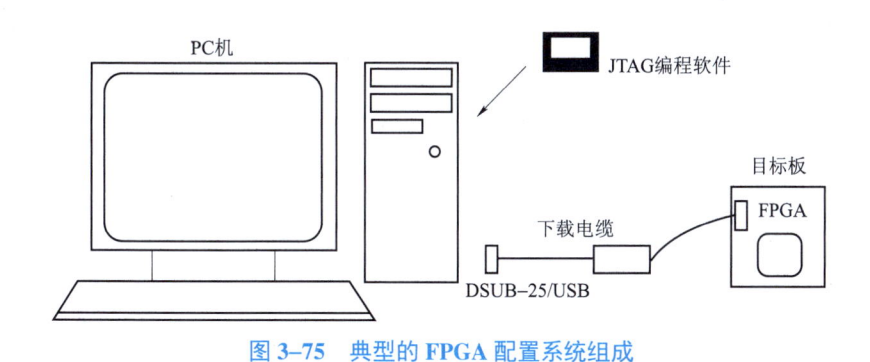

图 3–75 典型的 FPGA 配置系统组成

> **小提示**
>
> 在 FPGA 配置系统中，编程软件由 FPGA 厂家提供，设计人员只要掌握其操作方法即可；下载电缆是固定的 JTAG 电路，只要将其连接在计算机和目标板上即可。

将配置数据从计算机加载到 Xilinx FPGA 芯片中的整个配置过程，可分为以下几个步骤。

1）初始化

系统上电后，如果 FPGA 满足以下条件，器件便会自动进行初始化：Bank2 的 I/O 输出驱动电压 Vcc0_2 大于 1 V；器件内部的供电电压 V_{ccint} 为 2.5 V。在系统上电的情况下，通过对 PROG 引脚置低电平，便可以对 FPGA 进行重新配置。初始化过程完成后，DONE 信号将会变低。

2）清空配置存储器

在完成初始化后，器件会将 INIT 信号置低电平，同时开始清空配置存储器。在清空配置存储器后，INIT 信号将会重新被置为高电平。用户可以通过将 PROG 或 INIT 信号（INIT 为双向信号）置为低电平，从而达到延长清空配置存储器的时间，以确保存储器被清空。

3）加载配置数据

配置存储器被清空后，器件对配置模式引脚 M2、N1、M0 进行采样，以确定用何种方式加载配置数据。

4）CRC 错误检查

器件在加载配置数据的同时，会根据一定的算法产生一个 CRC 值，这个值将会和配置文件中内置的 CRC 值进行比较。如果两者不一致，则说明加载发生错误，INIT 引脚将被置为低电平，加载过程被中断。此时若要进行重新配置，只需将 PROG 置为低电平即可。

5）START-UP

START-UP 阶段是 FPGA 由配置状态过渡到用户状态的过程。在 START-UP 完成后，FPGA 便可实现用户编程的功能。

小提示

在 START-UP 阶段，FPGA 会进行以下操作：

（1）将 DONE 信号置为高电平，若 DONE 信号没有被置为高电平，则说明数据加载过程失败。

（2）在配置过程中，器件的所有 I/O 引脚均为三态，此时，全局三态信号 GTS 置为低电平，这些 I/O 脚将会从三态切换到用户设置的状态。

（3）全局复位信号 GSR 置为低电平，所有触发器进入工作状态。

（4）全局写允许信号 GWE 置为低电平，所有内部 RAM 有效。

2. Xilinx FPGA 常用的配置引脚

与配置有关的引脚可以分为专用引脚和复用引脚两类，前者只能用于 FPGA 配置，后者在配置过程结束后，还可当作普通 I/O 使用。

小提示

对于 FPGA 芯片而言，无论何种配置方式，都必须通过 FPGA 相应的引脚把设计加载到 FPGA 芯片中。

专用的配置引脚有：配置模式引脚 M2、M1、M0；配置时钟 CCLK；配置逻辑异步复位 PROG，启动控制 DONE 及边界扫描 TDI、TDO、TMS、TCK。非专用配置引脚有 Din、D0:D7、CS、WRITE、BUSY、INIT。当然，某些专业配置引脚在配置结束后也可作为普通引脚使用。

> **小提示**
>
> 例如，在 Spartan-3E 系列 FPGA 中，3 个 FPGA 引脚 M2、M1 和 M0 用于选择配置模式，其配置说明如表 3-1 所示。M[2:0]的值在 INIT_B 输出变为高电平后才有效。在 FPGA 配置完成后，M[2:0]可以作为普通 I/O 使用。

表 3–1　Spartan-3E 系列 FPGA 配置模式选择以及特性综述

配置模式	主串模式	SPI 模式	BPI 模式	从并模式	从串模式	JTAG
模式配置引脚	[0:0:0]	[0:0:0]	[0:0:0]=UP [0:0:0]=DOWN	[0:0:0]	[0:0:0]	[0:0:0]
数据宽度	单比特	单比特	字节宽度	字节宽度	单比特	单比特
配置数据存储器类型	Xilinx 系列 PROM	标准 SPI 串行 FLASH	Xilinx 系列 PROM 或并行 NOR FLASH	外部 CPU、MCU 或 Xilinx 并行 PROM	外部 CPU、MCU	外部 CPU、MCU
配置时钟	FPGA 提供	FPGA 提供	FPGA 提供	CCLK 引脚的外部时钟		TCK 信号
配置所需管脚数	8	13	46	21	8	0
配置菊花链中的 FPGA	从串	从串	从并	从并	从串	JTAG
是否需要额外配置主机	否	否	否	使用 Xilinx 并行 PROM 不需要，否则需要外部主机		否

3. Xilinx FPGA 配置电路的分类

FPGA 配置方式灵活多样，根据芯片是否能够主动加载配置数据分为主模式和从模式。

> **小提示**
>
> 典型主模式加载片外非易失（断电不丢数据）性存储器中的配置比特流，配置所需的时钟信号（称为 CCLK）由 FPGA 内部产生，且 FPGA 控制整个配置过程。

从模式也称为下载模式，需要从外部的主智能终端（如处理器、微控制器或者 DSP 等）将数据下载到 FPGA 中。其最大的优点是 FPGA 的配置数据可以放在系统的任何存储部位，包括 FLASH、硬盘、网络，甚至其余处理器的运行代码中。

1）主模式

在主模式下，FPGA 上电后，自动将配置数据从相应的外存储器读入 SRAM，实现内部结构映射。

> **小提示**
>
> 主模式根据比特流的位宽可以分为：串行模式（单比特流）和并行模式（字节宽度比特流）两大类，如主串行模式、主 SPI FLASH 串行模式、内部主 SPI FLASH 串行模式、主 BPI 并行模式以及主并行模式，如图 3-76 所示。

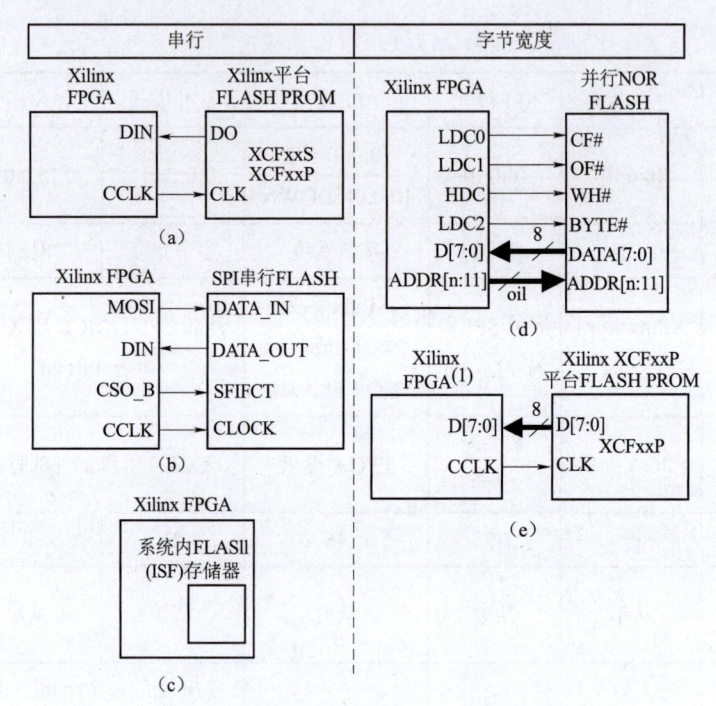

图 3-76　常用的主模式下载方式示意

(a) 主串行模式；(b) 主 SPI FLASH 模式；(c) 内部主 SPI FLASH 模式；
(d) 主 BPI 并行模式（并行 NOR.FLASH）；(e) 主并行模式

2）从模式

在从模式下，FPGA 作为从属器件，由相应的控制电路或微处理器提供配置所需的时序，实现配置数据的下载。

> **小提示**
>
> 从模式根据比特流的位宽不同也可分为串行模式、并行模式两类，具体包括从串行模式、JTAG 模式和从并行模式三大类，其概要说明如图 3-77 所示。

3）JTAG 模式

在 JTAG 模式中，PC 和 FPGA 通信的时钟为 JTAG 接口的 TCLK，数据直接从 TDI 进入 FPGA，完成相应功能的配置。

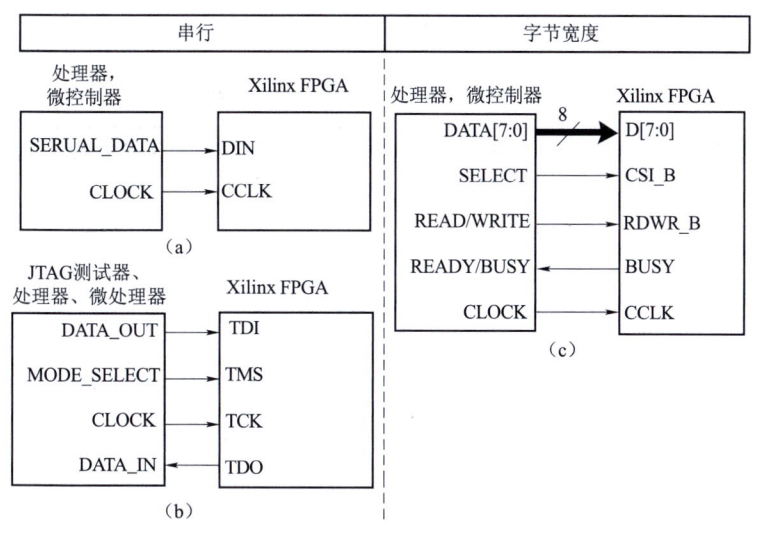

图 3–77 常用的从模式下载方式示意

（a）从串行模式；（b）JTAG 模式；（c）从并行模式（选择 MAP）

> **小提示**

目前，主流的 FPGA 芯片都支持各类常用的主、从配置模式以及 JTAG 模式，以减少所配置电路的失配性对整体系统的影响。

3.5.2 iMPACT 的基本操作

ISE 集成了功能强大的 FPGA 配置工具 iMPACT，iMPACT 能够生成 PROM 中各种格式的下载文件，并校验配置数据是否正确。下面介绍 iMPACT 的具体操作方法和注意事项。

> **小提示**

Xilinx 公司的所有可编程芯片的配置过程都必须由 iMPACT 完成。

1. iMPACT 功能简介

iMPACT 支持 4 种下载模式：JTAG 模式、SelectMap 模式、从串模式以及 Desktop 模式。

> **小提示**

JTAG 模式标准统一、设备简单，还可通过 JTAG 链路配置 FPGA、CPLD 以及 PROM，使用最为广泛。

SelectMap 模式是一种并行配置模式，优点是速度快，但需要使用多个信号引脚。

从串模式是一种常用配置电路，可用 USB 口或并口完成配置。

Desktop 模式是一种高速配置模式，可配置 FPGA、PROM 以及 SystemACE，但需要专用的硬件设备。

常用的 Xilinx FPGA 配置文件格式如表 3-2 所示。

表 3-2　常用的 Xilinx FPGA 配置文件格式

文件后缀	字节交换方式	生成工具	文件描述
.bit	非字节交换	BitGEN	二进制文件,包含数据和配置信息,只能用于 JTAG 模式
.mcs .exo .tek	字节交换	iMPACT	ASCII 文件,专门用于配置 PROM,包含地址、校验和信息
.hex	用户定义	iMPACT	ASCII 文件,仅包含配置信息,主要用于定制配置方案

小提示

对于 FPGA 器件,iMPACT 能够直接将".bit"位流文件下载到芯片中,或者将其转换为 PROM 器件的".mcs"".exo"".hex"等文件格式,下载到 PROM 芯片中。

2. iMPACT 用户界面

有两种方法可以启动 iMPACT 软件。第一种方法是在 ISE 过程管理区中用鼠标右键单击"Configure Target Device"选项,在弹出的菜单中选择"Run"命令,如图 3-78 所示,或者直接双击"Configure Target Device"选项,即可进入 ISE iMPACT 用户界面,如图 3-79 所示。

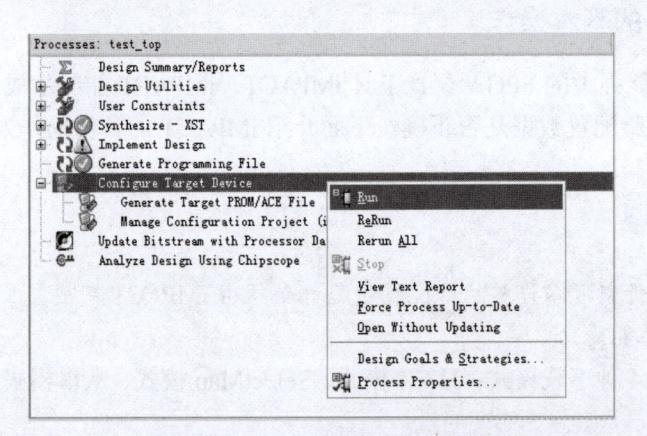

图 3-78　启动 ISE iMPACT 软件

第二种方法是选择"开始"→"程序"→"Xilinx ISE Design Suite 11"→"ISE"→"Accessories"→"iMPACT"选项,在 Windows 环境下单独运行。

iMPACT 的菜单栏由 File、Edit、View、Operations、Output、Debug、Windows、Help 组成。下面对菜单栏的常用操作进行简要介绍。

1)"File"菜单

"File"菜单除了包含常见的文件操作,还包括:Initialize Chain,用于自动完成边界扫描 JTAG 链上的器件类型和数目;Export Project to CDF,把当前项目信息保存到 CDF(Chain

Description File）文件中。

图 3–79 ISE iMPACT 用户界面

2）"Edit"菜单

"Edit"菜单包含常用的配置操作，其中 Add Device 用于手动创建 JTAG 扫描时添加的 PROM 或 FPGA 芯片，包括添加 Xilinx 系列和非 Xilinx 系列；Assign Configuration File 用于指定配置文件；EDIT ROM 用于修改和删除 PROM 芯片；Preference 用于设定 iMPACT 软件的一些通用选项。

3）"View"菜单

"View"菜单用于设定各个窗口是否需要显示。

4）"Operations"菜单

"Operations"菜单包含配置、验证、擦除等操作。其中 Program 用于创建下载相应的配置文件；Verify 用于验证下载是否正确；Erase 用于擦除 FPGA 或 PROM 芯片内已下载的内容。

5）"Output"菜单

"Output"菜单包含常用的电缆操作。其中，Cable Auto Connect 用于自动连接电缆；Disconnect All Cables 用于断开所有电缆。

6）"Debug"菜单

"Debug"菜单包含 JTAG 扫描的所有调试操作。其中，Start/Stop Debug Chain 用于启动或停止调试；Chain Integrity Test 用于扫描链完整性测试；IDCODE Test 用于 IDCODE 测试。

7）"Windows"菜单

"Windows"菜单包含窗口管理操作，如关闭窗口、上一下/下一个窗口等。

8)"Help"菜单

"Help"菜单提供 iMPACT 帮助。

3.5.3 使用 iMPACT 创建配置文件

工程经过综合、实现之后,需要为器件生成相应的编程文件。ISE 内嵌比特流生成器,可生成 FPGA 以及 PROM 格式文件,从而实现动态配置,并验证数据是否正确。

1. FPGA 配置操作

> **小提示**
>
> FPGA 配置文件主要用于调试阶段通过 JTAG 模式快速地配置 FPGA,这种配置模式断电后芯片内的逻辑立刻消失,每次上电都需要重新配置。这种操作比较简单直接,所以使用较多。

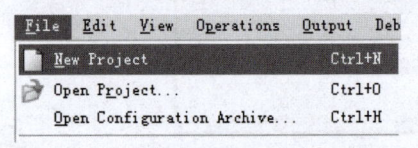

图 3–80 创建配置文件操作示意

在 ISE iMPACT 软件主界面双击"Generate Programming File"选项,如图 3–78 所示,就可以生成 FPGA 比特配置文件的操作。接下来介绍使用 iMPACT 配置 FPGA 的步骤:

(1)如图 3–80 所示,在 ISE iMPACT 主界面选择"File"→"New Project"选项,弹出图 3–81 所示的对话框。

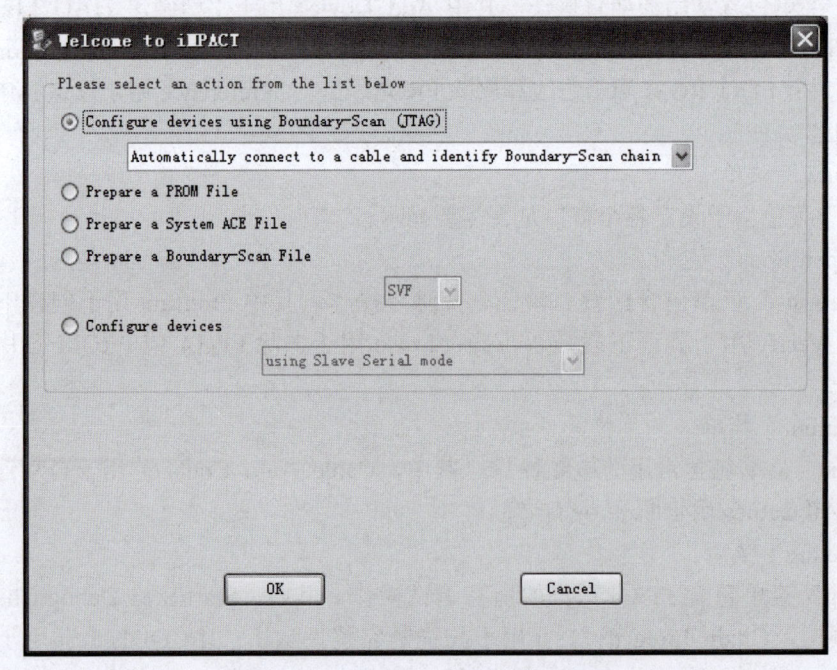

图 3–81 生成 FPGA 配置文件对话框

(2)选择"Configure devices using Boundary-Scan(JTAG)"选项,单击"OK"按钮,弹出图 3–82 所示对话框。

图 3–82 比特文件选择对话框

(3) 选择"test_top.bit"文件，单击"Open"按钮，弹出图 3–83 所示的对话框。

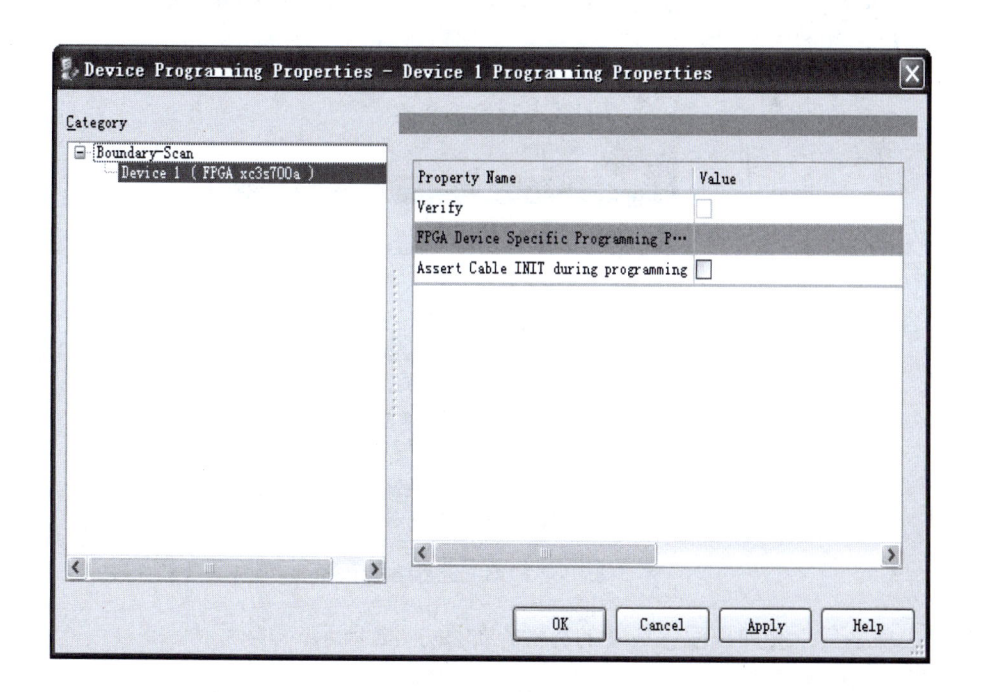

图 3–83 器件配置属性对话框

(4) 将器件类型设置为 FPGA，单击"OK"按钮。ISE iMPACT 主界面如图 3–84 所示。

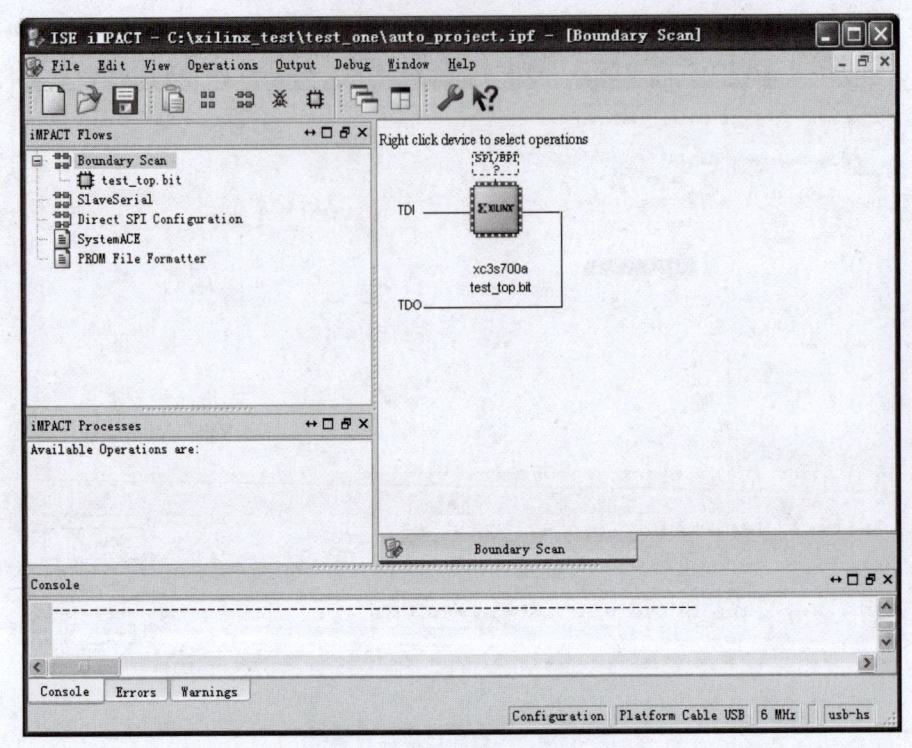

图 3-84 ISE iMPACT 主界面

（5）在 FPGA 芯片上单击鼠标右键，在弹出的菜单中选择"Program"命令，即可对 FPGA 芯片进行编程，如图 3-85 所示。

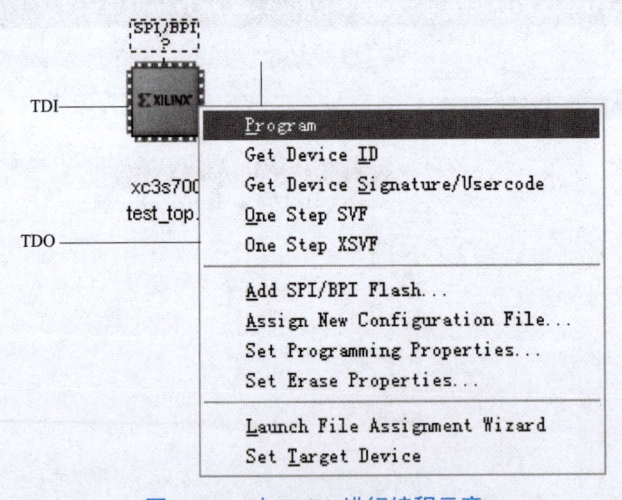

图 3-85 对 FPGA 进行编程示意

配置成功之后，会弹出配置成功的界面，如图 3-86 所示。

2. 配置 PROM 器件

只有生成 PROM 文件并下载 PROM 芯片后，才能保证 FPGA 上电后自动加载逻辑并正常工作。与生成 FPGA 配置文件相比，生成 PROM 配置文件操作较复杂，下面对其操作流程进行详细说明。

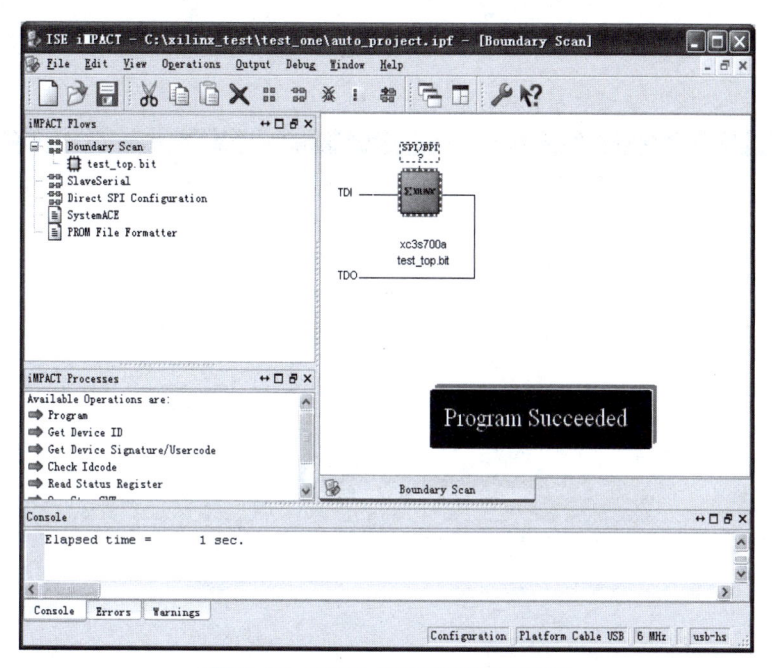

第 3 章 基于 ISE 的开发环境使用指南

图 3-86 FPGA 配置成功指示界面

> 小提示

这种配置方式断电重启后，FPGA 自动加载，无须重新配置。

（1）将设计经过仿真、综合、实现后，确保设计无误。选择过程管理区中的"Configure Target Device"→"Manage Configure Project（Impact）"选项，在弹出的 iMPACT 配置对话框中选择"Prepare a PROM File"选项，如图 3-87 所示。

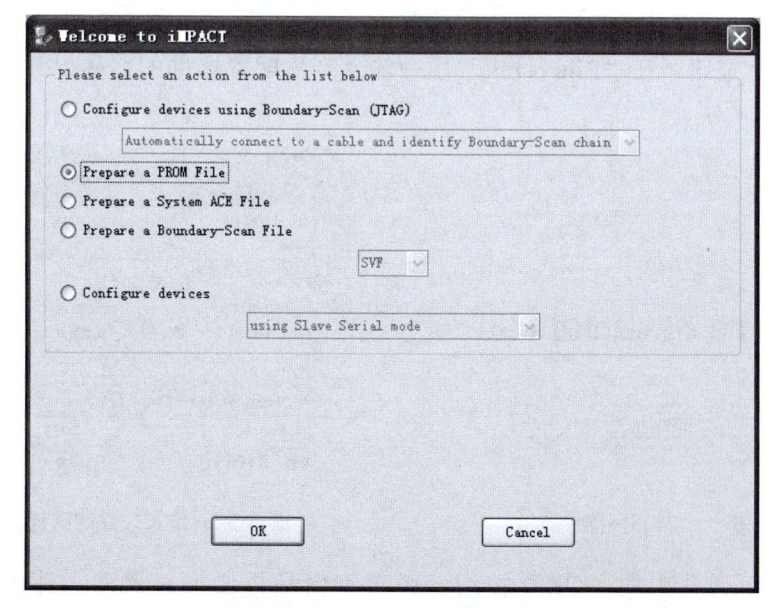

图 3-87 iMPACT 配置对话框

（2）单击"OK"按钮，进入 PROM 器件选择界面，如图 3-88 所示，下面以 Xilinx PROM 为例进行说明。

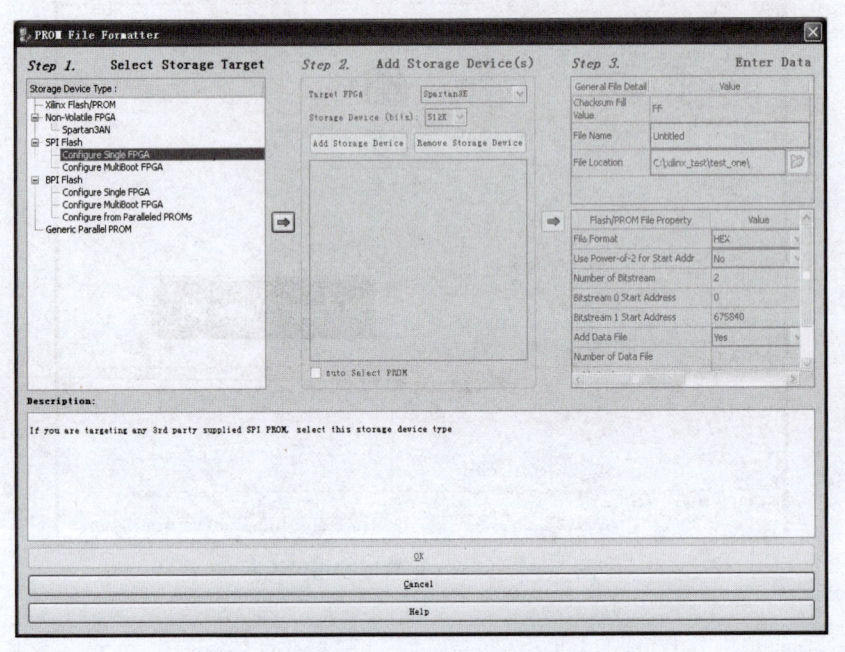

图 3-88　配置 PROM 芯片类型和文件格式

（3）选择"SPI Flash"→"Configure Signal FPGA"选项。单击 ➡ 按钮，添加存储器件。设置容量为 4 M，单击 Add Storage Device 按钮，即将存储器件添加进来，如图 3-89 所示。

> **小提示**
>
> 这里存储器件容量的选择一定要与开发板上的 PROM 一致，否则配置不会成功。

（4）单击 ➡ 按钮，在"File Name"框中输入产生配置器件的名称，其他保持默认设置，如图 3-90 所示。

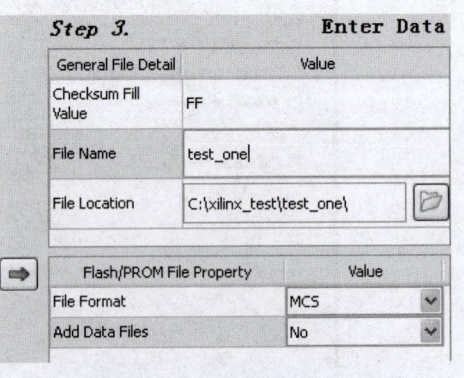

图 3-89　添加存储器件　　　　图 3-90　设置文件的格式、名称

（5）单击对话框中的"OK"按钮，弹出询问是否要加载器件文件的对话框，如图 3-91 所示。

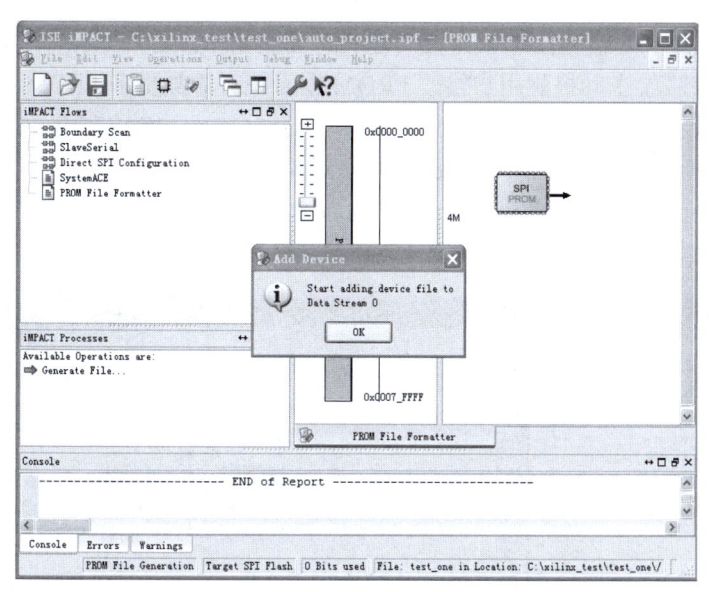

第 3 章 基于 ISE 的开发环境使用指南

图 3-91 加载器件文件对话框

（6）单击"OK"按钮，选择加载的比特文件之后，单击图 3-92 所示对话框中的"打开"按钮，iMPACT 会提示用户是否再添加比特文件，如图 3-93 所示。如果容量允许，一片 PROM 可配置多个 FPGA。如果还有 FPGA 配置文件，可单击"Yes"按钮继续添加，否则单击"No"按钮，iMPACT 会弹出加载完成对话框，如图 3-94 所示。单击"OK"按钮完成比特文件的加载。

图 3-92 比特文件选择对话框

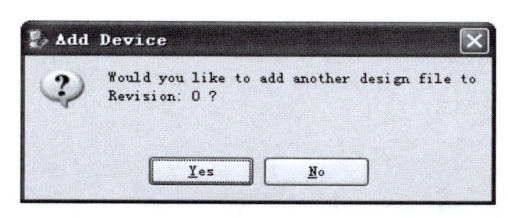

图 3-93 提示是否添加比特文件的对话框 　　　　图 3-94 比特文件加载完成对话框

(7) 此时，iMPACT 会根据加载比特文件所对应的 FPGA 芯片来计算 PROM 的容量，如果 PROM 容量不够，会主动提醒用户修改 PROM 型号或者添加更多 PROM 芯片。在 iMPACT 的过程管理窗口中，双击"Generate File"选项，iMPACT 会自动创建 PROM 配置文件，并在 iMPACT 界面上显示"Generate Succeed"，如图 3-95 所示。

(8) 双击"iMPACT Flows"→"Direct SPI Configuration"选项，在右侧的源文件输入区单击鼠标右键，在弹出的菜单中选择"Add SPI Device"命令，如图 3-96 所示。

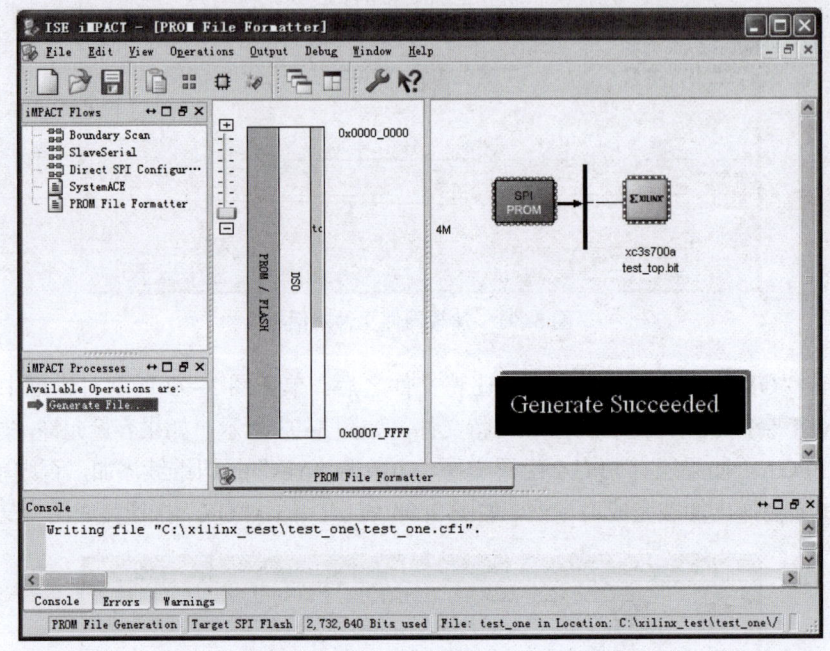

图 3-95　配置文件创建成功提示界面

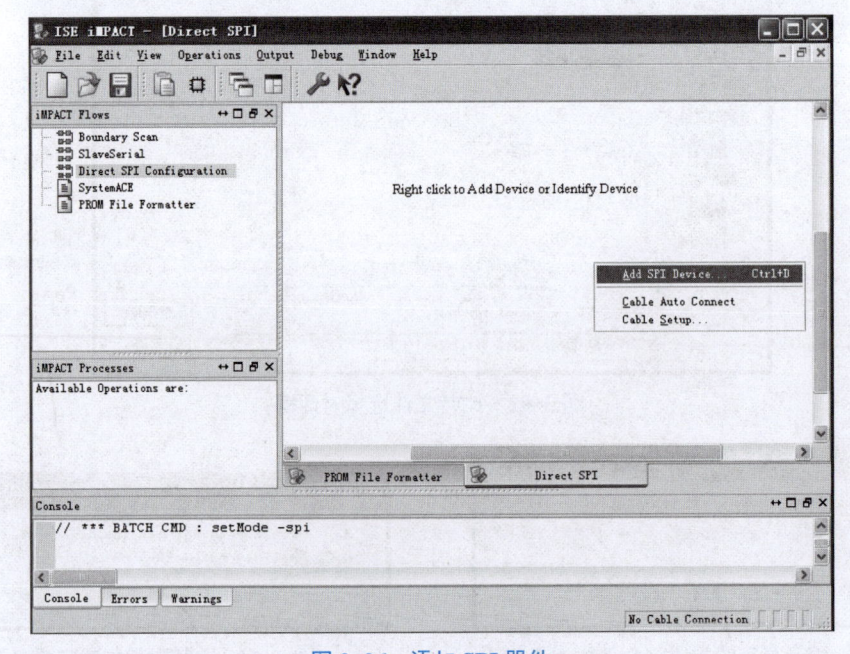

图 3-96　添加 SPI 器件

（9）在弹出的对话框中选择已生成的 PROM 配置文件，选择"test_one.mcs"文件，单击"OK"按钮，如图 3-97 所示。

图 3-97　PROM 配置文件选择页面

（10）在弹出的对话框中选择开发板上的 PROM 配置器件，此处选择 M25P40，如图 3-98 所示。单击"OK"按钮，弹出图 3-99 所示的对话框，选择需要配置的器件，这里选择 M25P40 FLASH，单击"OK"按钮。

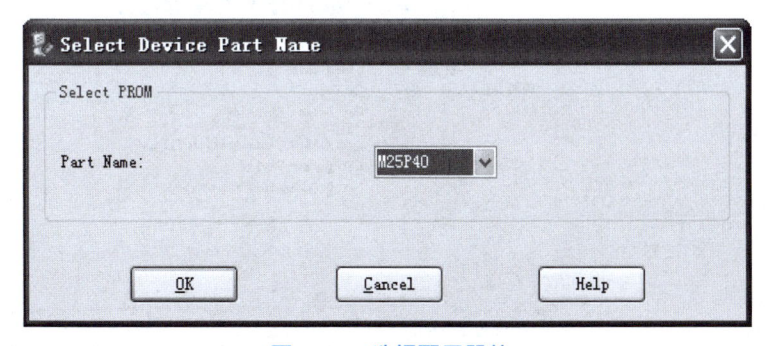

图 3-98　选择配置器件

小提示

器件型号要与开发板上一致，否则会导致配置失败。

（11）在 PROM 芯片上单击鼠标右键，在弹出的菜单中选择"Program"命令，如图 3–100 所示，配置结束后会显示配置成功，如图 3–101 所示。

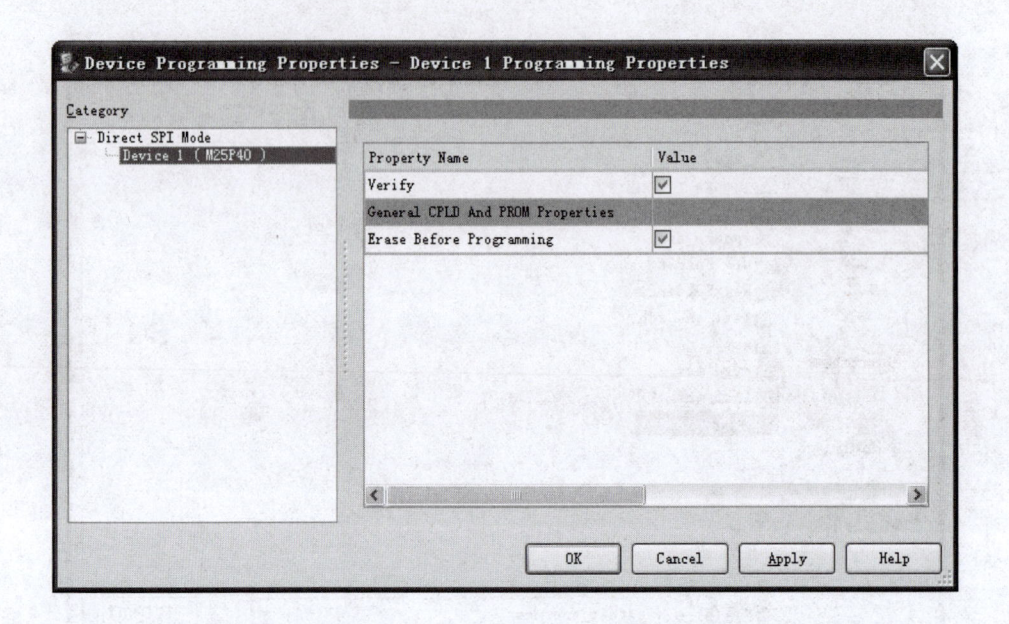

图 3–99　配置 M25P40 FLASH

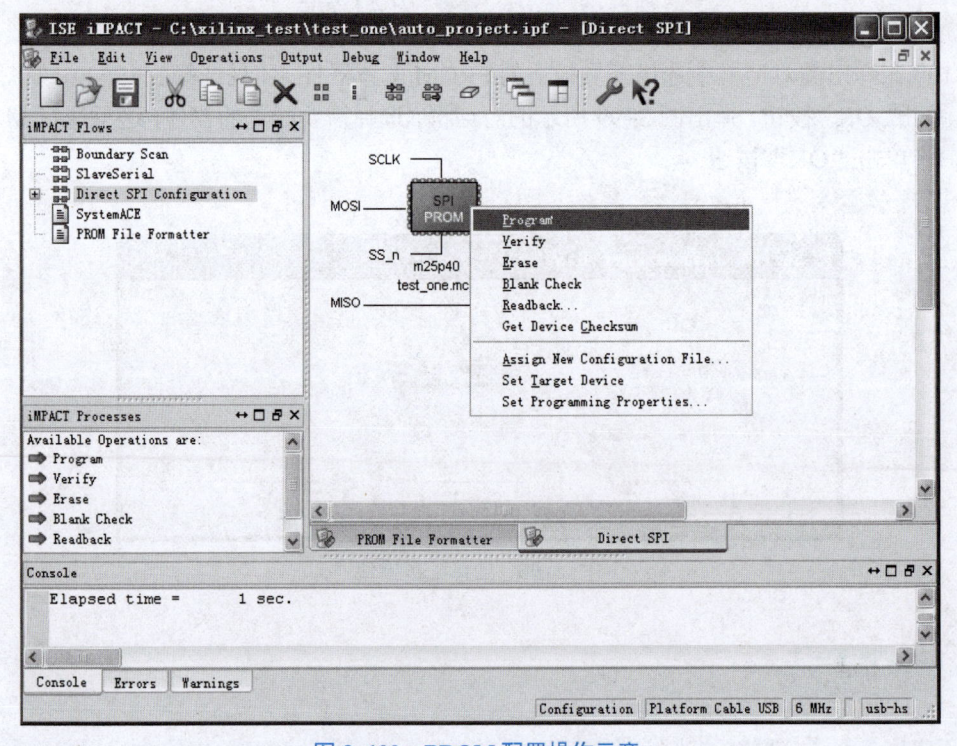

图 3–100　PROM 配置操作示意

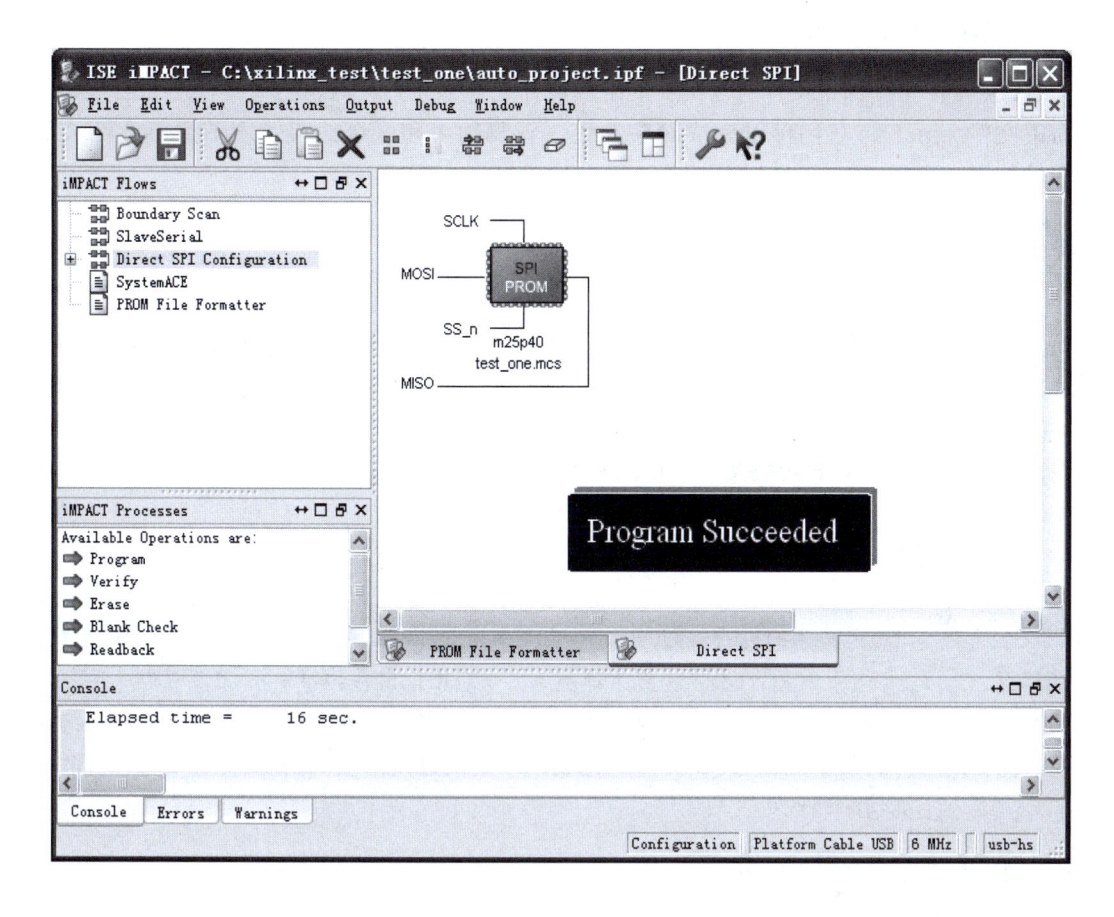

图 3–101　PROM 配置成功示意

至此就完成了一个完整的 FPGA 设计流程。

小提示

ISE 功能十分强大，以上介绍的只是基本的操作步骤，更多的内容和操作方法需要通过阅读 ISE 在线帮助来学习，在大量的实际应用中加以熟悉。

本节介绍了 FPGA 配置电路的软件操作，给出了使用 iMPACT 的使用方法。配置电路是 FPGA 设计的重中之重，读者需要多多练习，在一定的实践中才能更好地掌握。

3.6　约束文件的编写

约束是 FPGA 设计必不可少的部分，Xilinx ISE 提供了多种约束，它们可以指定设计各个方面的要求。例如，管脚约束将模块的端口和 FPGA 的管脚对应起来，高速电路中的时序约束保证了设计的可靠性。这些功能获得了设计人员的青睐。

3.6.1 约束文件的定义

FPGA 设计中的约束文件有 3 类——用户设计文件（.ucf）、网表约束文件（.ncf）以及物理约束文件（.pcf），它们可以完成时序约束、管脚约束和区域约束。本节主要介绍 UCF 文件的使用。

> **小提示**
>
> 3 类约束文件的关系为：用户在设计输入阶段编写 UCF 文件，然后 UCF 文件和设计综合后生成 NCF 文件，经过实现后生成 PCF 文件。

UCF 文件是 ASCII 码文件，描述了逻辑设计的约束，可以用文本编辑器和 Xilinx 约束文件编辑器进行编辑。NCF 约束文件的语法和 UCF 文件相同。

> **小提示**
>
> NCF 文件与 UCF 文件的区别：UCF 文件由用户输入，NCF 文件由综合工具自动生成，由于 UCF 文件的优先级最高，当两者发生冲突时，以 UCF 文件为准。

PCF 文件可以分成两部分：一部分是映射产生的物理约束；另一部分是用户输入的约束。一般情况下，用户约束都应在 UCF 文件中完成，不建议直接修改 NCF 文件和 PCF 文件。所以本节主要介绍如何编写约束文件。

3.6.2 UCF 文件的语法说明

1. 语法

UCF 文件的语法为：

{NET|INST|PIN} "name" Attribute；

其中，name 是指所约束对象的名字，包含对象所在层次的描述；Attribute 为约束的具体描述；语句必须以分号 ";" 结束。可以用 "#" 或 "/* */" 添加注释。

> **小提示**
>
> UCF 文件是区分大小写的，信号名必须和设计中保持大小写一致，但约束的关键字可以是大写，也可以是小写，甚至大小写混合。例如："NET "clk" LOC=U10;" clk 就是所约束信号名，"LOC=U10;" 是约束的具体含义，表示将 clk 信号分配到 FPGA 的 U10 管脚上。

> **小提示**
>
> 对于所有的约束文件，使用与约束关键字或设计环境保留字相同的信号名会产生错误信息，除非将其用 "" 括起来，因此在输入约束文件时，最好用 "" 将所有的信号名括起来，以免产生不必要的错误。

2. 通配符

在 UCF 文件中，通配符指的是"*"和"?"字符。"*"可以代表任何字符串以及空操作，"?"则代表一个字符。在编辑约束文件时，使用通配符可以快速选择一组信号，当然这些信号都要包含部分共有的字符串。例如：

NET "*CLK?" FAST；

对于包含 CLK 字符并以一个字符结尾的所有信号，提高其速率。

在位置约束中，可以在行号和列号中使用通配符。例如：

INST "/clk_logic/*" LOC=CLB_r*c7；

把 clk_logic 层次中所有的实例放在第 7 列的 CLB 中。

3. 定义设计层次

在 UCF 文件中，通过通配符"*"可以指定信号的设计层次。其语法规则为：

* 遍历所有层次

Level1/*：遍历 level1 及以下层次中的模块。

Level1/*/：遍历 level1 中的模块，但不遍历更低层的模块。

根据图 3-102 所示的结构，使用通配符遍历表 3-3 所要求的各个模块。

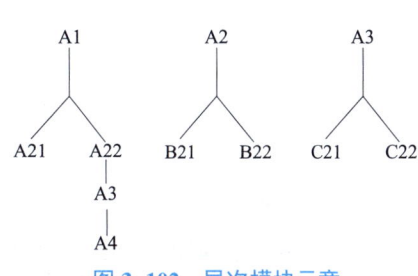

图 3-102 层次模块示意

表 3-3 要求遍历的符号

要求遍历的符号	相应的结束语句
所有符号	INST*或 INST/*
A1，B1，C1	INST/*/
A21，A22	INST A1/*/
A3	INST A1/*/*/
A3，A4	INST A1/*/*
A22，B22，C22	INST/*/*22/

3.6.3 ISE 中 UCF 文件的编写

用户创建的约束文件的后缀是".ucf"，所以一般也被称为 UCF 文件。下面介绍如何新建一个 UCF 文件：在 ISE 主界面的工程管理区（如图 3-103 所示）单击鼠标右键，在弹出的菜单中选择"New Source"选项，弹出图 3-104 所示对话框。

在新建代码类型中选取 Implementation Constraints File，在 File name 中输入 counter_ucf，如图 3-104 所示。

单击"Next"按钮进入约束文件总结对话框，如图 3-105 所示。单击"Finish"按钮完成约束文件的创建。

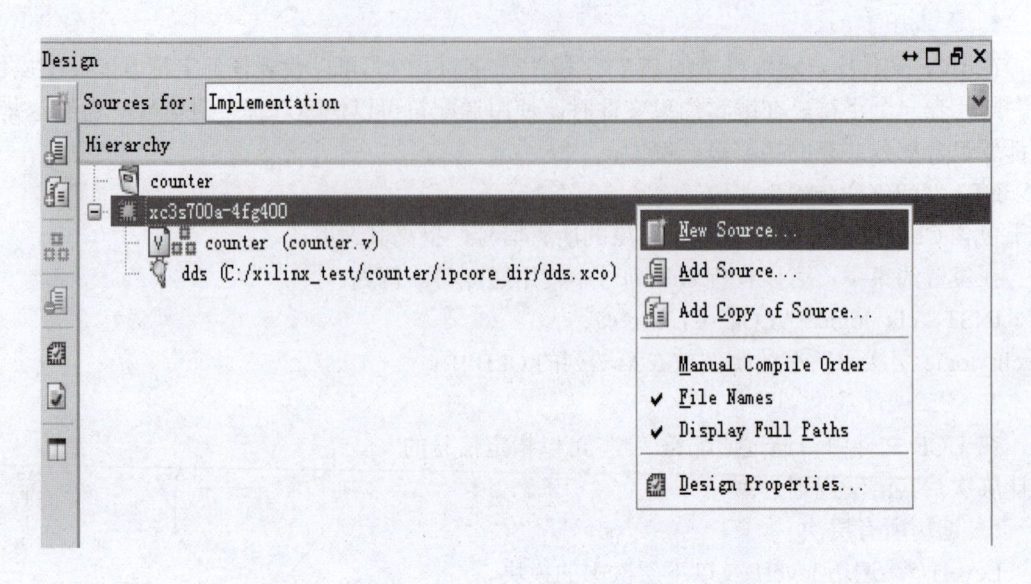

图 3-103 新建 UCF 文件示意

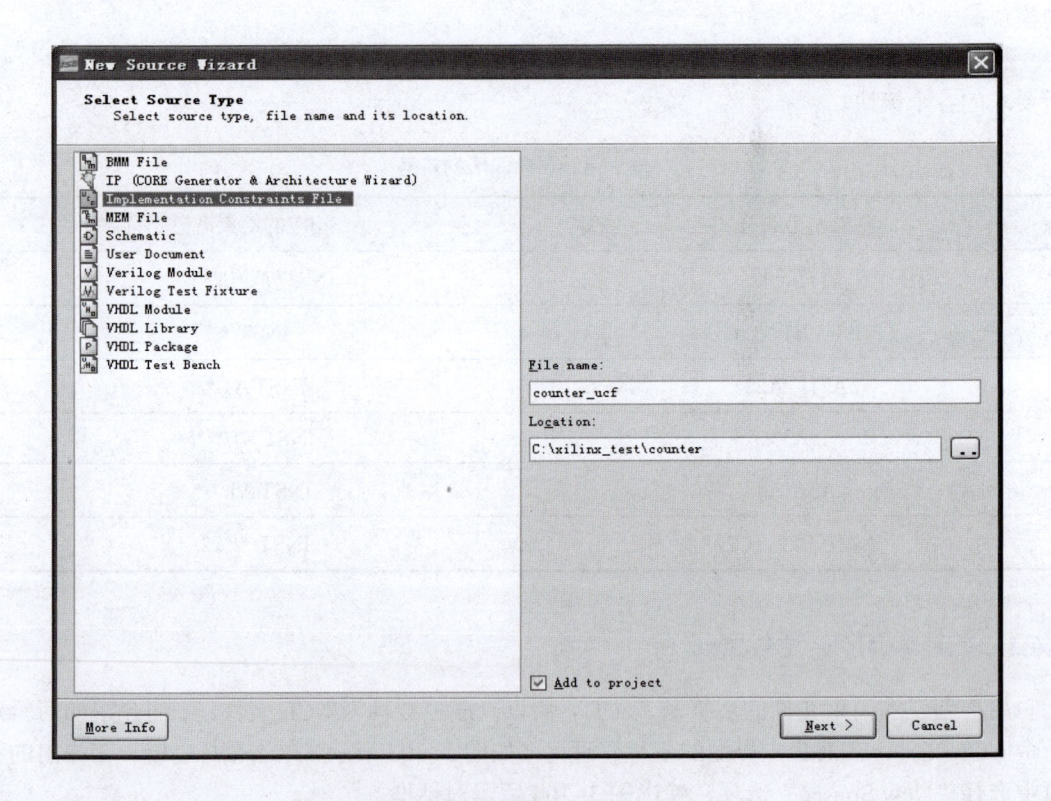

图 3-104 新建一个 UCF 文件

在工程管理区中,将 Sources for 设置为 Implementation,然后双击过程管理区中的"User Constraints"→"Edit Constraints(Text)"选项,或者用鼠标右键单击"Edit Constraints(Text)",在弹出的菜单中选择"Run"命令,即可打开约束文件编辑器,如图 3-106 所示。

图 3-105　约束文件总结对话框

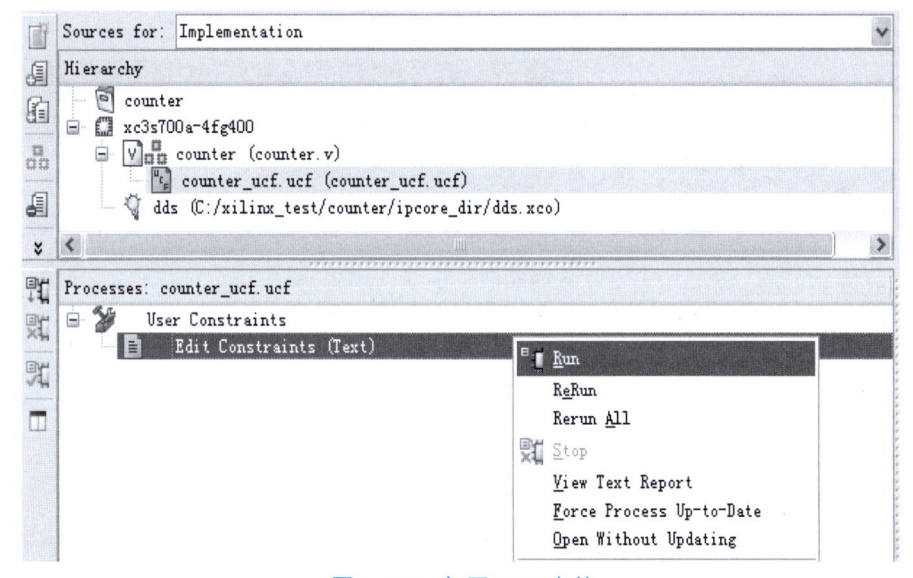

图 3-106　打开 UCF 文件

用户可以在源文件编辑区编写 UCF 文件。下面给出一段 UCF 代码：

```
#PACE: Start of Constraints generated by PACE
#PACE: Start of PACE I/O Pin Assignments
NET "clk" LOC="c9";
NET "reset_n" LOC="D18";
NET "dir" LOC="L13";
```

```
NET "data[0]" LOC="F12";
NET "data[1]" LOC="E12";
NET "data[2]" LOC="e11";
NET "data[3]" LOC="f11";
NET "data[4]" LOC="c11";
NET "data[5]" LOC="d11";
NET "data[6]" LOC="e9";
NET "data[7]" LOC="f9";
#PACE: Start of PACE Area Constraints
#PACE: Start of PACE Prohibit Constraints
#PACE: End of Constraints generated by PACE
#clk,reset_n,data
```

约束文件是 FPGA 设计过程中不可或缺的，约束文件可以指定各方面的要求，在高速的 FPGA 设计中尤为重要。本节主要介绍 FPGA 的引脚约束的语法和编写方法。

使用 ISE 定义管脚，这种方法更加直观、方便。

选中工程文件，添加约束文件（UCF 文件），如图 3–107 所示。

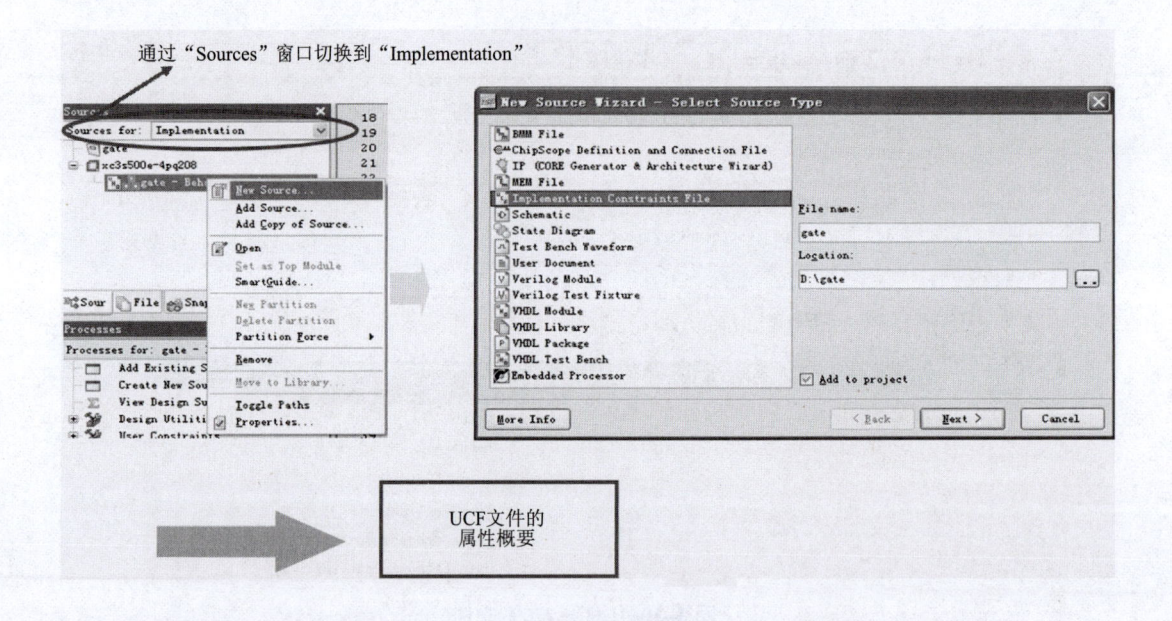

图 3–107　添加约束文件

单击"+"号打开 User Constraints（用户约束），选择"Floorplan IO"或者"Assign Package Pins"两个选项，在设计目标列表"Loc"选项位置进行对应管脚约束。如图 3–108 所示。

选中生成的 UCF 文件，在过程窗口中打开 User Constraints，双击"Edit Constraints"选项，查看定义好的管脚，如图 3–109 所示。

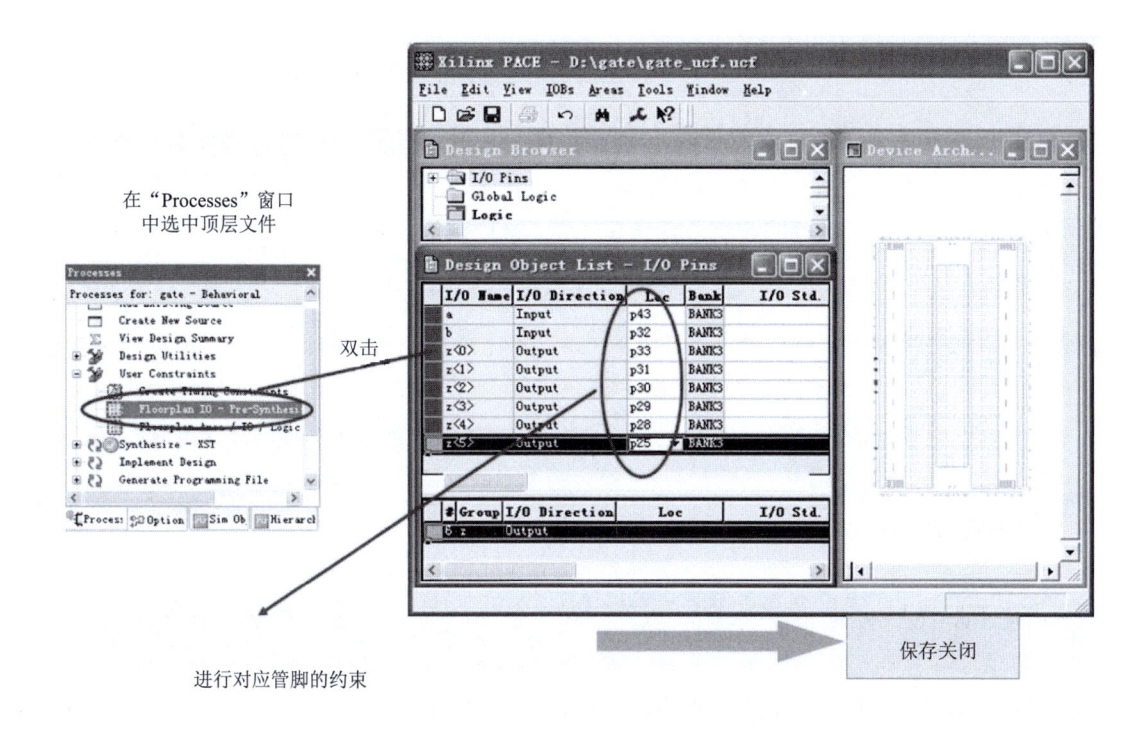

第 3 章 基于 ISE 的开发环境使用指南

图 3–108 进行对应管脚的约束

```
1    #PACE: Start of Constraints generated by PACE
2
3    #PACE: Start of PACE I/O Pin Assignments
4    NET "a"    LOC = "p43"  ;
5    NET "b"    LOC = "p32"  ;
6    NET "z<0>" LOC = "p33"  ;
7    NET "z<1>" LOC = "p31"  ;
8    NET "z<2>" LOC = "p30"  ;
9    NET "z<3>" LOC = "p29"  ;
10   NET "z<4>" LOC = "p28"  ;
11   NET "z<5>" LOC = "p25"  ;
12
13   #PACE: Start of PACE Area Constraints
14
15   #PACE: Start of PACE Prohibit Constraints
16
17   #PACE: End of Constraints generated by PACE
```

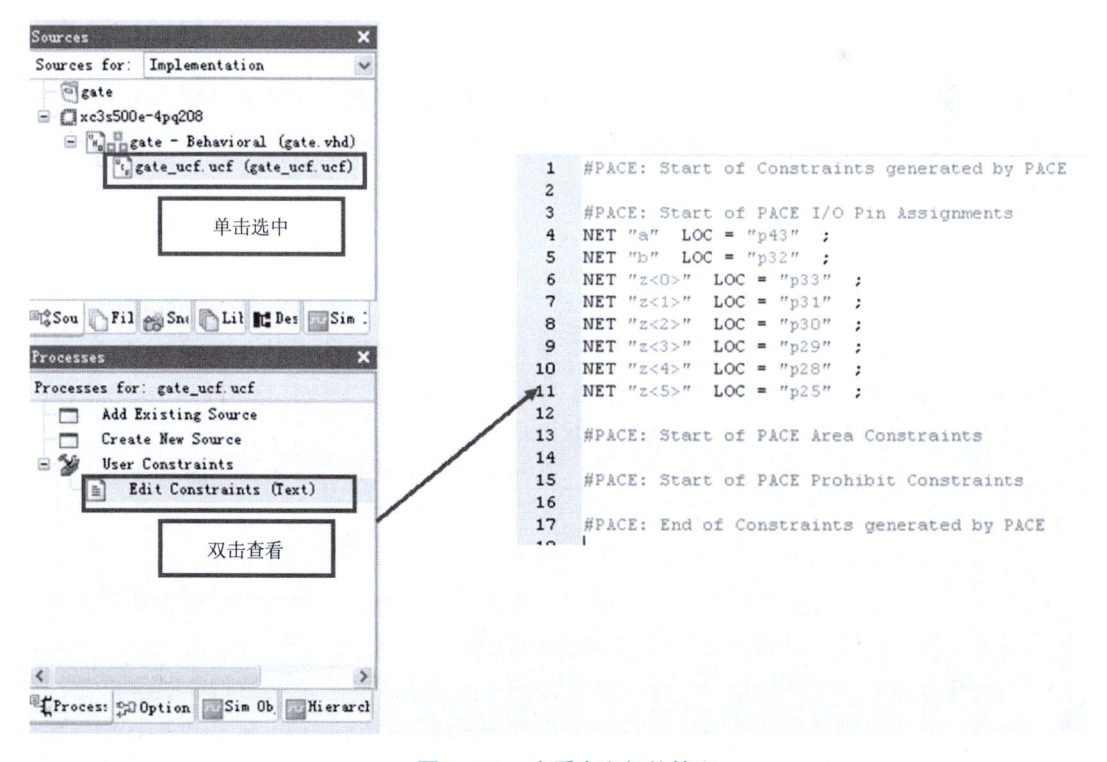

图 3–109 查看定义好的管脚

3.7 集成化逻辑分析仪

逻辑分析仪是 FPGA 调试阶段不可或缺的工具，但随着可编程逻辑器件向大容量、高速度和小封装的方向发展，其输入/输出的引脚数越来越多且越来越密集，这给使用外置的逻辑分析仪和示波器等传统的调试方法带来了很大的困难。同时跟踪和测试高速信号所采用的逻辑分析仪非常昂贵。Xilinx 公司为了解决这两个问题，推出了在线逻辑分析仪（Chipscope Pro）。

> **小提示**
>
> 在线逻辑分析仪不仅功能强大，而且成本低廉、操作简单，因此具有很高的使用价值。

> **小提示**
>
> Chipscope Pro 既可以独立于 ISE 在 Windows 环境下使用，也可以在 ISE 集成开发环境下使用。

3.7.1 Chipscope Pro（集成化逻辑分析工具）简介

传统的 FPGA 逻辑器件的调试方法，都是采用示波器、逻辑分析仪通过探头连接到 FPGA 引脚引出的测试点来捕捉信号进行逻辑分析。

传统的逻辑分析仪只能对 FPGA 的输入/输出引脚进行测试，却无法观察 FPGA 的内部节点信号。

Chipscope Pro（集成化逻辑分析工具）将逻辑分析器、总线分析器和虚拟 I/O 小型软件插入用户的设计中，将采集到的数据从编程口引出，再将采集到的信号通过 Chipscope Pro 进行分析，从而解放更多的引脚。

> **小提示**
>
> Chipscope Pro 可以直接查看任何内部信号或节点，包括嵌入式硬核和软核处理器。
>
> Chipscope Pro 的主要功能是通过 JTAG 编程接口，在线、实时地读出 FPGA 的内部信号。其基本原理是利用 FPGA 中未使用的块存储器，根据用户设定的触发条件将信号实时地保存到这些块存储器中，然后通过 JTAG 接口传送到计算机，并通过计算机的用户界面显示出所采集的时序波形。

Chipscope Pro 相对于传统逻辑分析仪具有如下优点：

（1）成本较低。Xilinx FPGA 器件提供了大量的块存储器，这些块存储器在调试阶段往往是空闲的，这就为内嵌 Chipscope Pro 工具提供了必备的条件。

（2）灵活性高。无须将观察的信号通过额外的引脚输出，所观察信号的数量和存储深度由器件可提供的块存储器的数量决定。设置的块存储器容量越大，可观察信号的数量和存储深度就越大。

（3）使用方便。Chipscope Pro 在 ISE 设计工具中作为一个 IP 模块来调用，可以自动读取".ngc"".edf"".edn"等格式的设计网表文件，并将其 IP 核的网表插入原设计的网表中。

3.7.2 Chipscope Pro 的使用流程

Chipscope Pro 的开发流程如图 3–110 所示。

（1）首先，生成系统控制模块的 ICON 核，然后生成各类逻辑分析仪核，包括 ILA 核、VIO 核以及 ATC2 核等，设定触发条件、数据线宽度、采集长度，并将其和 ICON 核关联起来。

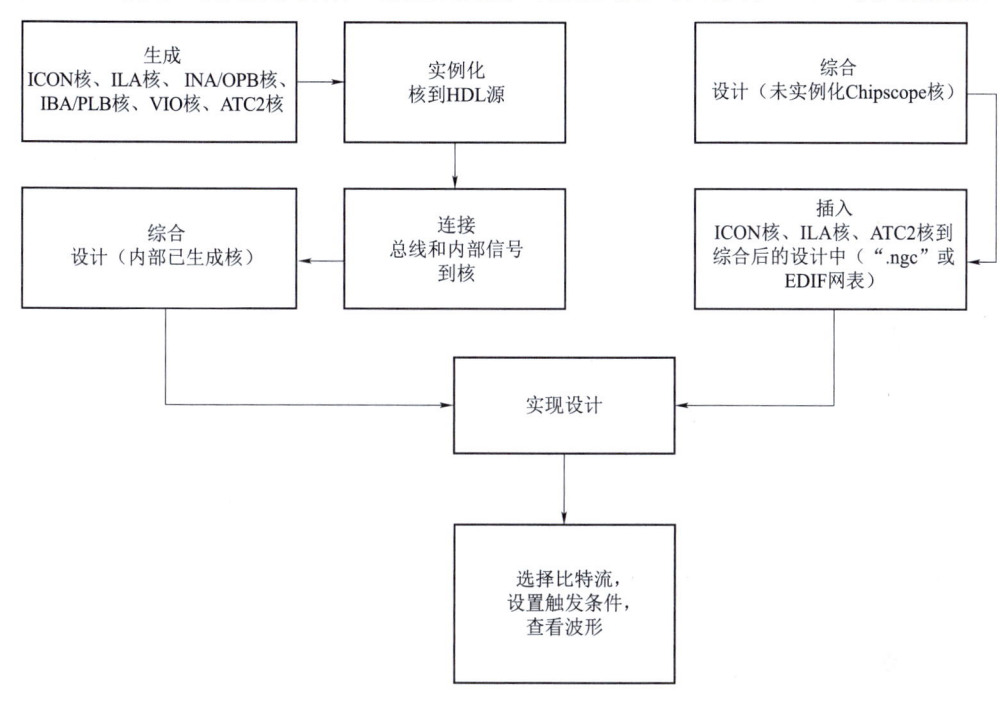

图 3–110　Chipscope Pro 的开发流程

（2）完成设计及其相关核的综合，将设计中期望观测到的信号和分析核的触发以及数据信号连接起来。

（3）完成整体系统的实现并下载到芯片当中。

（4）打开 Chipscope Pro 设定触发条件，观察波形。

> **小提示**
>
> Chipscope Pro 的 IP Core 只使用少量的查找表资源和寄存器资源，并且不会对原设计造成影响，极大地方便了用户观察 FPGA 内部的所有信号。

3.7.3 Chipscope Pro Inserter 的操作和使用

（1）建立".cdc"文件。在工程管理区单击鼠标右键，在弹出的窗口中选择"New Source"选项，弹出源程序设置界面后，选择"Chipscope Definition and Connection File"选项，并在

"File name"框中输入文件名称,例如"Chip_test",如图 3-111 所示。

(2)单击"Next"按钮,选择需要调试和插入的设计文件,如图 3-112 所示,本例选择"test_top"。

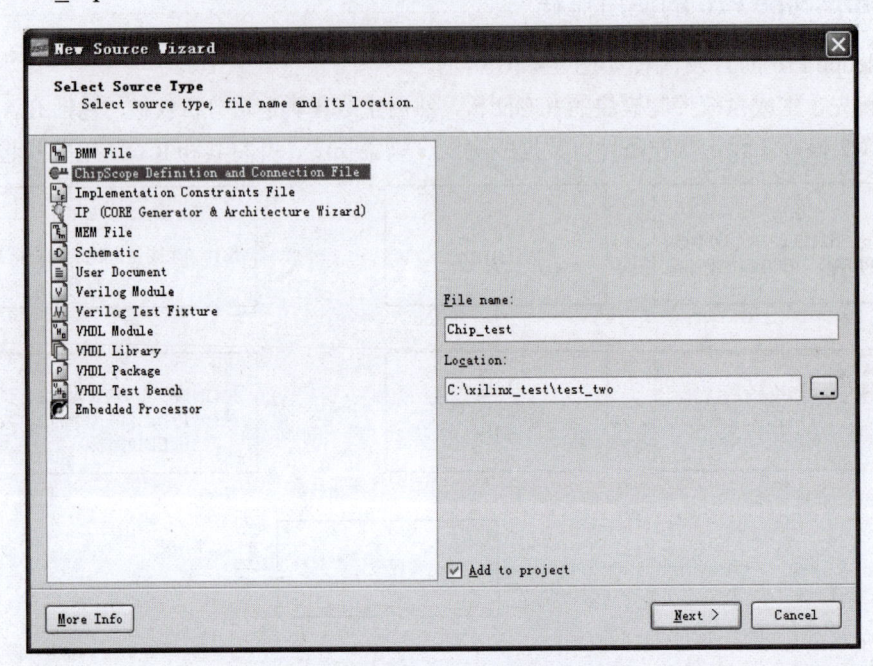

图 3-111 选择源文件类型操作示意

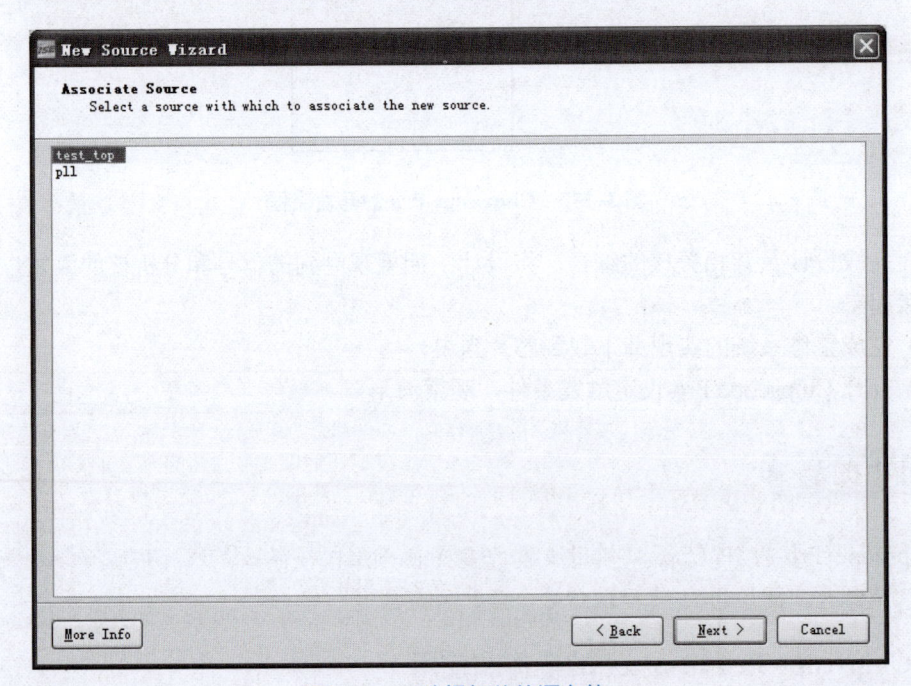

图 3-112 选择相关的源文件

(3)单击"Next"按钮进入下一页,单击"Finish"按钮,即将".cdc"文件插入工程文件,如图 3-113 所示。

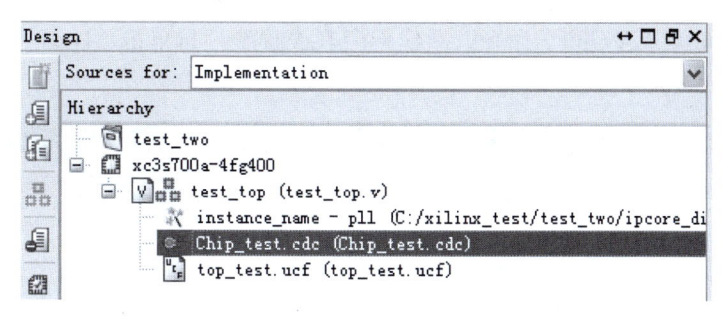

图 3–113 将 ".cdc" 文件插入工程文件

（4）在工程管理区双击 "Chip_test.cdc" 文件，进行 Chipscope Pro 的参数设置。在设置过程中，将自动完成输入/输出文件的指定和器件类型的设置，如图 3–114 所示。

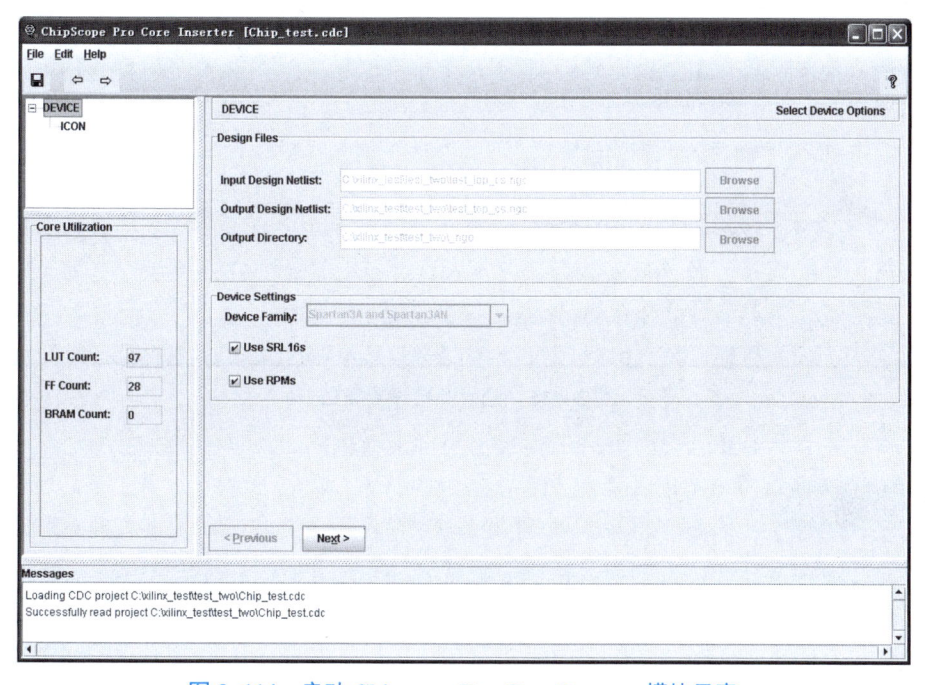

图 3–114 启动 Chipscope Pro Core Inserter 模块示意

小提示

由于 Chipscope Pro 是在 ISE 11.1 中启动，因此这些选项都不能作修改。在该参数设置界面的菜单栏中，各个菜单的功能如下：

① File：包含常见文件操作等命令。

其中 Refresh Netlist 命令用于更新网表，当输入的网表发生变化时，Chipscope Pro 会提示自动更新网表，设计者也可以使用该命令手动更新网表。

② Edit：包含创建新的集成逻辑分析单元 New ILA Unit、创建新的 ILA/ATC 单元 New ILA/ATC Unit、删除单元 Remove Unit 以及参数选择 Preferences 等命令。

③ Help：关于 Chipscope Pro Core Inserter 的帮助文档。

（5）执行"New ILA Unit"命令，新建一个 ILA 模块，再单击"Next"按钮，将弹出触发参数设置窗口，如图 3-115 所示。

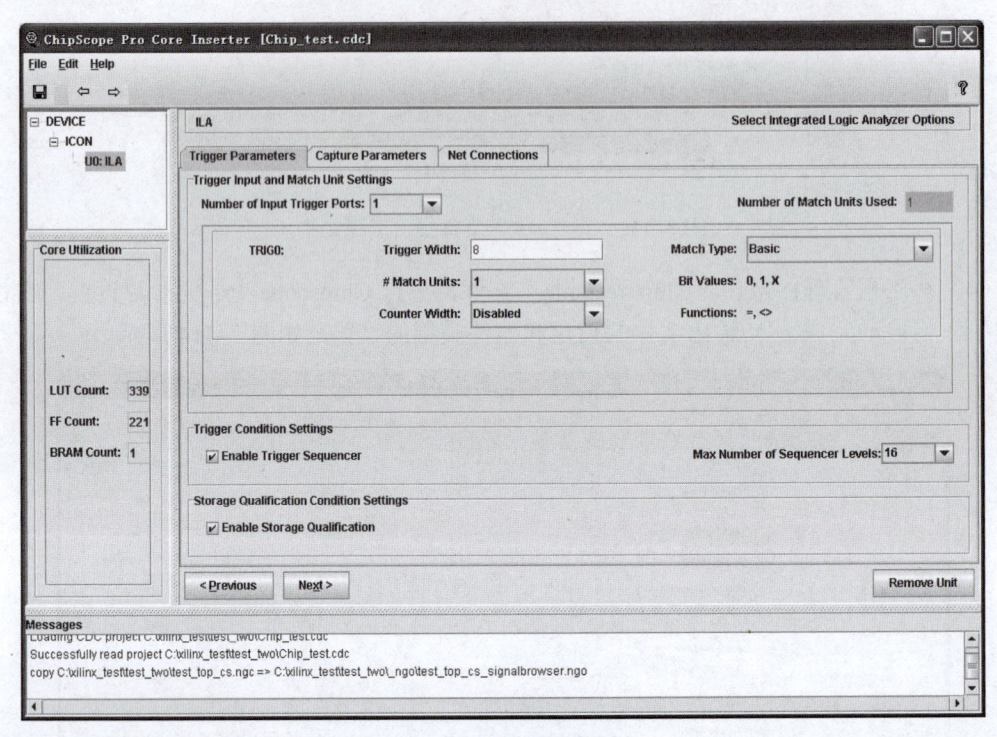

图 3-115 触发参数设置窗口

> **小提示**
>
> 触发参数设置窗口包含 3 个选项栏，分别为触发条件参数（Trigger Parameters）、捕获参数（Capture Parameters）、网线连接参数（Net Connections）。
>
> "Trigger Parameters"选项栏用于设置触发输入和匹配单元参数以及触发条件参数。其中"Number of Input Trigger Ports"为输入触发端口数设置，可以选择相应的 ILA core 输入触发端口的数目，每个 ILA core 最多可以提供 16 个输入触发端口。每个触发端口的参数将分别列出，包括触发宽度以及触发条件判断单元的类型和数目。

> **小提示**
>
> 触发端口由一根或多根信号线组成，信号线的总数称为触发宽度，触发宽度最多可达 256 位。
> 触发匹配单元是一个比较器，它和触发端口相连，用于检测触发端口是否满足特定的条件。一个触发端口可以有 1~16 个触发匹配单元。这些触发匹配单元可以组合起来构成逻辑分析仪的触发条件，用于捕获数据。触发匹配单元设置得越多，占用的逻辑资源越多。
> 触发匹配类型包括 Basic 类型、Basic w/edges、Extended 类型、Extended w/edges 类型、Range 类型和 Range w/edges 类型。

第 3 章 基于 ISE 的开发环境使用指南

在"Trigger Condition Settings"栏中，可以控制是否使能触发队列器和设置触发队列器深度。该参数一旦设置，可以将标准的布尔方程式的触发条件用可选择的触发队列器进行扩展。触发队列器可以用循环状态机实现：当满足第一级的所有匹配条件后，传递到下一级，依次类推。

（6）完成了该窗口内的参数设置后，单击"Next"按钮进入捕获参数（Capture Parameters）选择窗口，如图 3–116 所示。"Capture Parameters"选项栏用于设置存储深度、数据位宽、采样时刻等参数。

> **小提示**
>
> 采样深度与所选择的器件类型有关，不同器件的采样深度不一样，例如，Virtex-II、Virtex-II Pro 和 Spartan-3 系列器件为 16 384，而 Virtex、Virtex-E、Spartan-II 和 Spartan-IIE 系列器件为 4 096。最大数据位宽为 256 位。数据的存储深度和位宽由 FPGA 内部剩余的块 RAM 的数量决定。当改变存储深度时，"Resource Utilization"（资源利用率）栏将会发生变化。
>
> 在该窗口中，"Data Same As Trigger"选项用来在数据和触发信号相同时选择处理方式。选择此选项，那么数据与触发信号相同时，在"Trigger Ports Used As Data"栏内可以选取这些触发端口作为数据。数据与触发信号相同是很常用的模式，因为用户可以捕获和采集来自 ILA Core 的任何数据。在这种模式下，ILA Core 省略了数据输入端口，因此可以减小 CLB 和布线资源的占用，但是总的数据宽度不能大于 256 位。
>
> 如果不选择这个参数，那么数据和触发信号完全独立，当采样的数据位宽小于触发宽度时，会增大采集数据量，浪费块 RAM 资源，因此建议选择这个参数。

（7）捕获参数设置完成后，单击"Next"按钮，进入网络连接参数的设置。

"Net Connections"选项栏用于将集成逻辑分析仪 ILA Core 的输入信号与设计中的网线连接起来，如图 3–117 所示。

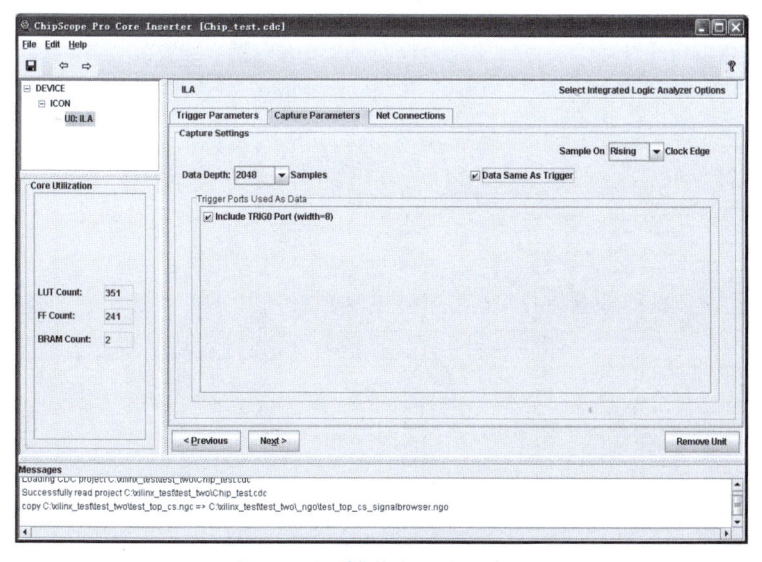

图 3–116　捕获参数设置窗口

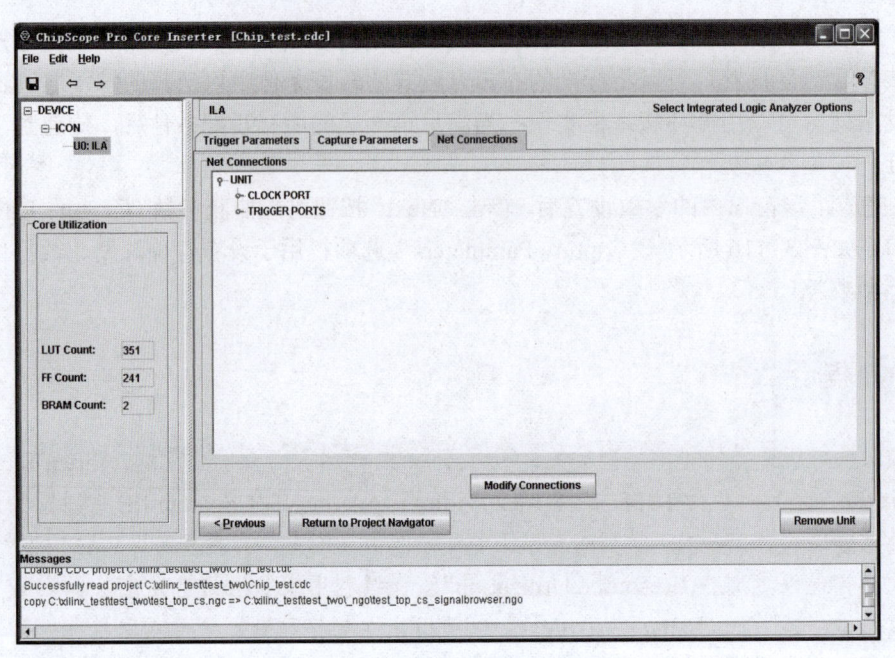

图 3-117 网线连接参数设置窗口

在网线连接参数设置窗口中,单击"Modify Connections"按钮,弹出"Select Net"对话框,如图 3-118 所示。合理设置该对话框中的参数可以很容易地将 ILA Core 的工作时钟、触发信号/数据信号与设计中的网线连接起来。

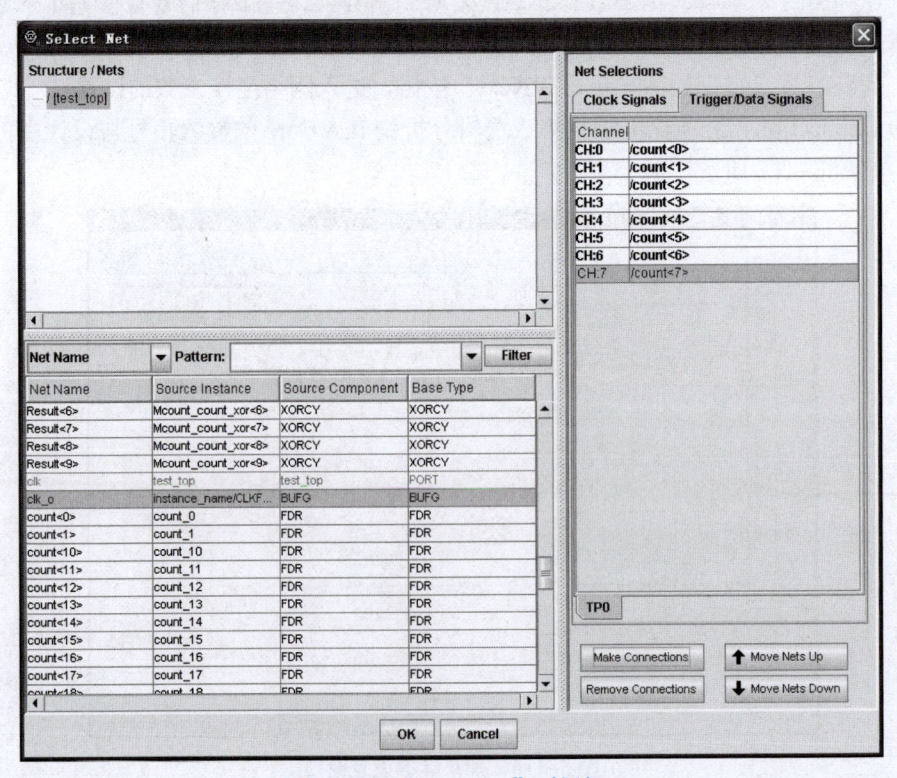

图 3-118 "Select Net"对话框

① 在对话框右侧的"Net Selections"选项区中选择 ILA Core 的输入信号，可以分别选择时钟（Clock）和触发/数据（Trigger/Data）表。

② 在对话框的左下方选择需要连接的网线，并选择应加入到哪个测试通道（TP0 或 TP1），单击"Make Connections"按钮后，即可完成一条网线的连接。ILA Core 的所有信号都连接好之后，单击"OK"按钮，完成连接设置。

在完成了信号的连接后，ILA Core 网线连接器对话框将发生变化，如图 3-119 所示。对话框中列出 3 种类型端口，分别为时钟端口（CLOCK PORT）、触发端口（TRIGGER PORTS）和数据端口（DATA PORTS）。由于选择了"Data Same As Trigger"参数，因此触发端口和数据端口合并。使用时应保证所有端口信号都连通，否则插入 ILA Core 时将提示错误信息。当端口中的信号全部连接时端口名称为黑色，否则为红色。

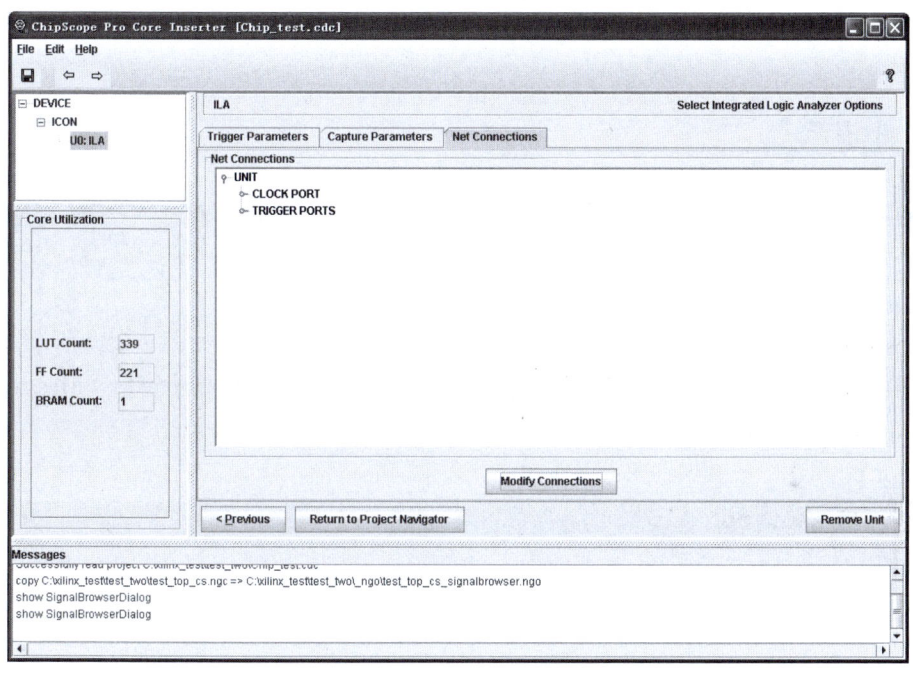

图 3-119　完成 ILA Core 与网线连接后的示意

3.7.4　Chipscope Pro 逻辑分析仪使用流程

Chipscope Pro 逻辑分析仪直接和 ICON、ILA、ATC 以及 VIO 等进行核交互，并允许用户配置器件、选择触发条件、建立控制台并通过计算机显示分析结果，其数据观察方式和触发模式可根据设计进行灵活选择。

在 Windows 操作系统中，有两种方法可以启动 Chipscope Pro，第一种方法是选择"开始"→"程序"→"Xilinx ISE Design Suite 11"→"Chipscope Pro"选项，可以分别运行 Analyzer、Core Generator 和 Core Inserter 模块，如图 3-120 所示。

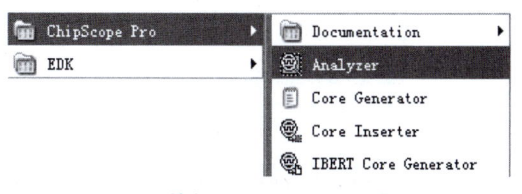

图 3-120　执行 Chipscope Pro 模块示意

如果在 ISE 11.1 中的过程管理器区内双击"Analyze Design Using Chipscope"选项，如图 3–121 所示，将自动设置 Chipscope Pro Core Inserter 模块。所需的设计文件将会自动调入，并生成 Bus/Signal Name Example Files（.cdc）文件。

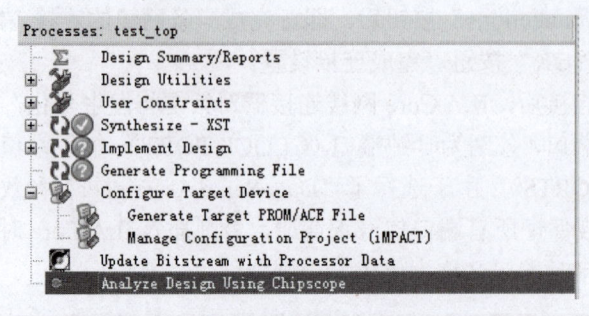

图 3–121 在 ISE 中启动 Chipscope Pro

小提示

工程中加入逻辑分析仪之后，会对工程重新编译、实现，但这并不影响原工程的效果。

1. Chipscope Pro Analyzer 的用户界面

Chipscope Pro Analyzer 的用户界面由 4 个窗口和菜单栏构成，如图 3–122 所示，分别为工程管理窗口（Project Tree）、信号浏览器（Signal Browser）、信息显示窗口（Message Pane）和主窗口（Main Window）。

图 3–122 Chipscope Pro Analyzer 的用户界面

1）工程管理窗口（Project Tree）

工程管理窗口在边界扫描链正确初始化之后会列出扫描链上的所有能识别的器件。

第 3 章　基于 ISE 的开发环境使用指南

> **小提示**
>
> 在配置下载完成后，该窗口会自动更新，显示 Chipscope Pro 核的数目，并为每个核创建一个文件夹。该文件夹包含 Trigger Setup、Waveform、Listing、Bus Plot 等项目，分别用于设置触发条件和观察信号波形。

2）信号浏览器（Signal Browser）

在工程管理窗口中选中某一个核后，信号浏览器会显示该核的所有信号。在该浏览器中可以增加或删除视图中的信号，对信号进行重新命名、组合为总线等操作。

> **小提示**
>
> （1）命名信号和总线。在该窗口中，通过双击或者单击鼠标右键并在弹出的菜单中选择 "Rename" 命令可以重新命名数据口（Data Port）、触发口（Trigger Port）内的信号及总线名称。
>
> （2）从窗口中添加/移去信号。从波形分析窗口（Waveform）和列表窗口（Listing）中移去所选择的信号，可以选择 "Clear All"→"Waveform" 或 "Clear All"→"Listing" 选项。同样的，利用 "Add All to View" 命令可以在窗口中添加信号和总线。
>
> （3）合并和添加信号到总线。对于 ILA Core 和 IBA Core，只有数据信号可以合并成总线。对于 VIO Core（虚拟输入/输出）可以将各种类型的信号分组。选择相应的信号（先选择的信号为 LSB），单击鼠标右键并在弹出的菜单中选择 "Add to Bus"→"New Bus" 选项，可以将总线信号重新排序。

3）主窗口（Main Window）

主窗口用于显示 Trigger Setup、Waveform、Listing 和 Bus Plot 等窗口信息。

4）信息显示窗口（Message Pane）

信息显示窗口用于显示 Chipscope Pro Analyzer 工作和执行的状态信息。

2. Chipscope Pro Analyzer 的基本操作

> **小提示**
>
> 使用 Chipscope Pro Analyzer 观察信号波形时，需要先将设计和 Chipscope Pro 核生成的配置文件下载到 FPGA 芯片中，然后通过设定不同的触发条件捕获波形，将其存储在芯片的块 RAM 上，通过 JTAG 链返回到计算机上并观察波形。

（1）打开 ChipScope Pro Analyzer，如图 3–122 所示，在工具栏上单击 图标，初始化边界扫描。扫描成功后，项目浏览器会列出 JTAG 链上的器件，如图 3–123 所示。

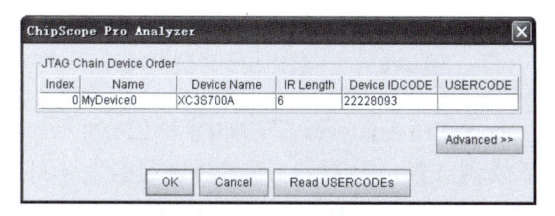

图 3–123　Analyzer 边界扫描结果示意

> 小提示
>
> Chipscope Pro Analyzer 能自动识别出 JTAG 链上的所有 Xilinx 主流的 CPLD、FPGA、PROM 以及 System ACE 芯片。

（2）JTGA 扫描正确后，菜单项"Device"才能由灰色变为正常，选择"MyDevice0"，单击"OK"按钮，此时会弹出图 3-124 所示的对话框。

（3）单击"Select New File"按钮，添加用户需要下载的比特文件，如图 3-125 所示。

图 3-124　Chipscope Pro Analyzer 配置芯片示意

> 小提示
>
> Chipscope 利用 JTAG 链来观察芯片内部逻辑，在生成配置文件时只能利用 .bit 格式的配置文件。
>
> 在配置过程中，Analyzer 的右下角会给出配置状态。配置成功后显示 Done 标志，提醒用户配置完成。

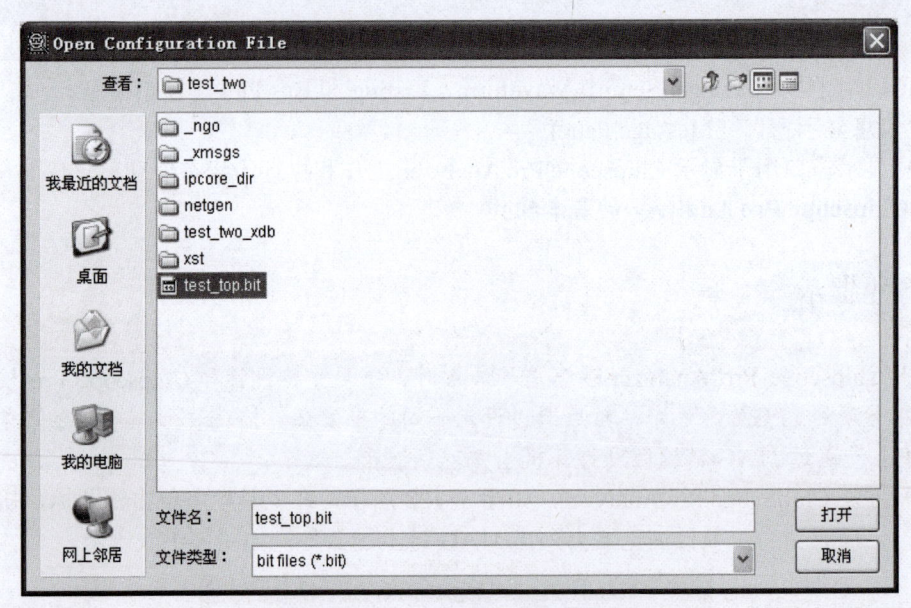

图 3-125　下载比特文件到 FPGA

（4）配置成功的 Chipscope Pro Analyzer 窗口如图 3-126 所示。

（5）把设计和工程下载到 FPGA 中后，还需要设定触发条件才可以在 Chipscope Pro Analyzer 中捕获到有效波形。Chipscope Pro Analyzer 的触发设置由 Match（匹配）、Trig（触发)、Capture(捕获)3 个部分组成。典型的配置窗口如图 3-127 所示。

> **小提示**
>
> Match 用于设置匹配函数,Trig 用于把一个或多个触发条件组合成工程最终的触发条件,Capture 用于设定窗口的数目和触发位置。

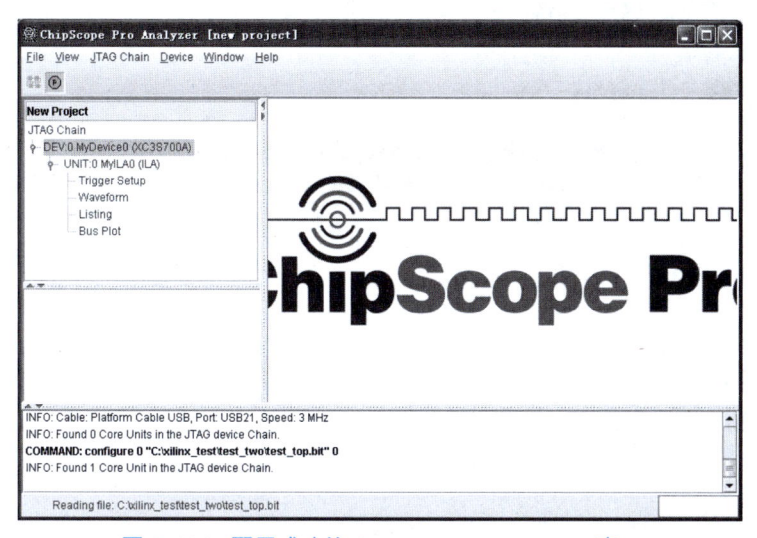

图 3-126 配置成功的 Chipscope Pro Analyzer 窗口

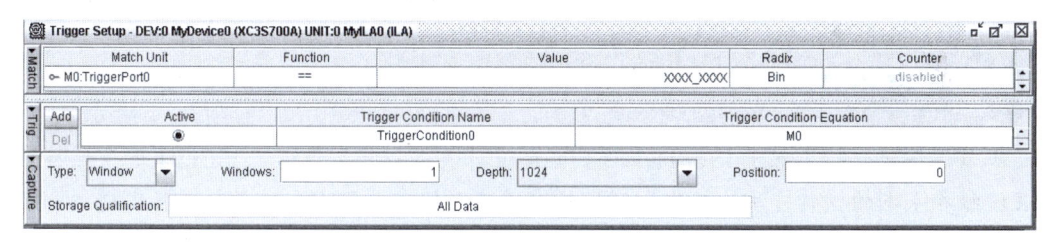

图 3-127 Chipscope Pro Analyzer 触发条件配置窗口

(6) 设置好触发条件后,双击"Waveform"命令,就可以打开波形观察窗口,如图 3-128 所示。

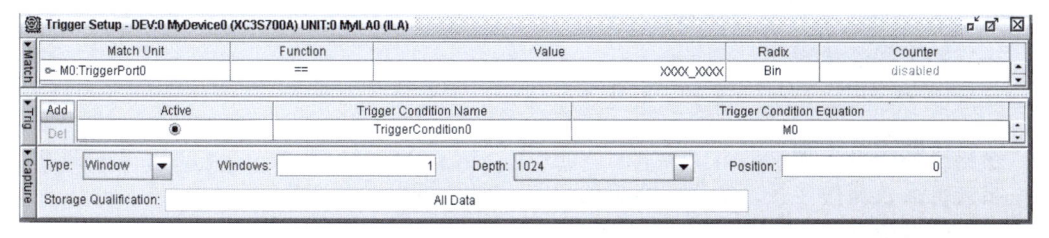

图 3-128 Chipscope Pro Analyzer 波形观察窗口

(7) 单击工具栏的 ▶ 按钮,就可以在波形观察窗口看到触发波形,如图 3-129 所示。

(8)导入、导出数据。选择"File"菜单下的"Export"命令,就可完成相应的功能。

> **小提示**
>
> Chipscope Pro Analyzer 提供了强大的数据采集能力,最大采集深度可达 16 384,单靠肉眼观测是不可行的,需要将数据保存下来,再通过 VC、MATLAB 等工具完成后续分析。导出数据的类型可以是".vce"".ascii"以及".fbdt"3 种。

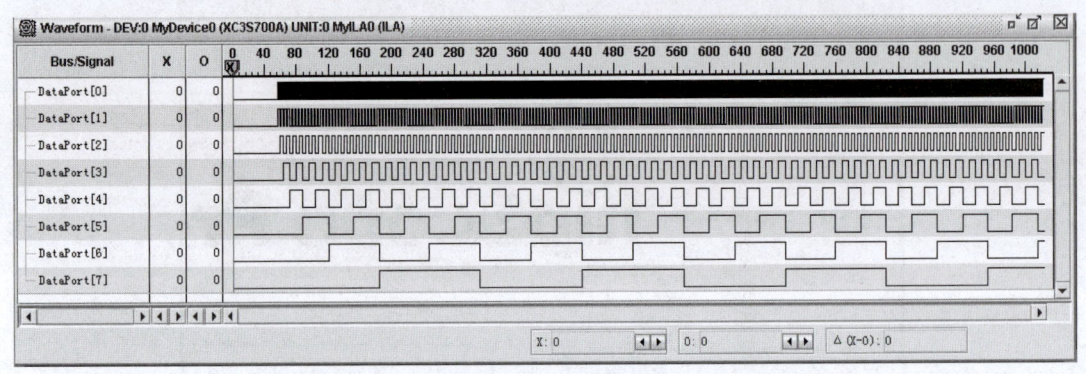

图 3–129　触发波形

逻辑分析仪是 FPGA 调试阶段不可或缺的工具,Xilinx 公司提供的在线逻辑分析仪克服了传统逻辑分析仪的缺点,并且操作简单、成本低廉。本节详细地介绍了 ISE 在线逻辑分析仪的使用方法。读者应在不断的练习中熟练掌握其操作方法。

本章小结

本章详细地介绍了基于 ISE 11.1 的 FPGA 设计流程。首先介绍了 ISE11.1 的主要特性、安装流程和基本的操作方法;其次介绍了如何通过 ISE 完成 FPGA 的设计,其中详细介绍了设计输入、综合、仿真以及实现的软件操作;接着介绍了 Xilinx FPGA 的配置电路以及 UCF 文件的语法规则;最后阐述了在线逻辑分析仪的使用方法。读者应在实际操作过程中熟练掌握这些操作。

课程拓展

一、知识图谱绘制
根据前面知识的学习,请完成本单元所涉及的知识图谱的绘制。

二、技能图谱绘制
根据前面技能的学习,请完成本单元所涉及的技能图谱的绘制。

三、以证促学
以集成电路设计与验证职业技能等级证书(中级)为例,本章内容与 1+X 证书对应关系如表 3–4 所示。

表 3-4 本章内容与 1+X 证书对应关系

集成电路设计与验证职业技能等级证书(中级)			教材对应小节
工作领域	工作任务	技能要求	
1. 基于 FPGA 的 IC 设计	1.1 数字电路设计	1.1.2 能使用数字电路设计相关 EDA 软件的基础功能。	3.1~3.7
	1.2 数字电路验证	1.2.1 能正确认识数字芯片验证的主要概念。 1.2.2 能正确认识数字芯片验证的基本方法。 1.2.3 能使用模块级的电路验证环境。 1.2.4 能对简单模块级电路的验证结果进行检查和判断。	3.3~3.5
	1.3 数字电路综合	1.3.3 能使用数字电路综合相关 EDA 软件的基础功能。 1.3.4 能根据约束文件辅助进行简单数字电路模块的逻辑综合工作。 1.3.5 能辅助进行简单数字电路模块的形式验证。	3.3~3.7
3. 逻辑设计与验证	3.1 基本数字单元的功能验证	3.1.1 能了解数字单元仿真工具各种菜单的使用。 3.1.2 能进行数字单元仿真激励的编写。 3.1.3 能进行基本数字单元的仿真。 3.1.4 能对基本数字单元仿真结果进行分析。	3.3

四、以赛促练

以全国大学生集成电路创新创业大赛国赛——紫光同创杯为例进行分析,赛题任务为物品识别,作为智能机器的基本功能之一,该功能无论在军事还是民用中都有着广泛的应用场景,比如智能视频监控、无人驾驶、各类身份识别、计算机取证等。本赛题要求利用 FPGA 实现对水果的数量、颜色和类别的识别,并通过串口将所识别信息打印出来,具体赛项评分标准如表 3-5 所示。

表 3-5 赛项评分标准

大项	内容	分值	评分要求
性能指标 (60 分)	系统可以运行	20	系统各模块完善,可以运行。
	数量识别正常	8	能准确识别 10 个以下水果的数量。
	颜色识别正常	8	能准确识别水果的颜色。
	类别识别正常	24	能准确识别指定水果类别,分别为苹果、香蕉、葡萄、火龙果、梨子、芒果、猕猴桃、橙子八种。(16 分) 两种随机的水果类别识别,两种水果种类目前不公布。(8 分)
优化指标 (20 分)	资源与速度	10	同等算法或识别效果,资源少。(5 分) 识别速度快。(5 分)
	系统架构	10	系统架构合理,功能模块层次清晰,接口简单。(4 分) 时序约束完全且时序收敛。(6 分)

续表

大项	内容	分值	评分要求
文档与现场表现（20分）	现场答辩和演示	10	答辩和问答表现。（5分）
			现场演示效果。（5分）
	文档质量	10	汇报 PPT 重点突出、条理清晰。（5分）
			方案原理分析合理、逻辑清晰。（5分）
附加题（20分）	创新性与算法性能	20	电路和算法是否有创新性。（10分）
			采用的算法相对于其他算法是否有明显的优势。（10分）

比赛规定使用基于紫光同创 FPGA 芯片的硬件载体，同时使用 Pango Design Suite 作为开发工具平台，Pango Design Suite 是紫光同创基于多年 FPGA 开发软件技术攻关与工程实践经验而研发的一款拥有国产自主知识产权的大规模 FPGA 开发软件，可以支持千万门级 FPGA 器件的设计开发。和 ISE 一样，其主要功能包括设计输入（Design Entry）、综合（Synthesis）、仿真（Simulation）、实现（Implementation）和下载（Download）等。可见在比赛中，熟悉开发工具的体系，熟练使用开发工具是系统构建、算法设计的基础。

（一）简答题

1. 与 ISE 10.1 相比，ISE 11.1 有什么新特点？
2. 在安装 ISE 11.1 的过程中要注意哪些问题？
3. 基于 ISE 的 FPGA 设计主要包括哪几个步骤？每个步骤的功能是什么？
4. 基于 ISE 的 FPGA 设计输入主要包括哪几种方式？简单叙述其操作过程。
5. 基于 ISE 的 FPGA 设计为什么要进行仿真？简要叙述基于 ISE 仿真的操作过程。
6. 什么是综合与实现？简单叙述综合与实现的操作过程。
7. 什么是配置与编程？叙述 Xilinx 产品的配置过程。
8. 为什么要编写 UCF 文件？编写 UCF 文件要注意哪些地方？
9. 在 FPGA 设计过程中，为什么要使用逻辑分析仪？逻辑分析仪的优点有哪些？

（二）程序设计题

1. 利用 ISE 软件的 HDL 输入法设计一个 64 位计数器，并仿真验证其逻辑功能。
2. 利用 ISE 软件原理图输入法设计一个 4 分频电路，并仿真验证其逻辑功能。
3. 利用 ISE 软件设计一个正弦波发生器，并在逻辑分析仪中观察其波形。
4. 利用 ISE 软件设计一个按键消抖模块。

（三）实训题

设计一个基于 FIFO 的串口发送机。实验主要实现一个串口发送机功能，发送机的数据从 FIFO 中读取。只要 FIFO 中有数据，串口发送机就会启动，将数据发送出去。最后使用串口调试助手验证设计的正确性。

第 4 章 第三方工具介绍

【知识目标】
（1）了解 Modelsim 和 Synplify Pro 的安装过程；
（2）掌握利用 Modelsim 进行功能和时序仿真的流程；
（3）掌握利用 Synplify Pro 进行综合的流程。

【技能目标】
（1）熟练使用 Modelsim 对 Verilog HDL 源程序进行功能仿真和时序仿真；
（2）熟练使用 Synplify Pro 进行综合并查看综合后的结果。

【素养目标】
（1）培养新技术和新知识的自主学习能力；
（2）培养一丝不苟、精益求精的工匠精神；
（3）弘扬科学家精神，涵养优良学风，营造创新氛围。

【重点难点】
（1）Modelsim 的使用流程；
（2）Synplify Pro 的使用流程。

【参考学时】
6 学时。

课程引入

纸上得来终觉浅，绝知此事要躬行

——陆游《冬夜读书示子聿》

从书本上得到的知识终归是浅显的，要想认识事物或事理的本质，必须亲自实践才行。

对 EDA 工具的学习也是如此。

2022 年年初，概伦电子（688206.SH）登陆上交所科创板。国内资本市场迎来首家以 EDA（电子设计自动化）为主营业务的上市公司，上市首日，其市值一度突破 200 亿元。概伦电子的成功上市也再次将 EDA 拉入大众的视野。

EDA 是电子设计自动化软件的简称，是集成电路设计上游的高端产业，涵盖了集成电路设计、验证、仿真和签核等所有流程，是集成电路设计必需、也是最重要的软件工具。利用 EDA 工具，电子设计师可以从概念、算法、协议等开始设计电子系统，并可以将电子产品从电路设计、性能分析到设计出 IC（微型电子器件）版图或 PCB（印制电路板）版图的整个过程，在计算机上自动处理完成。

随着集成电路技术的发展，EDA 软件越来越被业界等同于"芯片设计软件工具"的代名词。在这种背景下，许多中国企业、科研人士站了出来纷纷发力 EDA 赛道，旨在在 EDA 领域突破技术瓶颈，比如华为海思、九同方微、华大九天、上海立芯等，面对国产芯片行业的快速转变，人民日报也刊文称"以斗争求和平则和平存，以退让求和平则和平亡"。

可见，坚持创新在我国现代化建设全局中的核心地位。同时，我国还将继续培育创新文化，弘扬科学家精神，涵养优良学风，营造创新氛围。

4.1　Modelsim SE 6.2 软件的使用

Modelsim 仿真工具是 Model Tech 公司开发的，它支持 VHDL 和 Verilog HDL 以及它们的混合仿真，它可以将整个程序分步执行，使设计者直接看到程序下一步要执行的语句，从而做到对程序的单步调试，极大地方便了程序员开发。强大的仿真功能使其成为业界最通用的仿真器之一。

测试平台的工作原理（微课）

> **小提示**
>
> Modelsim 软件提供了几种不同的版本：SE、PE 和 OEM。其中集成在 Altera、Xilinx 和 Actel 等 FPGA 厂商设计工具中的均为 OEM 版本。本书以 SE 版本为例介绍 Modelsim 的安装和使用。

4.1.1　Modelsim SE 6.2 软件的安装

（1）解压 Modelsim SE 6.2 的安装文件压缩包，双击解压出来的"setup.exe"安装文件开始安装。

（2）在安装程序弹出的对话框中选择"Full Product"选项进行安装，当出现"Install Hardware Security Key Driver"时选择"No"选项跳过该对话框，当出现"Add Modelsim to Path"时选择"Yes"选项。安装完成后关闭 Modelsim License Wizard 程序。

（3）在 C 盘的根目录下新建一个文件夹并命名为"flexlm"，将"license.dat"复制到该目录下。

（4）添加系统变量。用鼠标右键单击"我的电脑"，选择"属性"→"高级"→"环境变量"选项，弹出图 4-1 所示的对话框。

（5）单击对话框中的"新建"按钮，在弹出对话框中按照图 4-2 所示填写并单击"确定"按钮。

图 4-1 "环境变量"对话框

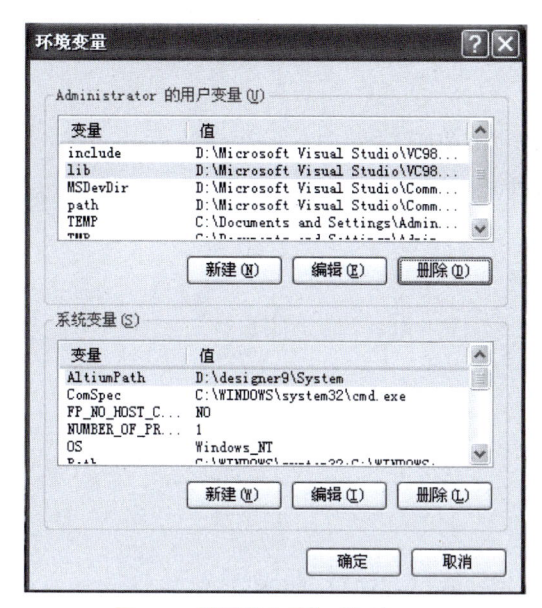

图 4-2 系统变量设置说明

（6）Modelsim SE 6.2 到此已经安装好了，可以启动 Modelsim 程序验证安装的效果。

4.1.2 利用 Modelsim 进行功能仿真

利用 Modelsim 可以对设计模块进行功能仿真和时序仿真，其中功能仿真仅验证设计模块的基本逻辑功能，属于最基本的验证，不需要布局布线后产生的时序信息；时序仿真又称后仿真，是对设计模块进行综合、布局布线后进行的仿真，其除了功能仿真时需要的文件以外，还需要网表文件和包含延时信息的文件。

利用 Modelsim 进行仿真通常包含以下几个步骤：

（1）新建工程，设置工程的存放路径。
（2）建立库文件，同时设置库文件的存放路径，并使其与工程的存放路径保持一致。
（3）编译调试源代码，直至能编译通过。
（4）启动仿真器，设置仿真参数并运行仿真。
（5）导出波形，验证仿真结果是否满足设计要求。

本节主要介绍利用 Modelsim 进行功能仿真的方法，具体操作步骤如下：

（1）编写仿真源文件，在文件中利用 Verilog 的仿真语句输入信号的波形，并将输入和输出端口列在顶层文件中。本书提供两个示例源程序，文件名分别为"count_top.v"和"count4.v"，程序代码如下：

```
count_top.v
`timescale 1ns/1ns        //定义延时单位和延时精度
module count_top;         //测试顶层模块
reg clk,reset;            //定义输入信号为 reg 型
wire [3:0] out;           //定义输出信号为 wire 型
parameter DELAY=100;
```

```verilog
count4  mycount(.clk(clk) ,
             .reset(reset) ,
             .out(out));        //调用要仿真的可综合程序
always #(DELAY/2) clk=~clk;     //生成时钟信号
initial
begin
        clk=0;
        reset=0;
#DELAY  reset=1;
#DELAY  reset=0;
#(DELAY*20) $finish;
end
initial   $monitor ($time,,,"clk=%d reset=%d out=%d",clk,reset,out);
endmodule
```

count4.v
```verilog
module count4(
          clk,
          reset,
          out);
input clk;
input reset;
output [3:0] out;
reg [3:0] out;
always @(posedge clk)
begin
   if (reset)
     out<=0;
   else
   out<=out+1;
end
endmodule
```

（2）将两个源文件放在"D：/example"目录下，以备 Modelsim 调用。

（3）打开 Modelsim 软件，选择"File"→"Change Directory"选项，在弹出的对话框中选择"D：/example"。

（4）选择"File"→"New Project"选项，在弹出的对话框中输入工程名，如"exam"。

（5）在接下来弹出的对话框中选择"Add Existing File"选项，将"counter_top.v"和"count4.v"添加到工程中。

（6）编译文件，选择"Compile"→"Compile All"选项对两个文件进行编译，编译过后，"Transcript"窗口中将显示图 4-3 所示的信息。

（7）编译成功后，对两个文件进行仿真，选择"Simulate"→"Start Simulation"选项，并在图 4-4 所示对话框中打开 work 库，选择两个源程序后单击"OK"按钮，然后选择"Simulate"→"Run"→"Run-All"选项。

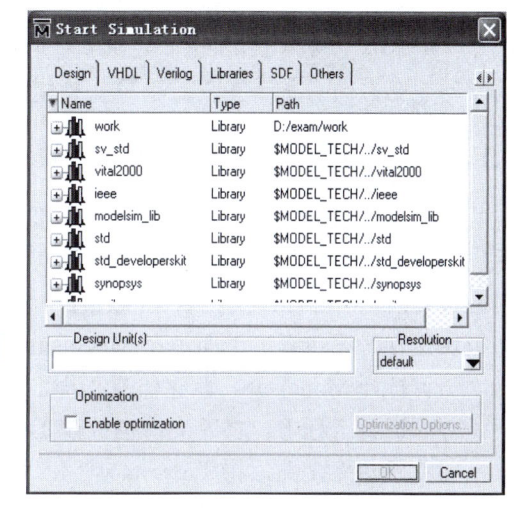

图 4-3 编译成功信息

图 4-4 功能仿真选项设置对话框

警告

注意要去掉"Optimization"选项卡中的"Enable optimization"选项，否则 Modelsim 会将要仿真的信号误认为是内部信号而优化掉，从而观察不到运行结果。

（8）选择"View"→"Wave"选项，弹出"wave"窗口，然后在工作空间中用鼠标右键单击"count_top"文件并选择"Add"→"Add to Wave"选项，将仿真出来的信号导入波形文件中，就能在波形文件中观察到仿真结果。功能仿真结果如图 4-5 所示。

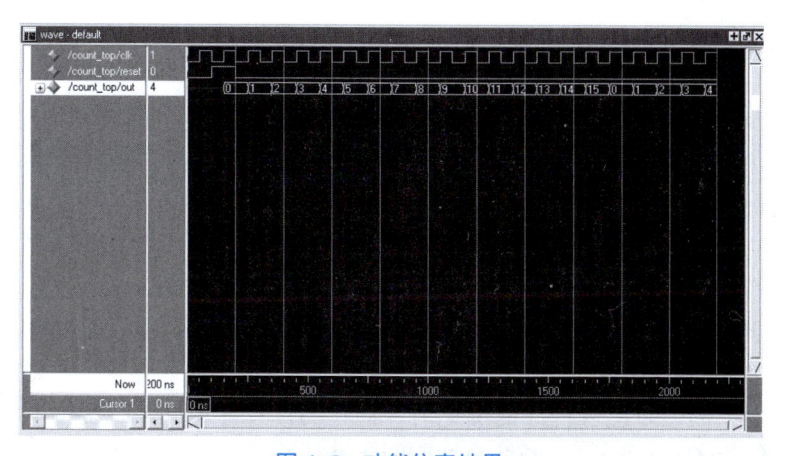

图 4-5 功能仿真结果

> **小提示**
>
> 在仿真前应设置仿真时间,在程序中设置的仿真时间为 2 200 ns,而在 Modelsim 的时间设置窗口中应该保证比这个时间大,否则将不能得到完整的波形仿真结果。
>
> 除了在波形窗口中观察仿真结果外,还可以在"Transcript"窗口中通过"monitor"命令打印出来的信息观察 testbench 文件中所规定的时间点上的仿真结果。其优点是方便对特定时间点的观察;缺点是不直观,不易从整体上把握仿真的结果。

4.1.3 利用 Modelsim 进行时序仿真

利用 Modelsim 进行时序仿真时,需要综合、布局布线后产生的网表文件、测试激励文件、元件库以及延时信息的反标文件(通常为 sdf 文件)。这些文件通常可以经过对 Xilinx ISE 作相应设置后,在对设计模块编译的过程中自动生成。将这些文件导入 Modelsim 中后即可对设计模块进行时序仿真。下面是在 Modelsim 中进行时序仿真的主要步骤。

(1)打开 Modelsim,新建仿真工程,同时将"count4.v"和"count_top.v"放到工程目录下,并添加到工程中。将库文件也放在工程目录下,同时添加到工程中。

(2)新建库文件,将"count4.v"和"count_top.v"放在 work 库中,将库文件放在以元器件命名的库中,比如库名为"spartan3"。

(3)编译库文件,并对程序进行调试,直至编译通过。

(4)选择"Simulate"→"Start Simulation"选项设置仿真选项。在图 4-6 所示对话框的"Design"标签中选择 work 库中的测试文件,即"count_top.v",同样需要注意去掉"Enable optimization"选项。

(5)在"Libraries"标签页中添加仿真所需要的库文件,如果不知道添加什么库文件可以单击"OK"按钮进行编译,根据 Modelsim 信息窗口的报错信息,重新选择"Simulate"→"Start Simulation"选项,重新在"Libraries"标签页中添加库文件。若工程中没有包含报错信息中提示的库文件,则需要将该库文件添加到工程中进行编译,然后执行上述操作。

> **小提示**
>
> 所包含的库中含有器件的延时信息,进行时序仿真时需要调用器件的库信息来计算信号的延时信息等。

(6)在上述对话框中单击"SDF"标签,在弹出的对话框中单击"Add"按钮,如图 4-7 所示。

在弹出的"Add SDF Entry"对话框中加入延时信息文件,注意:虽然对话框中写明为"SDF File",但是实际中往往都是".sdo"文件。在"Apply to Region"区域中的"/"前面填入仿真测试文件的名称(本例中为"count_top",注意后面没有".v"),在"/"后面填入在仿真测试文件中例化可综合程序的例化名。通过阅读程序可知,"count_top.v"中对实体 count4 的例化名为"mycount",故此处按照图 4-8 填写。

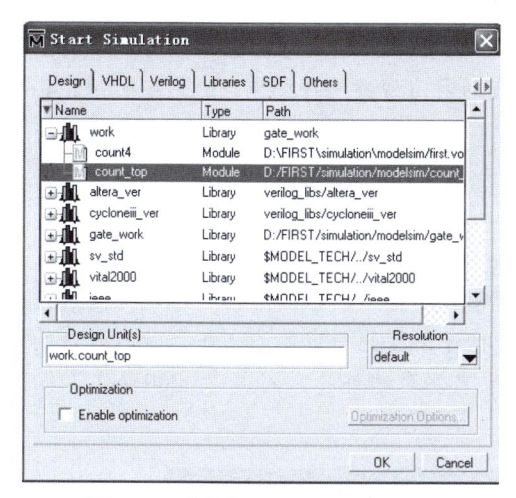

图 4-6　时序仿真选项设置对话框

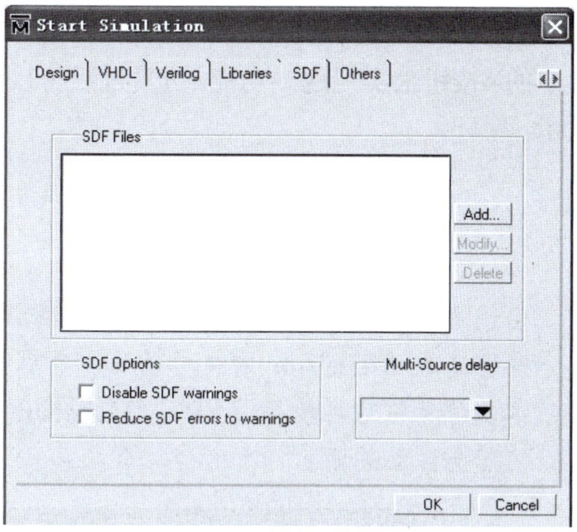

图 4-7　时序仿真 SDF 文件添加对话框

（7）上述设置完成后回到（4）的主界面下，单击"OK"按钮。这样就完成了时序仿真的设置。

（8）在 Modelsim 主界面中选择"View"→"Wave"选项，将波形文件在主界面中显示出来。

（9）可以看到在工程管理窗口中出现了一个"sim"标签页，在该标签页下用鼠标右键单击顶层实体 count_top，选择"Add"→"Add to Wave"选项，可以看到波形文件中出现了"sim"标签页的信号，如图 4-9 所示。

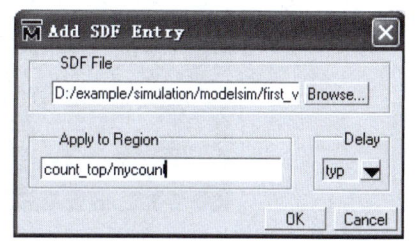

图 4-8　"Add SDF Entry"对话框

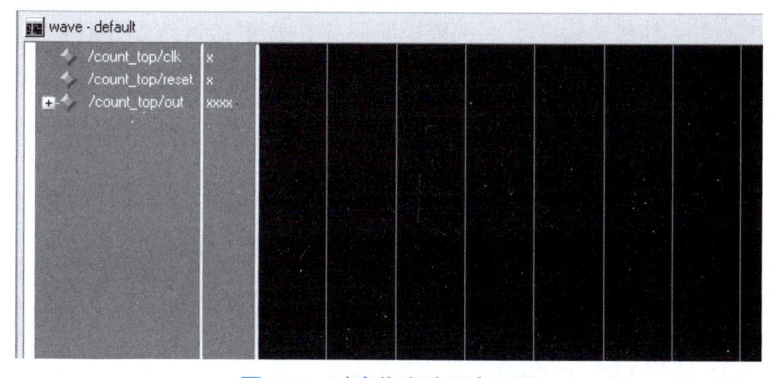

图 4-9　时序仿真波形窗口图

（10）在工具栏的时间设置窗口中设置合理的仿真时间，通过阅读测试程序"count_top.v"可知，本例中设定的仿真时间到 2 200 ns 结束，然后 Modelsim 将执行程序中的 finish 命令，关闭 Modelsim 程序，从而无法观察到仿真后的波形，所以本次仿真时间设置为 2 000 ns，在程序未运行到 finish 命令时充分观察仿真波形，具体设置如图 4-10 所示。

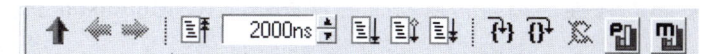

图 4-10　Modelsim 仿真时间设置

（11）执行"Simulate"→"Run"→"Run-All"命令，开始运行仿真，也可以单击工具栏中的▣按钮来实现这一功能。仿真过后可以通过波形窗口观察仿真结果，仿真结果如图 4-11 所示。

> **小提示**
>
> 由于本实验测试文件"count_top.v"中调用了 Verilog 中的 $finish 语句，因此直接执行上述命令会造成 Modelsim 对文件仿真完后直接关闭程序，因此一定要注意仿真时间窗口的设置，本次仿真完后再执行该命令，Modelsim 会从原来仿真结束的时间点（2 000 ns）开始仿真，依然会自动关闭。

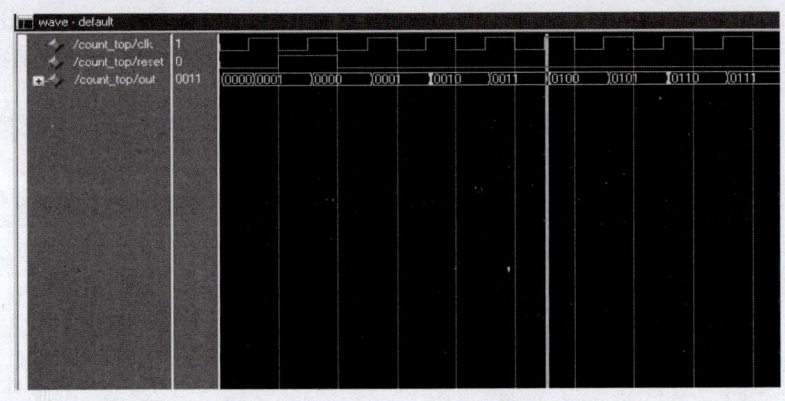

图 4-11 Modelsim 时序仿真结果

经过对比可以发现，时序仿真和功能仿真所得到的结果基本一样，不过时序仿真时在 0001→001 的变化过程中有毛刺产生，这也说明时序仿真更接近真实运行结果。

> **小提示**
>
> 时序仿真所输入的文件包含综合后适配的电路信息和器件本身的延时信息，因此时序仿真的结果更接近实际运行的结果。实际电路运行的过程中一般都会产生毛刺，在有的设计中毛刺的产生并不会对系统的功能产生影响，而在某些情况下却会严重影响系统的性能以致得不到正确的运行结果。

（12）为了方便对 Modelsim 仿真产生的波形进行观察，可以在波形窗口中用鼠标右键单击观察的信号"/count_top/out"并在弹出的菜单中选择"Radix"→"Unsigned"选项，此时将 out 信号以无符号整数的形式显示，更加直观地看出了本实例程序的功能，如图 4-12 所示。

此外，在利用 Modelsim 进行仿真时也可在 Transcript 窗口中直接输入命令进行调试（称之为命令行调试方式），如果需要重复操作某些步骤时可以将命令写成脚本文件直接运行，从而大大地简化操作。利用命令行方式进行仿真调试虽可大大简化图形界面的操作，但其需要使用者充分熟悉硬件描述语言仿真特性并能熟练使用 Modelsim 操作环境中的命令语句。

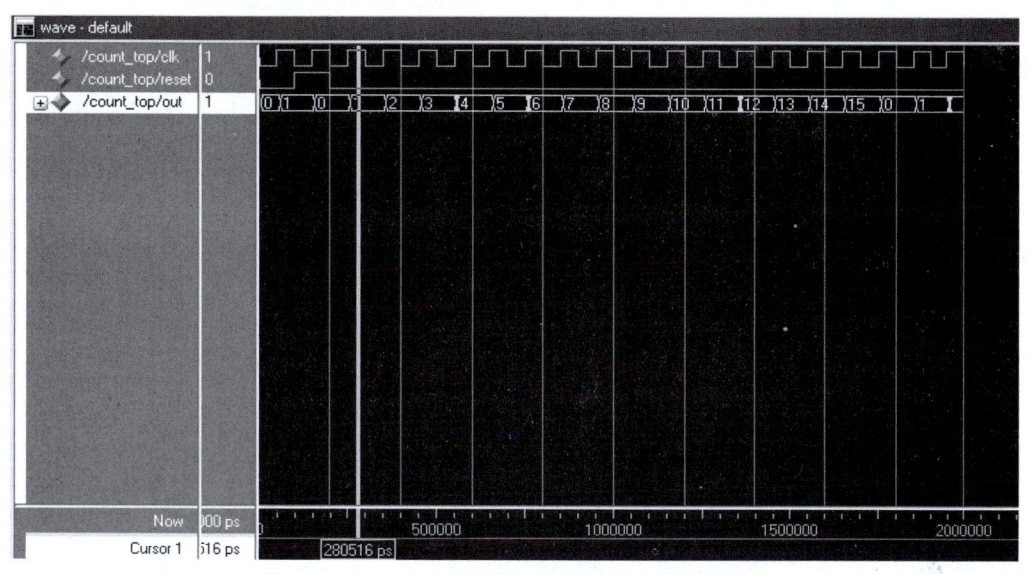

图 4-12 Modelsim 时序仿真结果的无符号显示图

> **小提示**

在 ISE 中可以不使用其自带的仿真器 ISESimulator，而调用 Modelsim 进行仿真，这种方法比用 Modelsim 建立工程仿真更简便，同时也可以使用 Modelsim 的一些强大功能。

（1）在工程名处单击右键打开选项菜单，在"Simulator"处选择"Modelsim-SE Verilog"选项，如图 4-13 所示。

图 4-13 在"Simulator"处选择"Modelsim-SE Verilog"选项

（2）选择行为仿真，选择芯片，如图 4-14 所示。在过程管理窗口中打开"Design Utilities"选项，双击"Compile HDL Simulation Libraries"选项编译硬件仿真库，如图 4-15 所示。

图 4-14　选择芯片　　　　　　　　　图 4-15　编译硬件仿真库

（3）选择仿真文件，如图 4-16 所示。在过程管理窗口中选择"ModelSim Simulator"选项，双击仿真行为模型选项进行仿真，如图 4-17 所示。

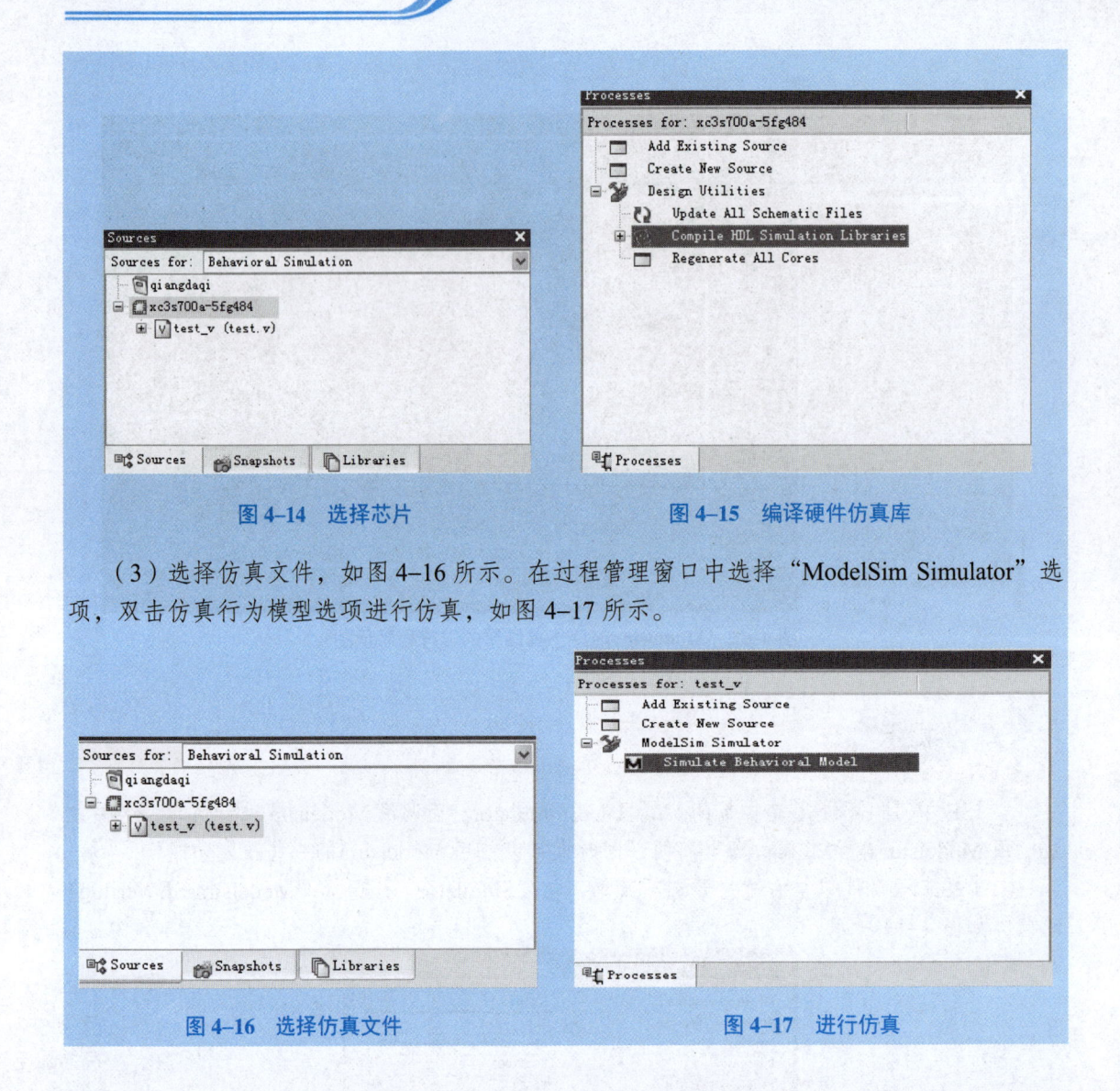

图 4-16　选择仿真文件　　　　　　　　图 4-17　进行仿真

4.2　Synplify Pro 软件的使用

Synplify Pro 是 Synplicity 公司提供的专门针对 FPGA 和 CPLD 实现的逻辑综合工具，它可以对 VHDL 和 Verilog HDL 中的可综合子集进行综合。该软件提供的 Symbolic FSM Compiler 是专门支持有效状态机优化的内嵌工具；SCOPE 用于管理（包括输入和查看）、设计约束与属性，提供活页式分类，是非常友好的表格界面；用于文本输入的 HDL 语法敏感编辑窗口不仅提供了对综合错误的高亮显示，结合图形化的分析和 cross_probe 工具，HDL Analyst 还可以把源代码与综合的结果有机地链接起来，帮助设计者迅速定位关键路径，解决问题；其提供的命令行界面可以通过使用 Tcl 脚本极大地提高工作效率。

具体模块的设计编译和仿真过程（微课）

> 小提示
>
> Synplify Pro 还增加了 FSM Explorer，可以在尝试不同的状态机优化方案后选定最佳结果；还提供 FSM viewer 用于查看状态机的详细迁移状况。

为了获得最佳的综合效果，Synplify Pro 还针对具体的厂家器件提供了较为丰富的综合属性 Attributes 和综合说明 Directives。

由于 Synplify Pro 的上述优点，其已经成为开发 FPGA 的首选综合工具，在工程中获得了广泛应用。

4.2.1 Synplify Pro 9.0.1 软件的安装

（1）双击安装程序开始安装，在安装程序的提示下，选择接受授权许可，即选中"I accept the terms of the license agreement"选项，然后单击"Next"按钮。

（2）在弹出的对话框中勾选"Synplify，Synolify Pro and Synolify Premier（DP）"选项，注意不要勾选"FLEXnet license server..."选项，同时在界面中选择适当的安装路径，本次安装选择"D：/Synplify"，然后单击"Next"按钮。

（3）接下来单击安装选项，Synplify Pro 就开始在电脑上安装了。

（4）安装完毕后弹出图 4–18 所示对话框，在对话框中按图所示进行选择。

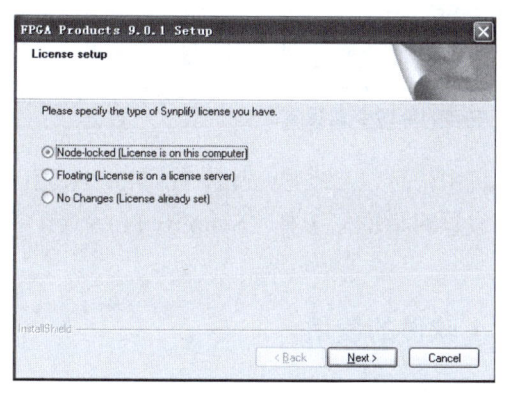

图 4–18　Synplify Pro 9.0.1 安装界面

（5）弹出对话框提示是否要在桌面上创建快捷方式，如果选择"是（YES）"选项，程序会在桌面上分别创建 Synplify、Synplify Premier、Synplify Premier（DP）以及 Synplify Pro 等几个快捷方式，为了维持桌面清洁美观，此处一般选择"否（NO）"选项。

（6）弹出另外一个对话框，如图 4–19 所示。

该对话框提示是否安装 Synplify Pro 的工具 Identify RTL Debugger，并提示了安装的方法，此处单击"确定"按钮。

（7）在下一个对话框中单击 Finish 或"完成"按钮，Synplify Pro 9.0.1 即安装到计算机中，但是安装以后并不能直接使用，还要作一些配置操作。

（8）按照步骤（6）中所提示的安装路径执行"Start"→"Programs"→"Synplify"→"Install Identify2.5"命令，安装 Identify RTL Debugger。Identify RTL Debugger 的安装界面同 Synplify

Pro 9.0.1 的安装界

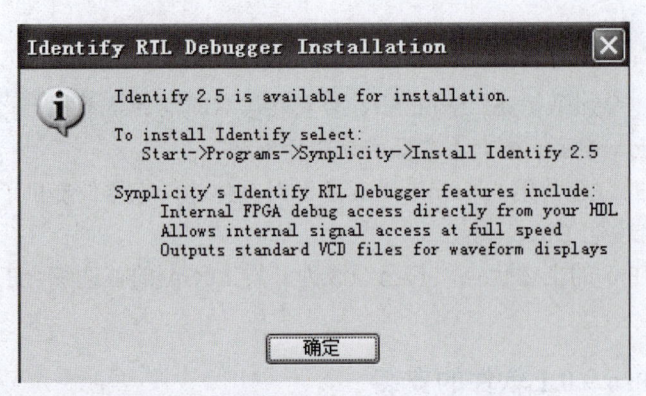

图 4-19　Synplify Pro 9.0.1 安装过程提示

面十分相似，基本上采用跟安装 Synplify Pro 相同的操作步骤和设置，为了保证计算机中的文件易管理，同样选择将 Identify RTL Debugger 安装到"D：/Synplify"中。

（9）接下来仍然会提示是否在桌面上创建快捷方式，此处同样选择不创建。在下一个对话框中单击"Finish"或"完成"按钮即可完成安装。

（10）将自己的 license 文件复制到安装目录下，此处安装目录为"D：/Synplify"。按图 4-20 所示设置系统的环境变量。

设置完成后单击"确定"按钮。

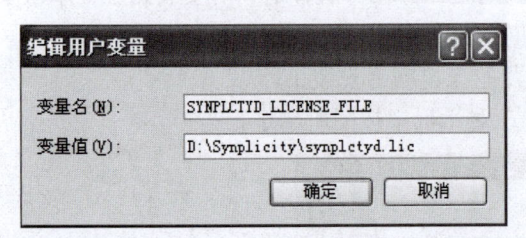

图 4-20　Synplify Pro 9.0.1 安装的环境变量设置

（11）经过上面的步骤，Synplify Pro 9.0.1 即成功地安装到计算机中，可以启动 Synplify Pro 9.0.1 来验证安装效果。注意初次使用时可能会弹出一个 license 设置对话框，选择"Synplify Pro 9.0.1"选项后单击"Select"按钮即可。

4.2.2　Synplify Pro 9.0.1 软件的使用

（1）在"开始"菜单中选择"Synplify Pro"选项，或者双击桌面上的 Synplify Pro 快捷方式，启动 Synplify Pro 软件。

（2）选择"File"→"New Project"选项或者单击工具栏中的 P 图标，新建一个工程。

（3）选择"Project"→"Implementation Option"选项，在"Device"选项卡中按图 4-21 所示进行设置。

在"Constraints"选项卡中选择频率设置框前面的使能选钮，然后设置频率为 66.6 MHz［频率应设置为 FPGA 工作的实际频率，本书中所使用的 FPGA（Spartan3A）开发板中 FPGA 的输入时钟频率为 66.6 MHz］；在"Implementation Results"选项卡中设置工程输出文件的路径，本例中源文件"count4.v"存放在"D:\example"目录下，故本例中将工程输出文件路径设置为"D:\example"。用户也可以在本选项卡中修改工程的输出文件名，具体如图 4-22 所示。

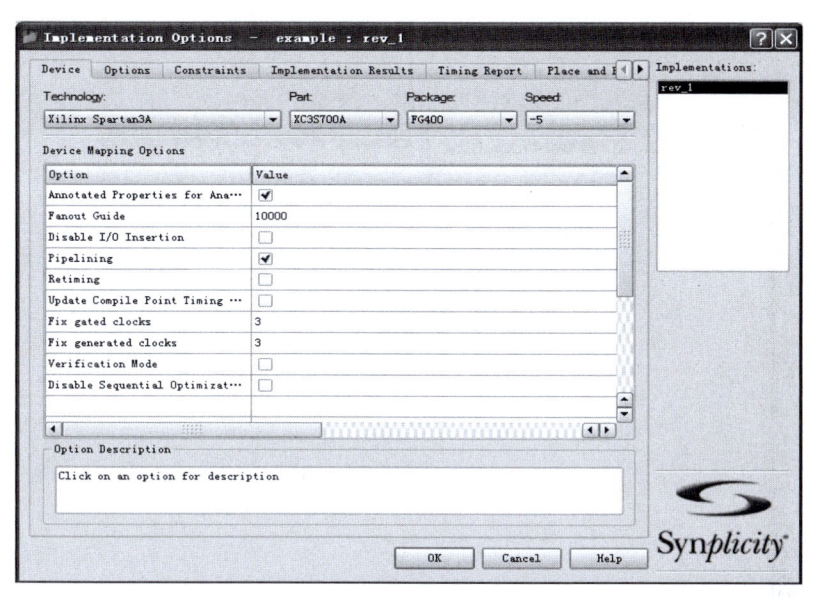

图 4–21 综合选项器件设置对话框

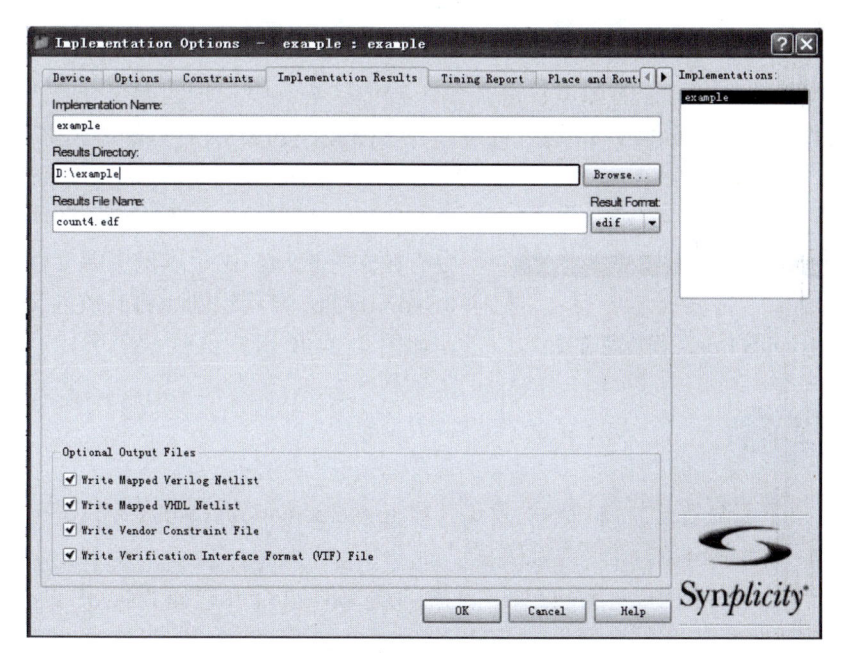

图 4–22 Synplify Pro 综合结果设置对话框

设置完成后单击"OK"按钮。

> **小提示**

可以在"Constraints"选项卡中设置多种关于综合的限制,这种设置一般通过导入 SDC 文件来实现。

（4）返回 Synplify Pro 软件的主界面，在工程管理窗口中用鼠标右键单击所建的工程并在弹出的菜单中选择"Add Source File"命令，如图 4-23 所示。

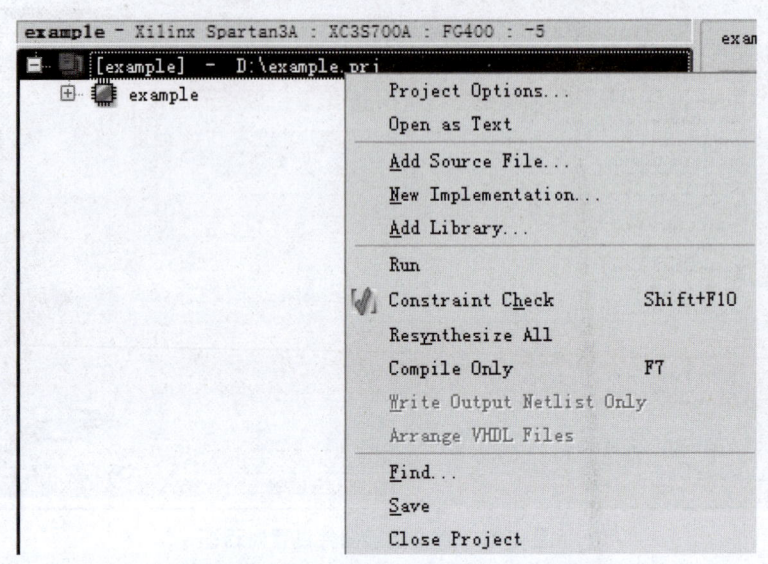

图 4-23 Synplify Pro 工程添加文件操作

然后选择路径，将工程的源文件添加到工程中。本例中工程的源文件在"D:\example"目录下，文件名为"count4.v"。用户也可以在 Synplify Pro 软件中编写程序，并添加到工程中。

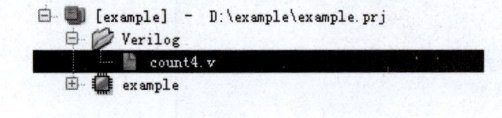

图 4-24 Synplify Pro 工程管理窗口

（5）此时可以看到工程管理窗口中的工程目录下会有源文件选项，由于本例中源文件为 Verilog 文件，Synplify Pro 自动识别后将其放入 Verilog 子选项下，如图 4-24 所示。

> **小提示**
>
> 图 4-24 中下面的芯片样的图标表示工程的 Implementation Results，用户可以直接双击该图标打开图 4-21 和图 4-22 所示的对话框。

（6）如步骤（4）中用鼠标右键单击工程管理选项头文件并选择"Save"命令，注意选择合适的路径，本例中仍然选择"D:\example"。

（7）在工程管理窗口中双击源文件名"count4.v"，打开源文件，在 Synplify Pro 中可以查看和修改源文件，查看或修改后执行"Run"→"Syntax Check"命令进行语法错误检查。语法检查过后将弹出图 4-25 所示的对话框。

单击"Yes"按钮，选择查看语法检查记录文件，然后在 Synplify Pro 软件中可以查看"syntax.log"文件，得到图 4-26 所示结果。

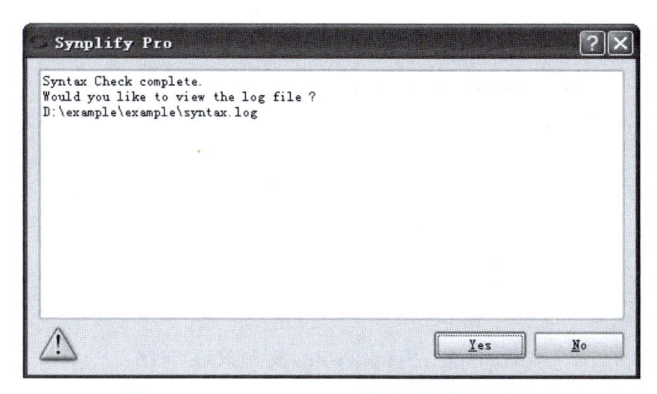

图 4–25 Synplify Pro 语法错误检查结果

图 4–26 Synplify Pro 语法错误检查记录

在记录文件中可以看到语法检查的时间和结果，在图 4–26 中可以明显看到语法检查成功（高亮区显示）字样。

> **小提示**
>
> 可以在 Synplify Pro 所提供的编辑器下编写 HDL 文件，这样可以方便地通过 Synplify Pro 中的语法检查工具进行语法检查，尽快查出编写的 HDL 文件中的语法错误，加快调试进程。

（8）在 Synplify Pro 主界面下单击"Run"按钮，Synplify Pro 就开始对工程进行综合，综合成功后在主界面下的状态显示栏中将显示图 4–27 所示的信息。

图 4–27 Synplify Pro 综合后信息显示

同时主界面下自动弹出综合后生成的"count4.htm"文件，该文件记录了在该工程下对源文件的操作，并显示结果。

（9）在步骤（3）中对工程输出文件的设置为"count4.edf"文件，".edf"文件可以用来经 Xilinxs ISE 适配、布局布线等操作产生配置 FPGA 的文件。

（10）用 Synplify Pro 可以查看综合出来的 RTL 电路图，具体操作为：选择"HDL-Analyst"→"RTL"→"Hierarchical View"选项，可在弹出的界面中观察综合后的电路图模型，本例中综合出来的 RTL 电路如图 4-28 所示。

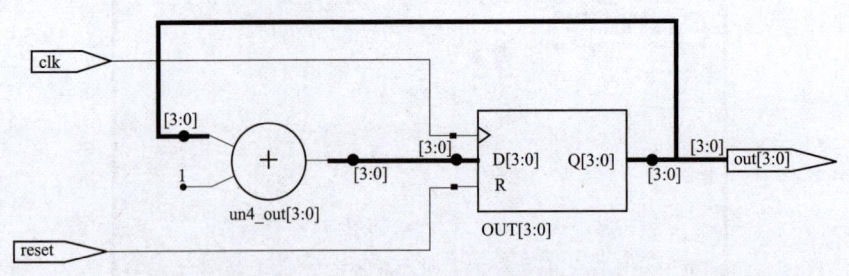

图 4-28　Synplify Pro 综合 RTL 电路

通过对图 4-28 所示电路进行分析可知,4 位加法计数器被综合成 4 位寄存器和 4 位加法器的级联反馈。4 位寄存器的输出反馈至加法器的输入端。

(11) 除此之外,也可以在 Synplify Pro 中查看具体到 FPGA 底层的连接电路,具体操作为:选择 "HDL-Analyst" → "Technology" → "Hierarchical View" 选项。本例中得到的基于 FPGA 的电路如图 4-29 所示。

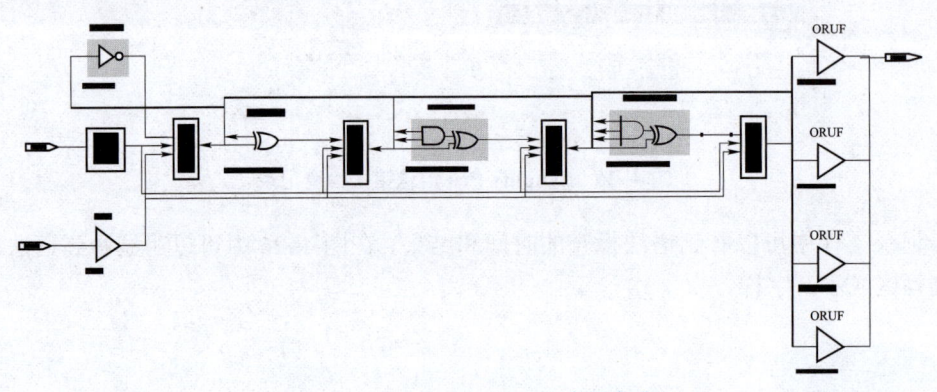

图 4-29　Synplify Pro 综合底层电路

> **小提示**
>
> 相比之下,RTL 电路便于从总体上分析电路的功能;而通过观察其基于 FPGA 的电路,更容易分析电路在 FPGA 中的具体实现和资源的占用情况。

通过对图 4-29 所示电路的分析可知,本底层电路实现了步骤(10)中的功能电路,利用 FPGA 中的查找表结构和寄存器实现了程序中所写的 4 位定时器的功能,从而满足了程序的要求。

(12) 在综合后产生的综合报告中(以 htm 形式显示在 Synplify Pro 主界面中),可以查看综合后的各种信息,在信息显示区的左侧还有一个报告分类区,如图 4-30 所示。

图 4-30　Synplify Pro 报告分类区

单击 "Compiler Report" 链接就可以查看编译的报告,单击 "Mapper Report" 链接可以查看映射器映射完成后的报告等。可以发现,Synplify Pro 将多个报告整合在一个 htm 文件中,通过在报告分类管理界面单击不同的报告，可以在 Synplify Pro 主界面中显示不同的报告内容，从而达到分类显示的目的。

> **小提示**
>
> 综合工具所能提供的综合报告越丰富，就能对综合的电路了解得越详细，从而根据要求对综合器的综合规则设置限制，以方便对设计进行调试。

单击"Resource Utilization"链接可以观察到程序经过综合后的资源占用情况，具体结果如图 4–31 所示。

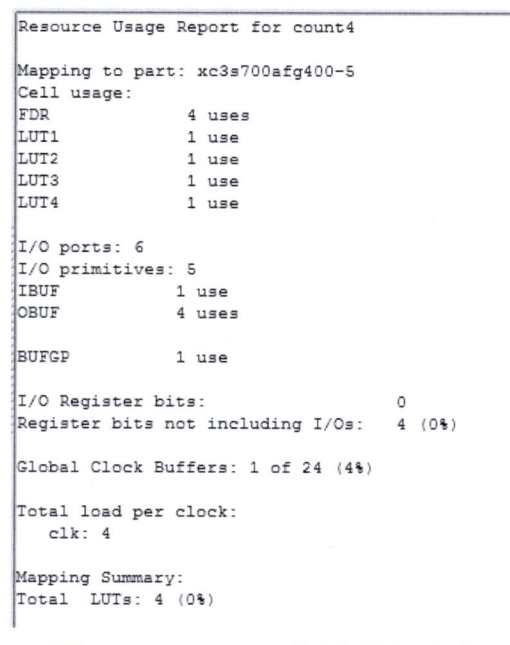

```
Resource Usage Report for count4

Mapping to part: xc3s700afg400-5
Cell usage:
FDR              4 uses
LUT1             1 use
LUT2             1 use
LUT3             1 use
LUT4             1 use

I/O ports: 6
I/O primitives: 5
IBUF             1 use
OBUF             4 uses

BUFGP            1 use

I/O Register bits:                    0
Register bits not including I/Os:     4 (0%)

Global Clock Buffers: 1 of 24 (4%)

Total load per clock:
   clk: 4

Mapping Summary:
Total   LUTs: 4 (0%)
```

图 4–31　Synplify Pro 综合资源占用报告

在图 4–31 中可以看到该程序经过综合后占用了 4 个查找表结构和 6 个 I/O 引脚，通过和步骤（11）中综合出来的电路图对比观察发现，两者是吻合的。6 个 I/O 引脚中有 4 个是输出（out[3:0]）引脚，另外两个输入信号中有一个是复位信号（reset）引脚，另一个是时钟（clk）信号引脚。而时钟信号又会占用 FPGA 内部的全局时钟缓冲资源。通过对报告的阅读可以方便地了解综合后的资源占用情况，在工程中可以通过观察报告从而设置对综合的约束，以满足具体工程对资源和时钟的要求。

> **小提示**
>
> 一般来说，综合过程中所占资源和速度是两个相互矛盾的指标，系统在占用资源较少的情况下，一般电路的工作速度比较慢；若需要电路工作的频率较高，综合结果一般会占用较多的器件资源。总体设计常常是权衡两个指标对综合约束规则而进行的相关设置。

本章小结

Modelsim 是业界功能强大的仿真工具,学会使用 Modelsim 软件可在 FPGA 设计过程中方便地对设计实体进行功能仿真和时序仿真,加快设计的进程,初步验证程序的功能。本章介绍了仿真软件 Modelsim 的几种版本,并用详细介绍了 Modelsim 的安装过程和利用 Modelsim 进行功能仿真以及时序仿真的过程。

Synplify Pro 是 FPGA 设计中广泛使用的综合工具,学会使用 Synplify Pro 可以更灵活地对所编写的程序进行综合以得到满足要求的电路。本章详细介绍了综合软件 Synplify Pro 的安装过程、使用 Synplify Pro 对程序进行综合的方法、全面查看综合产生的电路和报告的方法。

课程拓展

一、知识图谱绘制

根据前面知识的学习,请完成本单元所涉及的知识图谱的绘制。

二、技能图谱绘制

根据前面技能的学习,请完成本单元所涉及的技能图谱的绘制。

三、以证促学

以集成电路设计与验证职业技能等级证书(中级)、(高级)为例,本章内容与 1+X 证书对应关系如表 4-1 所示。

表 4-1 本章内容与 1+X 证书对应关系

集成电路设计与验证职业技能等级证书(中级)			教材对应小节
工作领域	工作任务	技能要求	
1. 基于 FPGA 的 IC 设计	1.1 数字电路设计	1.1.4 能根据规格需求进行简单数字电路模块的 RTL 代码设计和仿真。 1.1.5 能根据数字电路模块仿真结果进行代码的修正。	4.1
	1.3 数字电路综合	1.3.3 能使用数字电路综合相关 EDA 软件的基础功能。 1.3.4 能根据约束文件辅助进行简单数字电路模块的逻辑综合工作。 1.3.5 能辅助进行简单数字电路模块的形式验证。	4.2
3. 逻辑设计与验证	3.3 常见模拟模块的仿真	3.3.1 能进行振荡器模拟模块的仿真。 3.3.2 能针对振荡器仿真结果进行分析。 3.3.3 能进行上电复位模块的仿真。 3.3.4 能针对上电复位模块仿真结果进行分析。	4.1
集成电路设计与验证职业技能等级证书(高级)			教材对应小节
工作领域	工作任务	技能要求	
1. 基于 FPGA 的 IC 设计	1.3 数字电路综合	1.3.1 能根据需求正确编制时序约束文件。 1.3.2 能熟练使用 TCL、Perl 等编程语言。 1.3.3 能正确进行数字电路模块逻辑综合、形式验证和静态时序分析。 1.3.4 能掌握 UPF 等低功耗设计流程并进行相关的后端设计。 1.3.5 能编制完整的数字后端报告文档。	4.2

四、以赛促练

以全国大学生集成电路创新创业大赛——景嘉微杯进行分析，赛题题目：一种应用于图形显示的 Upsampling IP。

赛题任务： 实现一种对帧存颜色缓冲区图像的超采样处理 IP，用于硬件性能不足时将低分辨率图像放大至高分辨率，从而在尽可能贴合高分辨率渲染效果的同时提升帧率、降低功耗。

1. 输入：一张由 4K 图片直接抽像素 downsampling 至 1K 的电脑生成图片（非真实照片），位图格式 RGBA，bpp=32。
2. 输出：一张 4K 图片。
3. 算法目标特性描述：
（1）与原 4K 图做对比，保留感知特征；
（2）支持并行处理。
4. 语言及标准：c99withoutlibs；verilog。

成果形式及考核指标：
（1）算法模型及实现函数（c99）。
（2）[加分项] 多线程调度函数（c99）。
（3）Verilog 实现的 IP。
（4）在 FPGA 上验证通过。

推荐 FPGA 开发板：Xilinx Zynq-7000 SoC ZC702 Evaluation Kit（含 UART/ETH/DDR/HDMI/SD/USB，不含 PCIE）。

功能验证： 通过通信总线（ETH）或存储设备（SD/USB）获取原始图片数据存储到 DDR，IP 实现将 DDR 中读取的图片数据（RGBA, 32bpp）做 upsampling 后，通过通信总线将处理后的图片数据传回上位机与原始图片数据比较；并通过开发板视频输出接口（HDMI）输出上屏显示，受限于输出分辨率小于 4K，可通过调试接口传入左上角显示坐标，从而能通过调整坐标分时查看图片各部分内容。

5. 详细设计文档，包括算法设计说明、实现函数说明、寄存器说明、RTL 模块设计说明、仿真验证环境及说明、性能评估说明、FPGA 验证报告。

赛项评分标准如表 4-2 所示。

表4-2 赛项评分标准

内容	分值	评分要求
1. 结果图像考核	60	分赛区决赛和总决赛评审时，参赛团队现场演示（具体演示流程在评审前公布）。 考核分为三轮：算法评估，模型评估以及前几名的人工评估。量化指标的测试程序、示例数据集和几种基础算法的分数会提供给参赛者。 1. 对于所有参赛者，输出的图像将用 SSIM 及 PSNR 作为初筛指标，两项任意一项在参赛队伍中排到前 80%且两项结果均优于简单二次线性插值算法的队伍即可通过，未通过者本项记 0 分，通过计 10 分； 2. 初筛通过者将图像传至事先训练好的 LPIPS 模型，以 L^2 distance 作为模拟感知相似度的评估标准，主办方会给出公开的数据集和程序供选手使用（非实际评估用），此项排名前五（分别计：30、24、18、12、6 分）的参赛者将进入人工轮； 3. 第二轮通过者将由不记名的双盲比对，将输出图片和源图片做对比，采取 5 档打分制，使用 Mean Opinion Score（MOS）进行统计，最后得出名次（按名次分别计：20、16、12、8、4 分）。

续表

内容	分值	评分要求
2. 逻辑资源	10	综合后占用逻辑资源少者优。
3. 延时要求	10	依据行缓存数量评价，小者优。
4. FPGA 验证	10	系统运行正确；最高运行频率高者优。
5. 设计文档和现场答辩	10	文档规范，详细完整，现场答辩清晰。

其中，作为成果形式之一的详细设计文档中对仿真验证环境及说明进行了明确要求；此外，评分标准中"综合后占用逻辑资源少者优"占总分 10%；这些都离不开对第三方 EDA 工具（仿真和综合）的学习和掌握。

（一）简答题

1. 常见的 Modelsim 版本有哪些？哪一种版本最通用？
2. 仿真可分为哪两种？它们分别在 FPGA 设计的哪个阶段进行？
3. 利用 Modelsim 进行时序仿真需要添加哪些文件？为什么要添加这些文件？
4. 如何利用 Synplify Pro 查看综合产生的 RTL 电路和底层电路？
5. Synplify Pro 综合报告都包括哪些指标？分别说明了什么结果？
6. 电路综合设计中常考虑哪两个指标？这两个指标有什么关系？

（二）实训题

1. 设计一个十六进制计数器，使用 Modelsim 仿真验证其逻辑功能，并使用 Synplify Pro 查看 RTL 电路和底层电路。
2. 设计一个 FIFO，使用 Modelsim 仿真验证其逻辑功能，并且使用 Synplify Pro 查看 RTL 电路和底层电路。

第 5 章
简单数字逻辑电路的设计

【知识目标】
（1）掌握基于 Xilinx FPGA 的简单数字逻辑电路设计；
（2）掌握基于 ISim 的数字逻辑电路仿真。

【技能目标】
（1）能够熟练地使用 Xilinx 开发工具设计简单数字逻辑电路；
（2）学会使用仿真软件对简单数字逻辑电路设计进行验证。

【素养目标】
（1）培养学习新技术和新知识的自主学习能力；
（2）培养"协同合作、互帮互助、团结一致"的团队精神；
（3）培养"敬业专注、精益求精、突破创新"的工匠精神；
（4）培养科技报国的家国情怀和使命担当。

Verilog 模块的结构（微课）

【重点难点】
（1）数字逻辑电路的 Verilog HDL 描述；
（2）简单数字逻辑电路测试代码的编写。

【参考学时】
6 学时。

课程引入

太阳探测器中的 FPGA

"帕克太阳探测器"是以太阳风科学的先驱、芝加哥大学名誉教授、天文学家尤金·帕克命名的航天器，是 NASA 第一次以健在人物命名的航天器，如图 5-1 所示。帕克太阳探测器是第一个飞入太阳日冕的飞行器，仅仅位于太阳表面上方 9 个太阳半径处。太阳探测器的仪器探测它们遇到的等离子体、磁场和波、高能粒子和尘埃。它们也对太阳探测器轨道附近以及日冕底部的偶极结构的日冕结构成像。

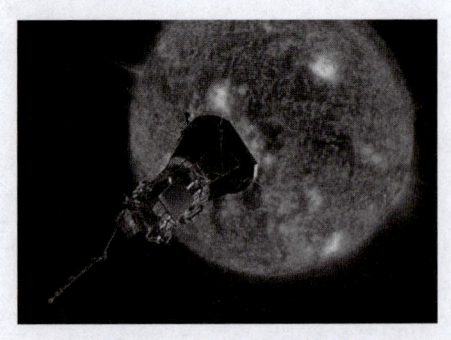

图 5-1 帕克太阳探测器

2018 年 8 月 12 日，帕克太阳探测器发射成功，将从前所未有的近距离上对太阳进行观测，是首项将穿越日冕的太阳观测任务。2018 年 10 月 29 日，帕克太阳探测器同日打破太阳神 2 号于 1976 年创下的（距太阳表面 4273 万公里）纪录，成为有史以来最接近太阳的人造物体。它装备厚达 12 厘米的碳复合外衣，可承受高达 1400 摄氏度的炽热和辐射，2021 年 4 月，帕克太阳探测器越过阿尔文临界面，进入太阳大气层。

帕克太阳探测器的主要目标是探究和解决太阳风形成的原因，并研究加速各种高能太阳粒子的神秘力量。帕克太阳探测器是目前人类制造的移动速度最快的物体，在最大轨道速度下，它以接近每小时 70 万公里的速度穿越太阳的日冕层。如果在地球上以这个速度航行，不到一分钟就能从华盛顿到达东京。

正因如此，帕克太阳探测器成就了另外一个里程碑——太阳系中"速度"最快的 FPGA：来自 MicroSemi 公司的抗辐射宇航级 RTAX4000 系列 FPGA。在 7 年的任务中，飞船经历了 24 个近日点，而最后的三个近日点把宇宙飞船带到离太阳表面仅 380 万英里的地方，使帕克号面向太阳一侧的隔热罩外的温度达到 1370 摄氏度。在这个大胆而令人兴奋的旅程中，FPGA 的表现十分亮眼。

在复杂的宇航空间环境下，存在着大量的高能带电粒子，它们会造成集成电路中的电子元件的电位状态的改变，如从"0"变成"1"，或从"1"变成"0"，这种现象叫做单粒子翻转（Single-Event Upsets，SEU）。这些微小的数位改变对于数字系统的影响往往是致命的。因此，在帕克号的 FPGA 中集成了抗 SEU、外加三重冗余保护（Triple Module Redundancy，TMR）的寄存器，使 SEU 发生的概率降到了 10^{-10}。由于 FPGA 兼顾了性能和功耗，同时有高容错、强抗干扰的能力，因此被广泛应用于航空航天领域。伴随着 FPGA 技术的发展，人类会在探索宇宙的道路上加速前行。

我国当前在载人航天、探月探火、深海深地探测、超级计算机、卫星导航等战略性新兴产业领域不断发展壮大，取得重大突破。同学们学好 FPGA 正好一展拳脚，大有用武之地，为把我国建设成为航天强国贡献自己的力量。

在复杂的数字系统中，可以将其结构划分成若干基本逻辑单元的组合描述。逻辑电路一般可以分为组合逻辑电路和时序逻辑电路。本章主要介绍如何使用 Xilinx FPGA 开发工具设计逻辑电路。

5.1　基于 Xilinx FPGA 的组合逻辑电路设计

组合逻辑电路主要包括简单门电路、编码器、译码器、数据选择器、数字比较器、运算单元和三态门。本节详细介绍如何使用 Xilinx FPGA 开发工具设计各种组合逻辑电路。

> **小提示**
>
> 组合逻辑电路是指输出状态只取决于同一时刻各个输入状态的组合而与先前状态无关的逻辑电路。

5.1.1　基本逻辑门电路设计

对基本逻辑门的操作主要有与、或、非、与非、或非、异或和异或非。

> **小提示**
>
> 通过使用 Verilog HDL 中描述基本逻辑门电路操作的关键字——and（与）、or（或）、not（非）、nand（与非）、nor（或非）、xor（异或）、xnor（异或非）来实现对基本逻辑门的操作。

下面详细介绍如何使用 Xilinx ISE 开发工具设计一个基本逻辑门电路。

1. 打开 Xilinx 11.1 操作软件

选择"开始"→"程序"→"Xilinx ISE Design Suite11"→"ISE"→"Project Navigator"选项，进入 ISE 主界面，如图 5–2 所示。

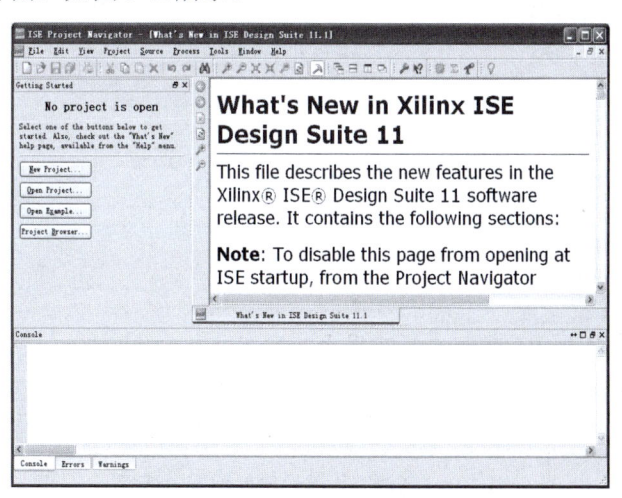

图 5–2　ISE 主界面

2. 新建工程

（1）执行"File"→"New Project"命令，在弹出的新建工程对话框中的"Name"框中输入工程名，本例中输入"gate"。单击"Location"框后的"…"按钮，把工程放到指定目录下，如"D:\xilinx_test\gate"，如图 5–3 所示。

图 5-3 利用 ISE 新建工程的对话框

单击"Next"按钮进入下一页，选择所使用的芯片类型以及综合、仿真工具，如图 5-4 所示。这里选用 XC3S700A 芯片，并且指定综合工具为 XST（VHDL/Verilog），仿真工具为 Modelsim-SE Verilog。

图 5-4 新建工程器件属性配置对话框

小提示

计算机上所安装的所有用于仿真和综合的第三方 EDA 工具都可以在下拉菜单中找到。

（2）单击"Next"按钮进入下一页，可以选择新建源代码文件，也可以直接跳过，进入下一页。第 4 页用于添加已有的代码，如果没有或者不需要添加源代码，则单击"Next"按钮进入最后一页，单击"确认"按钮，即可以建立一个完整的工程。

3. Verilog HDL 代码的输入

在工程管理区的任意位置单击鼠标右键，在弹出的菜单中选择"New Source"命令，弹出图 5-5 所示的"New Source Wizard"对话框。选择"Verilog Module"类型源文件。在右侧的"File name"框中输入"gate"，并选择需要存放的路径。

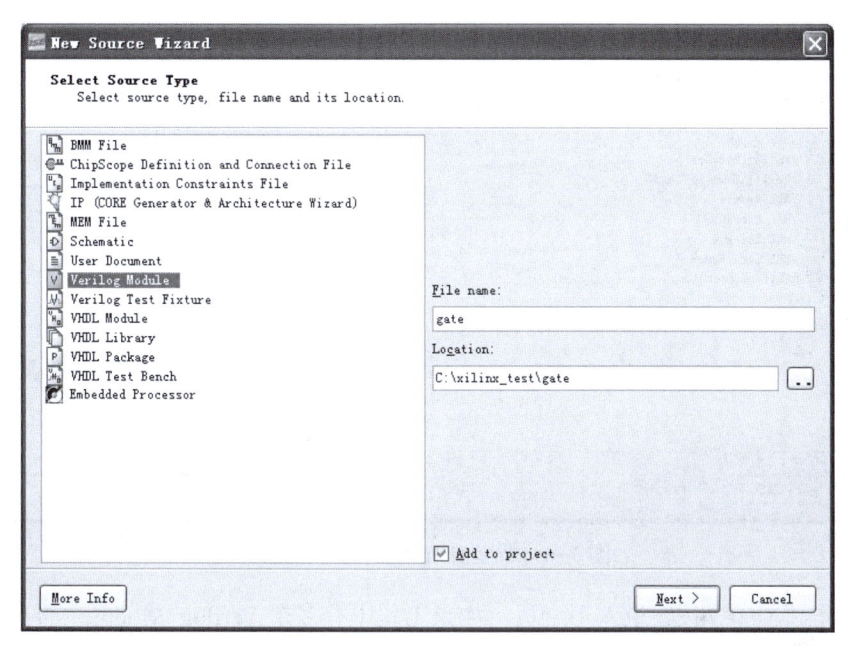

图 5-5 "New Source Wizard"对话框

在工程管理区内输入如下代码：

```
Module gate1(a,b,f);
input a,b;
output[5:0] f;
and n1(f[0],a,b);
or n2(f[1],a,b);
nand n3(f[2],a,b);
nor n4(f[3],a,b);
xor n5(f[4],a,b);
xnor n6(f[5],a,b);
endmodule
```

小提示

上面代码的功能是实现一个半加器。

4. 功能仿真、验证代码的正确性

(1) 首先在工程管理区将"Sources for"选项设置为"Behavioral Simulation",在工程管理区单击鼠标右键,并在弹出的菜单中选择"New Source"命令,然后选择"Verilog Test Fixture"类型,输入文件名"gate_test",如图 5-6 所示。

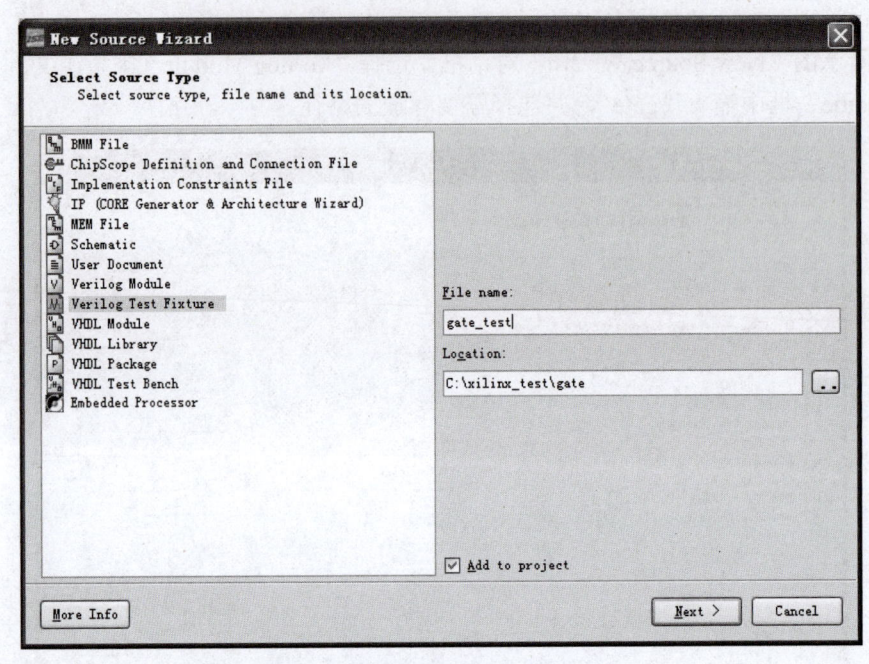

图 5-6　新建 HDL 测试代码源文件

(2) 单击"Next"按钮进入下一页。如果工程中有多个 Verilog Module 文件,则所有的名称都会显示出来,设计人员需要选择要进行测试的模块。本工程中只有一个源文件,选"gate",如图 5-7 所示。

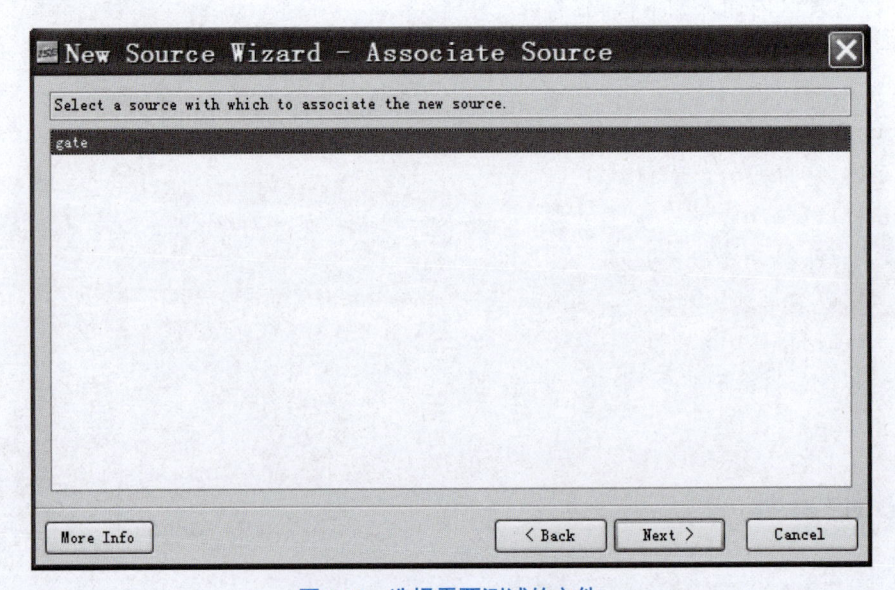

图 5-7　选择需要测试的文件

（3）单击"Next"按钮进入下一页，直接单击"Finish"按钮，ISE 会在源代码编辑区自动显示部分测试模块的代码，并把测试代码补充完整。测试代码如下：

```
module gate_test;
    reg a;
    reg b;
    wire [5:0] z;
    gate1 uut (
        .a(a),
        .b(b),
        .f(z)
    );
    initial begin
        a=0;
        b=0;
      #10 a=1;
      #10 b=1;
      #20 a=0;
      #1000;
    end
endmodule
```

完成测试代码的编写后，在工程管理区将"Sources for"选项设置为"Behavioral Simulation"，这时在过程管理区会显示与仿真有关的进程。用鼠标右键单击"Simulate Behavioral Model"选项，在弹出的菜单中选择"Run"命令，如图 5-8 所示，或者双击"Simulate Behavioral Model"选项就自动重启 Simulator 软件。

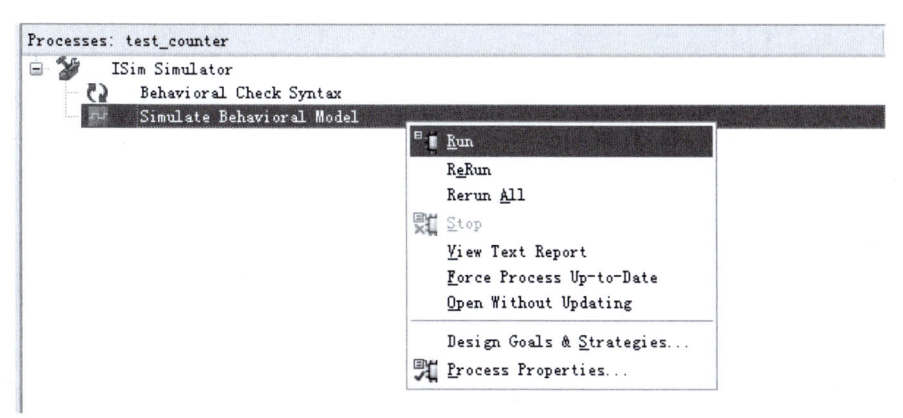

图 5-8 仿真操作示意

成功启动 Simulator 后，就可以在界面的中心区查看代码仿真的结果，确定其功能是否符合设计意图。从图 5-9 所示的仿真结果中可以看到仿真结果完全符合设计意图。

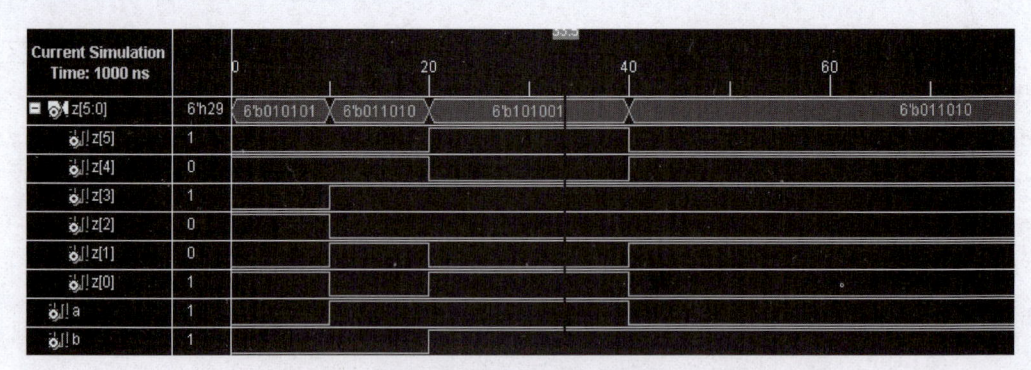

图 5-9 门电路的仿真结果

5. 代码综合

（1）选择"Tool"→"Schematic Viewer"→"RTL"选项，如图 5-10 所示，就可以查看代码综合后的 RTL 级视图。执行上述操作之后，会弹出图 5-11 所示的对话框。

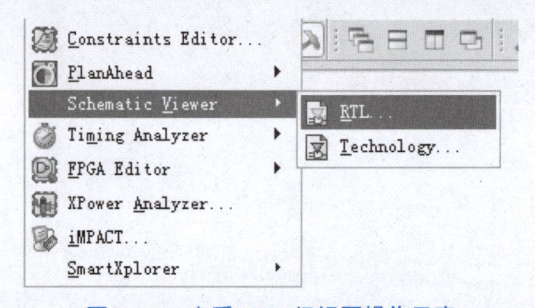

图 5-10 查看 RTL 级视图操作示意

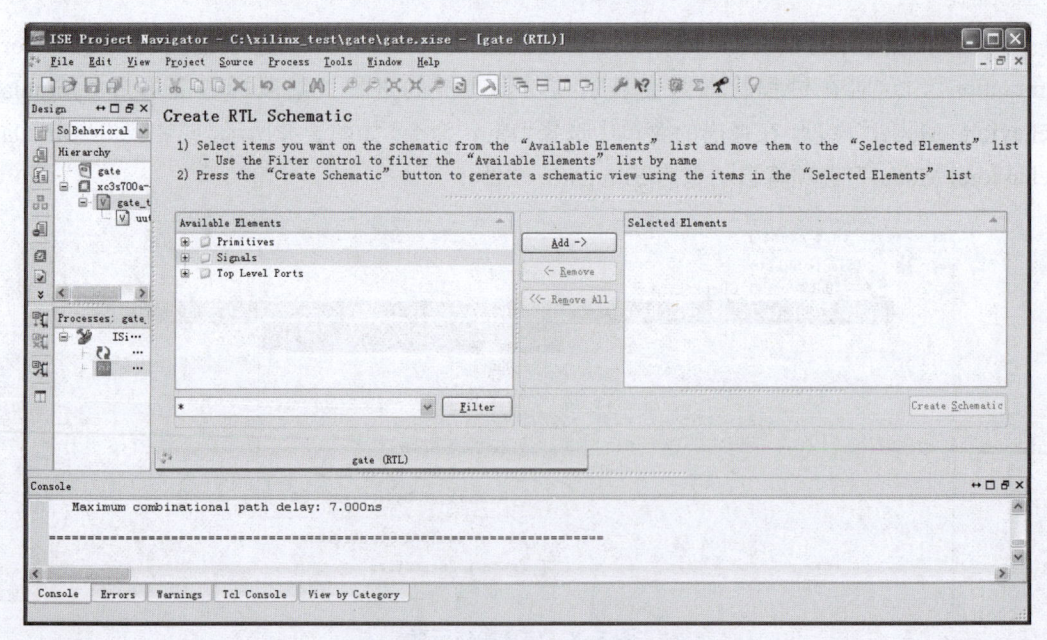

图 5-11 查看 RTL 视图的对话框

（2）单击"Primitives"前面的"+"，选择弹出的所有内容后，单击 Add -> 按钮，就将所选择的内容添加到"Selected Elements"区域，如图 5-12 所示。

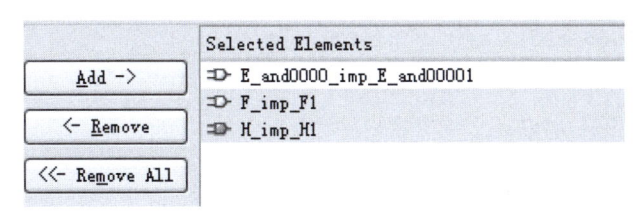

图 5-12 添加所要查看的元素

（3）单击 Create Schematic 按钮，就可以看到图 5-13 所示的门级电路的 RTL 级视图。

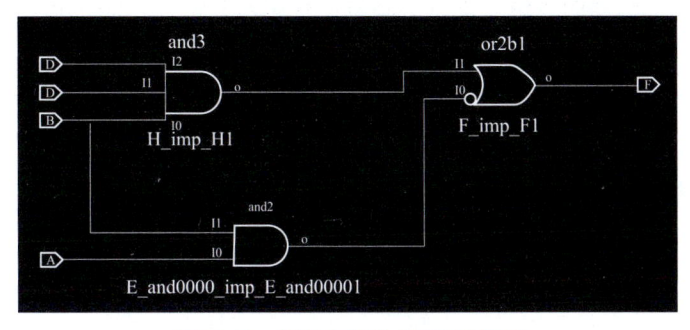

图 5-13 门级电路的 RTL 级视图

5.1.2 编码器设计

在数字系统中，常将某一信息用特定的代码进行描述，这个过程称为编码。编码过程可以通过编码器实现。本节使用 Verilog HDL 的 case 语句实现一个 8-3 编码器。

编码器的设计
（微课）

小提示

编码器（encoder）是对信号或数据进行编制，转换为可用以通信、传输和存储的信号形式的设备。

1. 代码的输入

在工程管理区输入如下代码：

```verilog
module encoder(data_data_in ,data_data_out);
 data_input [7:0] data_in;
 data_output [2:0] data_out;
 reg [2:0] data_out;
 always@(data_in)
   case(data_in)
     8'b00000001 :data_out=3'b000;
     8'b00000010 :data_out=3'b001;
     8'b00000100 :data_out=3'b010;
     8'b00001000 :data_out=3'b011;
```

```
        8'b00010000 :data_out=3'b100;
        8'b00100000 :data_out=3'b101;
        8'b01000000 :data_out=3'b110;
        8'b10000000 :data_out=3'b111;
      endcase
    endmodule
```

2. 编码器的仿真验证

为了验证上述编码器的逻辑功能，编写测试代码对其进行功能仿真，程序如下：

```
module test_encoder;
reg [7:0] data_in;       // Inputs
wire [2:0] data_out;     // Outputs
encoder uut (
    .data_in(data_in),
    .data_out(data_out)
); // Instantiate the Unit Under Test (UUT)
initial begin
    data_in =8'b000000001;
end
  always #10 data_in={data_in[6:0],data_in[7]};
endmodule
```

图 5-14 是编码器的仿真结果，由图 5-14 可以看出设计完全符合要求。

图 5-14 编码器的仿真结果

5.1.3 译码器设计

译码是编码的逆过程，译码器是将一种编码转换为另一种编码的逻辑电路，它可以将输入二进制代码的状态翻译成输出信号，以表示其原来的含义。下面以一个典型的 3-8 译码器为例，说明译码器的描述与验证过程。

译码器的设计（微课）

> **小提示**
>
> 译码器的种类很多，其中二进制译码器、二-十进制译码器和显示译码器是 3 种最典型、使用十分广泛的译码器。

1. 译码器的 Verilog HDL 代码

```
module decoder3_8(out,in);
output [7:0] out;
```

```verilog
    input [2:0] in;
    reg output [7:0] out;
    always @(in)
      begin
        case(in)
          3'd0 : out=8'b11111110;
          3'd1 : out=8'b11111101;
          3'd2 : out=8'b11111011;
          3'd3 : out=8'b11110111;
          3'd4 : out=8'b11101111;
          3'd5 : out=8'b11011111;
          3'd6 : out=8'b10111111;
          3'd7 : out=8'b01111111;
        endcase
      end
endmodule
```

2. 译码器的仿真验证

通过 ISE 的仿真工具 Simulator 验证译码器。测试验证代码如下：

```verilog
module decoder3_8_test;
reg [2:0] in;        // Inputs
wire [7:0] out;      // Outputs
decoder3_8 uut (
    .in(in),
    .out(out)
); // Instantiate the Unit Under Test (UUT)
initial begin
    in=0;
    #100;
end
always #5 in=in+1'b1;
endmodule
```

图 5-15 所示是译码器的仿真结果。

图 5-15 译码器的仿真结果

5.1.4 数值比较器设计

在数字系统中，比较器是基本的组合逻辑单元之一，数值比较器通过使用关系运算符来实现。

> **小提示**
>
> 所谓数值比较器就是对输入数据进行比较，并判断其大小的逻辑电路。

数值比较器的设计（微课）

1. 实现一位数值比较器

用 Verilog HDL 代码实现一位数字比较器的程序如下：

```
moudle comparator(A,B,out)
output out;
input A,B;
always @(A or B)
  if(A >=B)
    out<=1'b1;
  else
    out<=1'b0;
endmoudle
```

2. 数值比较器的仿真验证

为了验证上述数值比较器的逻辑功能，编写一个测试代码对其进行功能仿真，程序如下：

```
module test_comparator;
    reg A;
    reg B;                     // Inputs
    wire data_out;             // Outputs
    comparator uut (
            .A(A),
            .B(B),
            .data_out(data_out)
                    );        // Instantiate the Unit Under Test (UUT)
    initial begin
         forever
         begin
         A=0;
         B=0;
    #20  A=0;
         B=1;
    #20  A=1;
         B=0;
    #20  A=1;
         B=1;
    #20  A=1;
```

```
            B=0;
    #20   A=0;
            B=1;
          end
    end
endmodule
```

图 5-16 所示是数值比较器的仿真结果，可以看出设计完全符合要求。

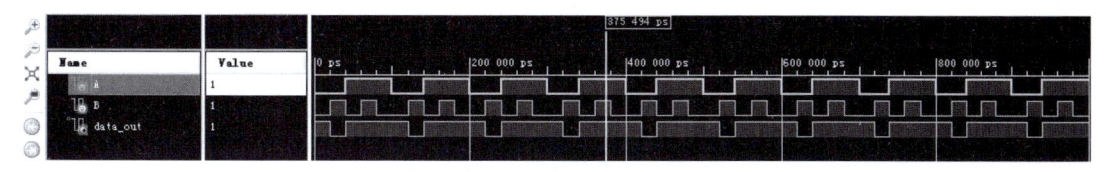

图 5-16　数值比较器的仿真结果

5.1.5　数据选择器设计

在数字系统中，经常用到把多个不同通道的信号发送到公共的信号通道上，通过数据选择器可以完成这一功能。

数据选择器的设计（微课）

> **小提示**
>
> 在多路数据传送过程中，能够根据需要将其中任意一路选出来的电路叫作数据选择器，也称多路选择器或多路开关。

1. 4 选 1 MUX 代码

用 case 语句描述的 4 选 1 MUX，代码如下：

```
moudle mux_case(out,in0,in1,in2,in3,sel);
output out;
input in0,in1,in2,in3;
input[1:0] sel;
reg out;
always @(in0, in1, in2, in3, sel)
  begin
   case(sel)
    2'b00 : out=in0;
    2'b01 : out=in1;
    2'b10 : out=in2;
    default : out=in2;
   endcase
  end
endmoudle
```

2. 数据选择器的 ISE 仿真验证

为了验证上述数据选择器的逻辑功能，通过编写测试代码对其进行功能仿真，程序如下：

```verilog
module test_mux4_1;
    reg in0;
    reg in1;
    reg in2;
    reg in3;
    reg [1:0] sel;      // inputs
    wire data_out;      // Outputs
    mux4_1 uut (
        .in0(in0),
        .in1(in1),
        .in2(in2),
        .in3(in3),
        .data_out(data_out),
        .sel(sel));     // Instantiate the Unit Under Test (UUT
    initial begin
        in0=0;
        in1=0;
        in2=0;
        in3=0;
        sel=2'b00;
    end
    always #15 {in3,in2}=sel;
    always #15 {in1,in0}=sel+1'b1;
    always #10 sel=sel+1'b1;
endmodule
```

图 5-17 所示是数据选择器的仿真结果，从中可以看出设计完全符合要求。

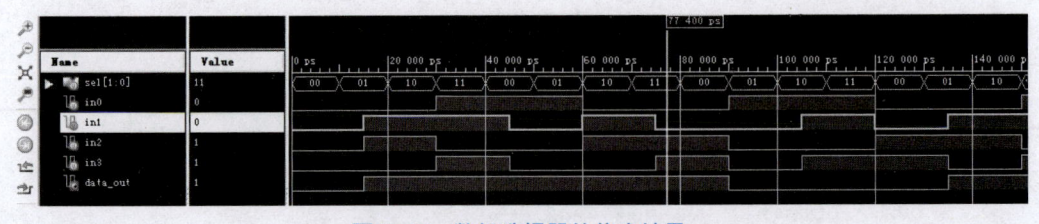

图 5-17 数据选择器的仿真结果

5.1.6 总线缓冲器设计

Verilog HDL 通过指定大写字母 Z 表示高阻态，得到三态总线驱动器的最常用的方法是采用一个连续的赋值语句。

> 小提示
>
> 总线缓冲器在总线传输中起数据暂存缓冲的作用。

1. 三态门的 Verilog HDL 描述

下面给出三态门的 Verilog HDL 描述。

```verilog
module uni_dir_bus(data_in,data_out,enable);
input [3:0] data_in;
input enable;
output [3:0] data_out;
assign data_out=enable?data_in:4'bz;
endmodule
```

2. 三态门的仿真验证

为了验证上述三态门的逻辑功能，通过编写测试代码对其进行功能仿真，程序如下：

```verilog
module test_uni_dir_bus;
    reg [3:0] data_in;
    reg enable;                // Inputs
    wire [3:0] data_out;       // Outputs
    uni_dir_bus uut (
       .data_in(data_in),
       .data_out(data_out),
       .enable(enable));       // Instantiate the Unit Under Test (UUT)
initial begin
       data_in=4'b0;
       enable=0;
       #20 enable=1;
       #100 enable=0;
       #30 enable=1;
       #100 enable=0;
       #30 enable=1;
    end
    always #20 data_in=data_in+1'b1;
endmodule
```

图 5-18 所示是三态门的仿真结果，可以看出设计完全符合要求。

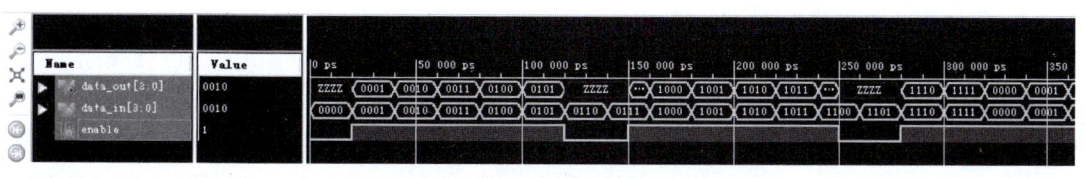

图 5-18 三态门的仿真结果

本节着重介绍了使用 Verilog HDL 描述组合逻辑的实例,并简要介绍了 Xilinx ISE 的设计流程。在数字电路系统的设计中,组合逻辑往往充当着最为重要的角色,它负责实现数字电路系统的逻辑功能,这就要求读者多花些心思,牢固掌握本节所介绍的内容。

5.2 时序逻辑电路设计

时序逻辑电路的输出状态不仅与输入变量有关,还与系统原先的状态有关,时序逻辑电路最重要的特点在记忆单元部分。

> **小提示**
>
> 时序逻辑电路主要包括:时钟电路、复位电路、基本触发器、计数器、移位寄存器、分频器等。

5.2.1 时钟信号和复位信号

时序逻辑电路由时钟驱动,它只有在时钟信号来到时状态才发生改变。在数字电路系统中,时序逻辑电路的时钟驱动部分一般包括时钟信号和复位信号。

> **小提示**
>
> 根据时钟信号和复位信号的描述不同,时序逻辑电路一般可以分为同步复位电路和异步复位电路两类。

1. 时钟信号的描述

在时序逻辑电路中,不论采用什么方法描述时钟信号,必须指明时钟的边沿条件(clock condition)。

> **小提示**
>
> 时钟的边沿条件可以分为上升沿和下降沿两种:时钟上升沿可以用 always @(posedge clock)描述,时钟下降沿可以用 always @(negedge clock)描述。

> **警告**
>
> 对时钟的边沿条件进行说明时,一定要注明是上升沿还是下降沿。

2. 复位信号的描述

前面已经提到,根据复位信号和时钟信号的关系不同,时序逻辑电路可以分为同步复位电路和异步复位电路两大类。

1)同步复位电路

同步复位电路指当复位信号有效,并且在给定的时钟边沿有效时,时序逻辑电路才被复位。

同步复位的 Verilog HDL 的描述如下：
```
always @(posedge clk)
  begin
    if(reset==1)
      data_out<=8'b0;
    else
     …
  end
```
2）异步复位电路

异步复位指当复位信号有效时，时序逻辑电路就被复位。
```
always @(posedge clk or negedge reset)
  begin
    if(reset==1)
      data_out<=8'b0;
    else
     …
  end
```

5.2.2 触发器设计

触发器（Flip_Flop）是边沿敏感的存储单元，数据动作是由某一信号的上升沿或者下降沿进行同步的，该信号通常被称为时钟信号。所存储的数据的值取决于时钟在其有效沿（上升沿或下降沿）发生跳变时的数据，在其他时间上数据值不在触发器内存储。根据边沿触发、复位和位置方式的不同，触发器可以有多种实现方式。

D 触发器的硬件
描述语言设计
（音频）

> 小提示

在 PLD 中经常使用的触发器有 D 触发器、JK 触发器和 T 触发器等。

（1）下面的代码给出了带异步清零、异步置 1 的 D 触发器的描述。
```
module DFF1(q , qn ,d ,clk ,set , reset);
input d , clk ,set , reset;
output q , qn;
always @(posedge clk or negedge set or negedge reset)
begin
  if(!reset)
    begin
      q<=0;
      qn<=1;
    end
```

```
        else if (!set)
          begin
            q<=1;
            qn<=0;
          end
        else
          begin
            q<=d;
            qn<=~d;
          end
      end
endmodule
```

（2）D 触发器的仿真验证。D 触发器的测试程序如下：

```
'timescale 1ns / 1ps
module test_DFF1;
    reg d;
    reg clk;
    reg set;
    reg reset;        // Inputs
    wire q;
    wire qn;          // Outputs
    DFF1 uut (
        .q(q),
        .qn(qn),
        .d(d),
        .clk(clk),
        .set(set),
        .reset(reset)
    );                // Instantiate the Unit Under Test (UUT)
    initial begin
        d=0;
        clk=0;
        set=1;
        reset=1;
        #30 reset=0;
        #15 reset=1;
        #25  set=0;
        #40 set=1;
    end
```

```
        always #7d=d+1'b1;
        always #5 clk=~clk;
endmodule
```

经过仿真验证，可得到图 5-19 所示的结果。

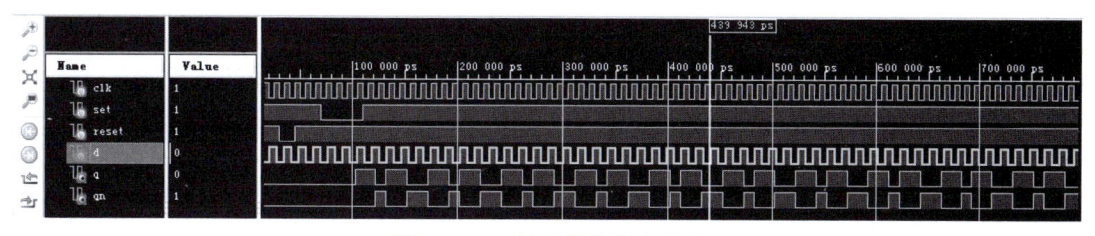

图 5-19 D 触发器的仿真结果

5.2.3 移位寄存器

利用时钟信号同步进行赋值的变量称为寄存器类型变量。寄存器类型的信号在时钟有效沿上可被更新，而在其他时间则稳定。

4 位移位寄存器的设计（微课）

> **注意**
>
> 锁存器与寄存器之间的区别：锁存器一般由电平信号控制，属于电平敏感型，而寄存器一般由同步时钟信号控制。

（1）下面的程序设计了一个 4 位移位寄存器，它可以通过给寄存器最低位连续赋值来创建 Date_out，并且由标量 Data_in 和寄存器最左边的 3 位串联同步地形成寄存器的内容。

```
module Shift_reg4(Data_out,Data_in,clock,reset );
input Data_in,clock,reset;
output Data_out;
reg [3:0] Data_reg;
assign Data_out=Data_reg[0];
always @(negedge reset or posedge clock)
begin
if(reset==1'b0) Data_reg<=4'b0;
else            Data_reg<={Data_in,Data_reg[3:1]};
end
endmodule
```

（2）移位寄存器的仿真验证。移位寄存器的测试代码如下：

```
'timescale 1ns / 1ps
module test_shift;
    reg Data_in;
    reg clock;
    reg reset;          // Inputs
```

```verilog
    wire Data_out;    // Outputs
    Shift_reg4 uut (
        .Data_out(Data_out),
        .Data_in(Data_in),
        .clock(clock),
        .reset(reset)
    );                // Instantiate the Unit Under Test (UUT)
    initial begin
        Data_in=0;
        clock=0;
        reset=0;
      #20 reset=1;
        #50 reset=0;
        #70 reset =1;
    end
    always #5 clock=~clock;
    always #3 Data_in=Data_in+1'b1;
endmodule
```

经过仿真验证，可得到图 5-20 所示的结果。

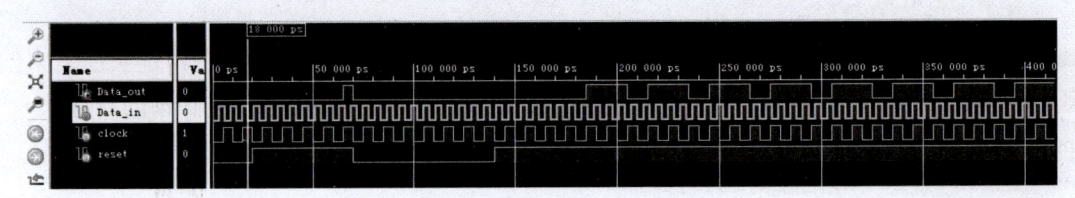

图 5-20 4 位移位寄存器的仿真结果

5.2.4 计数器设计

根据计数器的触发方式不同，计数器可以分为同步计数器和异步计数器两类。当赋予计数器更多功能时，计数器就变得非常的复杂了。计数器也是常用的定时器的核心部分，当计数器能输出控制的时候，计时器就变成了定时器。只要掌握了计数器的设计方法，就可以很容易地设计定时器。

60 进制计数器的设计（微课）

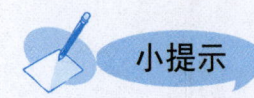

> **小提示**
>
> 同步计数器就是计数器的时钟必须和系统时钟同时出现才能加 1。
> 异步计数器则只要计数器的时钟上升沿到来就加 1，而不管系统时钟此时是什么状态。

（1）下面设计一个 4 位具有向上计数、向下计数或保持功能的计数器。其 Verilog HDL 描述如下：

```verilog
module up_down_counter_4(counter,up_down,clock,reset);
```

```verilog
    output [3:0] counter;
    input [1:0] up_down;
    input clock,reset;
    reg [3:0] counter;
    always@(negedge clock or negedge reset)
    if(reset==1) counter<=4'b0;
    else if(up_down==2'b00||up_down==2'b11) counter<=counter;
    else if(up_down==2'b01) counter<=counter+1'b1;
    else if(up_down==2'b10) counter<=counter-1'b1;
    endmodule
```

（2）仿真验证计数器。计数器的测试代码如下：

```verilog
`timescale 1ns / 1ps
module test_up_down_counter_4;
reg [1:0] up_down;
reg clock;
reg reset;                // Inputs
wire [3:0] counter;       // Outputs
up_down_counter_4 uut (
    .counter(counter),
    .up_down(up_down),
    .clock(clock),
    .reset(reset));       // Instantiate the Unit Under Test (UUT)
initial begin
    clock=0;
    reset=1;
        #20 reset=0;
end
initial begin
    up_down=2'b01;
    #160    up_down=2'b00;
    #30 up_down=2'b10;
end
always #5 clock=~clock;
endmodule
```

4位具有向上计数、向下计数或保持功能的计数器的仿真结果如图 5-21 所示。

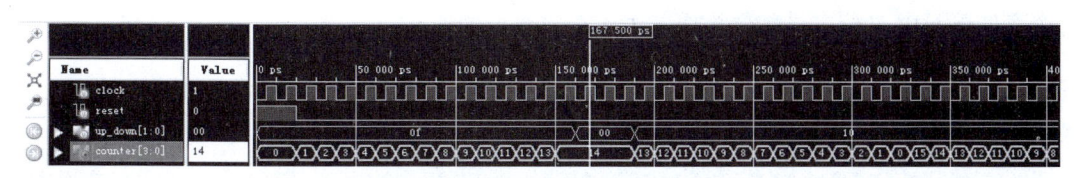

图 5-21 4 位计数器的仿真结果

本节介绍了一些基本时序逻辑电路及其 Verilog HDL 描述，读者可以参考本节中的程序来编写自己的程序。读者还要注意体会时序逻辑电路与组合逻辑电路的区别，以更好地利用时序电路。

5.2.5 分频器设计

分频器以计数器为基础，分频系数 $N=fin/fout$，其作用是将高频率的输入时钟通过分频转化为低频率的输出时钟。分频器是一种常用的电路模型。

【例 5–1】异步复位，复位低有效，分频系数为 9 的分频器。

```
module div9(clk,rst,clkout) ;
input clk,rst;
output clkout;
reg clkout;
reg [3:0] cnt;
always@(posedge clk or negedge rst)
   if(!rst)
     begin
     cnt<=0;
     clkout<=0;
     end
   else if(cnt==4'1000)
      begin
       clkout<=1'b1;
       cnt<=0;
      end
     else
      begin
       clkout<=0;
       cnt<=cnt+1'b1;
       end
endmodule
```

分频器的设计（微课）

5.3 存储器设计

存储器按其类型主要分为只读存储器和随机访问存储器，虽然存储器的工艺和原理各有不同，但有一点是相同的，即存储器是单个存储单元的集合体，并且按照顺序排列。其中的每个存储单元由 N 位二进制位构成，表示存放数据的值。

> **小提示**
>
> 在实际 FPGA 设计过程中，Xilinx 公司提供了存储器的 IP 核给设计人员使用，设计人员

只要对这些 IP 进行配置就可以生成高性能的存储器模块，无须用硬件描述语言对存储器进行原理和功能的描述。

5.3.1 只读存储器 ROM

> **小提示**
>
> ROM（Read-Only Memory）是只读存储器的简称，它是一种只能读出事先所存数据的固态半导体存储器。

本小节介绍如何使用 Xilinx 公司的 IP 核设计一个 ROM 模块，该 ROM 模块的尺寸为 16×8，即数据总线宽度为 8 位，地址总线宽度为 4 位。

> **小提示**
>
> IP 核的添加方法请读者参照第 3 章的相关内容。

1. 16×8 ROM 模块的 Verilog HDL 描述

16×8 ROM 模块的 Verilog HDL 描述程序如下：

```
module rom(clk,en,addr,data_out);
input clk,en;
input [3:0] addr;
output [7:0] data_out;
rom_ip M1 (
    .clka(clk) ,
    .ena(en),
    .addra(addr),
    .douta(data_out));
endmodule
```

> **小提示**
>
> ROM 中的原始数据是由"*.coe"文件导入的，"*.coe"文件是一个 ASCII 文本文件，可以手工创建。创建"*.coe"文件的步骤如下：
> （1）新建文本文档，注意以字母和下划线开头。
> （2）在文本文档开头输入"memory_initialization_radix=10;"（表示数据为十进制数）。
> （3）第二行输入 ROM 保存数据"memory_initialization_vector=1,2,3,4，...;"（注意地址宽度）。
> （4）输入完成后保存，将文本后缀".txt"改为".coe"。

2. 16×8 ROM 模块的仿真验证

为了验证其正确性，编写测试代码，其程序如下：

```
module test_rom;
    reg clk;
    reg en;
    reg [3:0] addr;              // Inputs
    wire [7:0] data_out;         // Outputs
    rom uut (
        .clk(clk),
        .en(en),
        .addr(addr),
        .data_out(data_out)
    );                           // Instantiate the Unit Under Test (UUT)
    initial begin
                                 // Initialize Inputs
        clk=0;
        en=0;
        addr=4'b0;
        #50 en=1;
        end
    always #5 clk=~clk;
    always #10 addr=addr+1'b1;
endmodule
```

根据图 5-22 所示的仿真结果可知,程序代码完成了所要设计的逻辑功能。

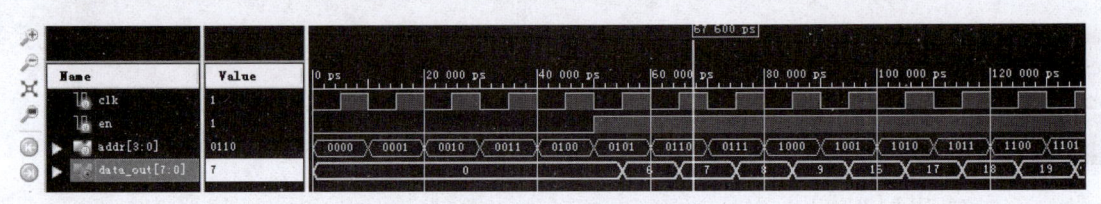

图 5-22　16×8 ROM 模块的仿真结果

5.3.2　随机存储器 RAM

RAM（Random Access Memory）是随机存储器的简称,其存储单元的内容可按需要随意取出或存入,且存取的速度与存储单元的位置无关。

> **小提示**
>
> RAM 和 ROM 的重要区别在于 RAM 有读/写两种操作,而 ROM 只有读操作。另外,RAM 对读/写时序有严格的要求。

本小节介绍如何使用 Xilinx 公司的 RAM 模块,该 RAM 模块的尺寸为 16×8,即数据总线宽度为 8 位,地址总线宽度为 4 位。

1. 16×8 RAM 模块的 Verilog HDL 描述

16×8 RAM 的模块 Verilog HDL 描述程序如下:

```verilog
module ram(clk,we,addr,data_in,data_out);
input clk,we;
input [3:0] addr;
input [7:0] data_in;
output [7:0] data_out;
ram_ip M1 (
    .clka(clk),
    .wea(we), // Bus [0 : 0]
    .addra(addr), // Bus [3 : 0]
    .dina(data_in), // Bus [7 : 0]
    .douta(data_out)); // Bus [7 : 0]
endmodule
```

2. 16×8 RAM 模块的仿真验证

为了验证 16×8 RAM 模块逻辑功能的正确性，通过编写测试代码对其进行仿真验证，其程序如下：

```verilog
module test_ram;
    reg clk;
    reg we;
    reg [3:0] addr;
    reg [7:0] data_in;       // Inputs
    wire [7:0] data_out;     // Outputs
    ram uut (
        .clk(clk),
        .we(we),
        .addr(addr),
        .data_in(data_in),
        .data_out(data_out)
    );                       // Instantiate the Unit Under Test (UUT)
    initial begin
        clk=0;
        we=1;
        addr=4'b0;
        data_in=4'b1010;
        #200 we=0;           //write
        #300 we=1;           // Initialize Inputs
    end
    always #10 clk=~clk;
    always #20 data_in=data_in+1'b1;
    always #20  addr =addr+1'b1;
endmodule
```

根据图 5-23 所示的仿真结果可知，程序代码完成了所要设计的逻辑功能。

图 5–23　16×8 RAM 模块的仿真结果

5.3.3　FIFO 的设计

先进先出队列（First In First Out，FIFO）是一种可以实现数据先入先出的存储器件，它就像一个单向管道，数据只能按照固定的方向从管道的一头进来，再按照相同的顺序从管道的另一头出去，最先进来的数据最先出去。FIFO 在数字系统设计中有着非常重要的应用，它经常用来解决时间不能同步情况下的数据操作问题。这里通过 Verilog HDL 描述一个 FIFO。

> **小提示**
>
> FIFO 和 RAM 有很多相同的部分，唯一不同的部分是 FIFO 的操作没有地址，而只用内部的指针来保证数据在 FIFO 中先入先出的正确性。
>
> FIFO 有如下单元：存储单元，写指针，读指针，满、空标志和读/写控制信号。

1. 4×16 FIFO 的 Verilog HDL 描述程序

下面给出了 4×16 FIFO 的 Verilog HDL 描述程序如下：

```verilog
module fifo (clk,rst,data_in,write,read,data_out,empty,full);
    input clk,rst;
    input [15:0] data_in;
    input write,read;
    output [15:0] data_out;
    output empty,full;
    parameter depth =2;
    parameter max_count=2'b11;
    reg [15:0] data_out;
    reg empty,full;
    reg [depth-1:0] tail;
    reg [depth-1:0] head;
    reg [depth-1:0] count;
    reg [15:0] fifomem[0:max_count];

    always @(posedge clk)
    begin
        if(rst==1)
        begin
```

```verilog
            data_out<=16'h0000;
        end
        else if(read==1'b1&&empty==1'b0)
        begin
            data_out<=fifomem[tail];
        end
    end

    always @(posedge clk)
    begin
        if(rst==1'b0 &&write ==1'b1 &&full==1'b0)
        fifomem[head]<=data_in;
    end

    always @(posedge clk)
    begin
        if(rst==1'b1)
            head<=2'b00;
        else
        begin
            if(write==1'b1 && full==1'b0)
            head<=head+1;
        end
    end

    always @(posedge clk)
    begin
        if(rst==1'b1)
        begin
            tail<=2'b00;
        end
        else
        begin
            if(read==1'b1 && empty==1'b0)
            begin
                tail<=tail+1;
            end
        end
    end
end
```

```verilog
    always @(posedge clk)
    begin
       if(rst==1'b1)
       begin
       count<=2'b00;
       end
       else
       begin
          case({read,write})
             2'b00 : count<=count+1;
             2'b01 : if(count!=max_count) count<=count+1;
             2'b10 : if(count!=2'b00) count<=count-1;
             2'b11 : count<=count;
          endcase
       end
    end


    always @(posedge clk)
    begin
       if(count==2'b00)
          empty<=1'b1;
       else
          empty<=1'b0;
end


    always @(posedge clk)
       begin
          if(count==max_count)
             full<=1'b1;
          else
             full<=1'b0;
       end
       endmodule
```

2. 4×16 FIFO 的仿真验证

为了验证 4×16 FIFO 的逻辑是否正确，通过编写测试代码对其进行仿真测试，测试代码如下：

```verilog
'timescale 1ns / 1ps
module test_fifo;
    reg clk;
```

```verilog
    reg rst;
    reg [15:0] data_in;
    reg write;
    reg read;          // Inputs
    wire [15:0] data_out;
    wire empty;
    wire full;         // Outputs
    fifo uut (
      .clk(clk),
      .rst(rst),
      .data_in(data_in),
      .write(write),
      .read(read),
      .data_out(data_out),
      .empty(empty),
      .full(full));    // Instantiate the Unit Under Test (UUT)
    initial begin
      clk = 0;
      rst = 1;
      data_in = 16'h1111;
      #30 rst=0;
      end
    initial begin
    write=1;
    #200 write=0;
    #30 write=1;
    #70 write=0;
    end
    initial begin
    read=0;
    #70 read=1;
    #110 read=0;
    #90 read=1;
    end
    always #20 data_in=data_in+16'h1111;
    always #10 clk=~clk;
endmodule
```

根据图 5-24 所示的仿真结果可知，程序代码完成了所要设计的逻辑功能。

本节首先介绍如何使用 IP 核构建常用的存储器单元，如 ROM、RAM 等，之后给出 FIFO 的 Verilog HDL 描述，读者可以思考如何用模块实现。

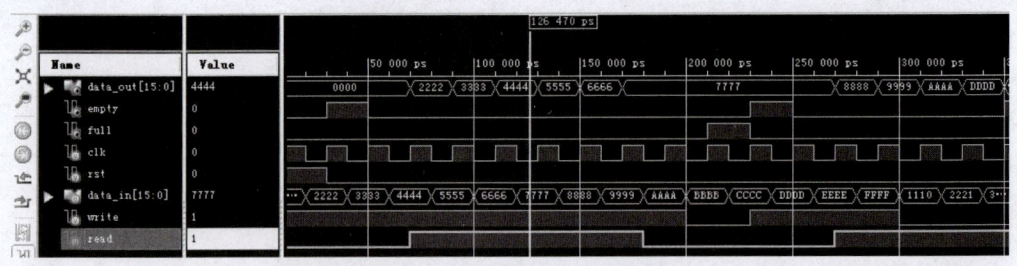

图 5-24　4×16 FIFO 的仿真结果

5.4　有限状态机设计

有限状态机（Finite State Machine，FSM）设计是数字电路系统中非常重要的一部分，也是实现高效率、高可靠性逻辑控制的重要途径。大部分数字电路系统都是由控制单元和数据单元组成的。数据单元负责数据的处理和传输，而控制单元主要控制数据单元的操作顺序。

有限状态机设计的基本原理（微课）

小提示

在数字电路系统中，控制单元往往是通过使用有限状态机实现的，有限状态机接受外部信号以及数据单元的状态信息，产生控制序列。

5.4.1　有限状态机原理

有限状态机可以由标准数学模型定义。此模型包括一组状态、状态之间的一组转换以及和状态转换有关的一组动作。有限状态机可以表示为

$$M = (I, O, S, f, h)$$

式中，$S = \{S_i\}$ 为一组状态集合；$I = \{I_j\}$ 为一组输入信号；$O = \{O_k\}$ 为一组输出信号；$f(S_i, I_j)$：$S \times I \to S$ 为状态转移函数；$h(S_i, I_j)$：$S \times I \to O$ 为输出函数。

从上面的数学模型可以看出，在数字电路系统中实现的有限状态机应该包括 3 部分：状态寄存器、状态转移逻辑、输出逻辑。

小提示

描述有限状态机的关键是有限状态机的状态集合以及这些状态之间的转移关系。描述这种转移关系除了用数学模型之外，还可以用状态转移图或状态转移表来实现。

5.4.2　有限状态机分类

有限状态机主要分为 Mealy 状态机和 Moore 状态机。下面就 Mealy 状态机和 Moore 状态机的原理和应用进行详细的介绍。

1. Mealy 状态机

Mealy 状态机的输出由输入和输出状态共同决定的，其模型如图 5-25 所示。

2. Moore 状态机

Moore 状态机与 Mealy 状态机的区别在于 Moore 状态机的输出仅与状态机的状态有关，而与状态机的输入无关，其模型如图 5-26 所示。

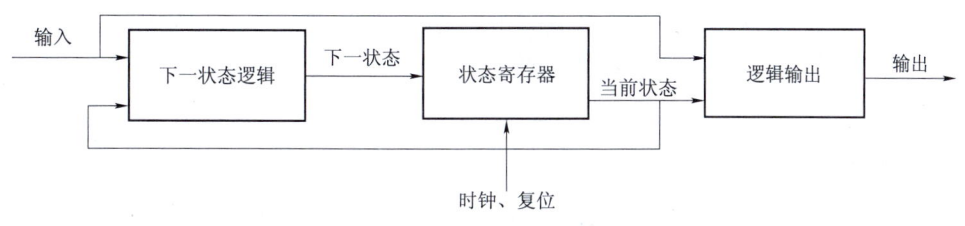

图 5-25 Mealy 状态机模型

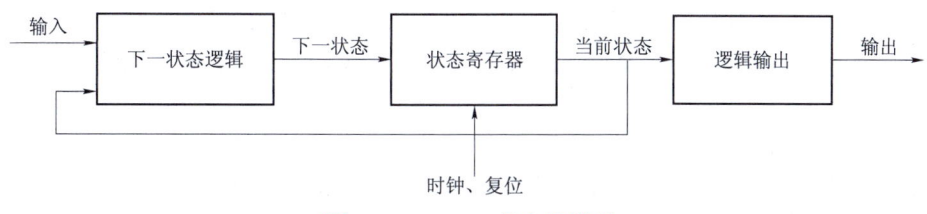

图 5-26 Moore 状态机模型

> **小提示**
>
> 虽然这里将两种类型的有限状态机加以区分，但在实际的有限状态机设计中，设计人员根本不需要认识这些差别，只要满足有限状态机的规划和有限状态机的运行条件，采用任何一种有限状态机都可以实现所需功能，并且设计人员可以在实际的设计过程中形成规范的有限状态机设计风格。

5.4.3 有限状态机设计方法

有限状态机设计应遵循以下原则：

（1）分析控制器设计指标，建立系统算法模型图，即状态转移图。
（2）分析被控对象的时序状态，确定控制器有限状态机的各个状态及输入/输出条件。
（3）使用 Verilog HDL 完成有限状态机设计。

> **小提示**
>
> 采用有限状态机描述有以下优点：
> ① 可以采用不同的编码风格，在描述有限状态机时，设计者经常采用的编码有二进制、格雷（Gray）码、One_Hot 编码，用户可以根据需要在综合时确定，而不需要修改源文件或原文件中的编码格式以及有限状态机的描述。

② 可以实现有限状态机的最小化。

③ 设计灵活，将控制单元与数据单元分离开。

有限状态机的状态可以采用的状态编码有很多，Xilinx 公司给出的状态编码有 One_Hot、Gray、Compact、Johnson、Sequential、Speed1 和 User 等方式。下面对这些状态编码进行简单的介绍。

1. One_Hot 状态编码

One_Hot 的编码方案中对每一个状态采用一个触发器，即 4 个状态的状态机需要 4 个触发器。同一时间仅一个状态位处于有效电平。

> **小提示**
>
> One_Hot 状态编码使用的触发器较多，但是逻辑简单，速度很快。

2. Gray 状态编码

Gray 状态编码每次仅一个状态位发生变化。在使用 Gray 状态编码时，触发器使用较少，速度慢，不会产生两位同时翻转的情况。采用 Gray 状态编码时，采用 T 触发器是一个很好的选择。

3. Compact 状态编码

Compact 状态编码能够使所有的状态变量位和触发器的数目变少。该编码技术基于超立方体浸润技术。当进行面积优化的时候可以采用 Compact 状态编码。

4. Johnson 状态编码

Johnson 状态编码能够使有限状态机保持一个很长的路径，而不会产生分支。

5. Sequential 状态编码

Sequential 状态编码采用一个可标示的长路径，并采用了连续的基 2 编码描述这些路径。下一个状态等式被最小化。

6. Speed1 状态编码

Speed1 状态编码用于速度的优化。状态寄存器中所用的状态的位数取决于特定有限自动状态及有限状态机，但一般情况下它要比有限状态机的状态多。

在 Verilog HDL 中可以用许多种方法描述有限状态机，最常用的方法是用 always 语句和 case 语句。

> **小提示**
>
> 4 状态的有限状态机的状态转移图如图 5-27 所示。有限状态机的同步时钟是 clk，输入信号为 data_in 和 reset，输出信号为 K1，K2。状态的转移只能在同步时钟（clk）的上升沿时刻发生，但往哪个状态转移取决于目前所在的状态和输入信号。

下面的程序就是该有限状态机的 Verilog HDL 描述：

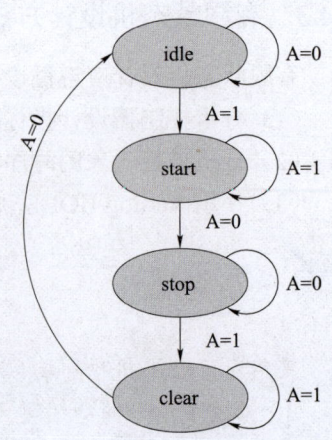

图 5-27　4 状态有限状态机的状态转移图

```verilog
module FSM(clk,reset,A,K1,K2,state);
input clk,reset,A;
output K1,K2;
output [1:0] state;
reg K2,K1;
reg [1:0] state;

parameter  idle=2'b00;
parameter  start=2'b01;
parameter  stop=2'b10;
parameter  clear=2'b11;

always @(posedge clk)
  if(!reset)
    begin
      state<=idle;
      K2<=0;
      K1<=1;
    end
  else
    case(state)
      idle : if(A)
               begin
                 state<=start;
                 K1<=0;
               end
             else
               begin
                 state<=idle;
                   K2<=0;
               K1<=0;
                 end
      start : if(!A) state<=stop;
              else   state<=start;
      stop  : if(A)
                begin
                  state<=clear;
                  K2<=1;
                end
              else
```

```
              begin
                state<=stop;
                K2<=0;
                K1<=0;
              end
         clear : if(!A)
              begin
                state<=idle;
                K2<=0;
                K1<=1;
              end
            else
              begin
                state<=clear;
                K2<=0;
                K1<=1;
              end
         default : state<=idle;
    endcase
endmodule
```

为了验证其正确性，编写测试用 Verilog HDL 代码，程序如下：

```
'timescale 1ns / 1ps
module test_FSM;
reg clk;
reg reset;
reg A;                // Inputs
wire K1;
wire K2;
wire [1:0] state;     // Outputs
FSM uut (
    .clk(clk),
    .reset(reset),
    .A(A),
    .K1(K1),
    .K2(K2),
    .state(state)
);                    // Instantiate the Unit Under Test (UUT)
initial begin
    clk=0;
    reset=0;
```

```
        A=0;
            #20 reset=1;
end
always #5 clk=~clk;
always #10 A=~A;
endmodule
```

其仿真结果如图 5–28 所示。

图 5–28 有限状态机的仿真结果

本章小结

本章介绍了简单数字逻辑电路的设计方法，首先介绍了组合逻辑电路和时序逻辑电路的设计方法，这是复杂逻辑电路设计的基础，希望读者重点掌握；然后介绍了 3 种常用存储器的设计，最后重点介绍了有限状态机的设计方法，这也是逻辑设计人员必须掌握的。

课程拓展

一、知识图谱绘制

根据前面知识的学习，请完成本单元所涉及的知识图谱的绘制。

二、技能图谱绘制

根据前面技能的学习，请完成本单元所涉及的技能图谱的绘制。

三、以证促学

以集成电路设计与验证职业技能等级证书（中级）为例，本章内容与 1+X 证书对应关系如表 5–1 所示。

表 5–1 本章内容与 1+X 证书对应关系

集成电路设计与验证职业技能等级证书（中级）			教材对应小节
工作领域	工作任务	技能要求	
1. 基于 FPGA 的 IC 设计	1.1 数字电路设计	1.1.1 能正确认识常见数字电路模块基本功能。 1.1.2 能使用数字电路设计相关 EDA 软件的基础功能。 1.1.3 能掌握基本的 Verilog/VHDL 等硬件描述语言。 1.1.4 能正确辨识数字电路仿真时序逻辑图。 1.1.5 能正确判断数字电路模块仿真结果是否符合功能要求。	5.1～5.4
	1.3 数字电路综合	1.3.3 能使用数字电路综合相关 EDA 软件的基础功能。 1.3.4 能根据约束文件辅助进行简单数字电路模块的逻辑综合工作。 1.3.5 能辅助进行简单数字电路模块的形式验证。	5.1～5.4

续表

工作领域	工作任务	技能要求	对应小节
2. 逻辑提取	2.1 复杂数字单元的逻辑提取	2.1.1 能了解复杂数字单元提取的流程。 2.1.2 能进行锁存器的逻辑提取。 2.1.3 能进行触发器的逻辑提取。 2.1.4 能进行复杂数字单元的自动识别。	5.2
3. 逻辑设计与验证	3.1 基本数字单元的功能验证	3.1.1 能了解数字单元仿真工具各种菜单的使用。 3.1.2 能进行数字单元仿真激励的编写。 3.1.3 能进行基本数字单元的仿真。 3.1.4 能对基本数字单元仿真结果进行分析。	5.1~5.4
	3.5 简单单元和模块Verilog设计	3.5.1 能进行基本逻辑门的 Verilog 设计。 3.5.2 能进行数据选择器的 Verilog 设计。 3.5.3 能进行译码器的 Verilog 设计。 3.5.4 能进行编码器的 Verilog 设计。 3.5.5 能进行触发器的 Verilog 设计。	5.1~5.2

四、以赛促练

以 Innovate FPGA 全球创新大赛为例。2019 年,影片《调音师》上映。这是一部悬疑犯罪喜剧电影,随着故事的发展,波折惊奇与搞笑情节接连不断。除了帮助人们放松身心,这部电影也让很多人知道了"调音"这个工作。在电影中,主角就是一名钢琴调音师。除了钢琴需要调音,事实上,吉他、尤克里里、古筝、大提琴等很多乐器都需要调音。这是因为随着乐器使用次数的不断增加,琴弦也会随之发生变化,如果不能及时调音,就会影响弹奏的准确性。

然而,真正的调音师工作远比电影中辛苦。比如调弦,对于弦乐器演奏者而言就是一个必要而又繁杂的过程。特别是对于初学者而言,因为他们无法掌握好弦应该调整的距离,所以需要依据调音器的指示反复调整琴弦的松紧。由重庆大学学生团队研发的智能自动调音器,可以在短时间内实现对跑音吉他的精准调弦,此项设计,在 Innovate FPGA 全球创新大赛中荣获大中华区一等奖。

智能自动调音器结合了 SoC、FPGA 和信号处理技术,对从乐器上拾取的声音进行时域、频域联合的高效分析和处理,并根据结果对调弦电机进行闭环控制,可实现吉他、尤克里里等乐器的智能化、全自动的调音,尤其是应用了 Intel® FPGAs 技术,实现了更快速、更精准地调音,如图 5-29 所示。

手动调整琴弦,很有可能造成人为错误。与手动调弦不同,使用者若用智能自动调音器,只需选择必要参数并将智能自动调音器的旋钮固定在想要调节的琴弦的头部旋钮上,然后拨动琴弦即可。只需等待数秒钟,智能自动调音器就能将跑音的吉他、尤克里里等的琴弦调到正确的音调。

首先,使用者将调音器的旋钮套在乐器头部旋钮上之后,再拨动琴弦,麦克风就会将采集到的声音信号输入音频芯片进行采样。采样后的信号将传递给 DE10-Nano SoC 开发板,在该开发板上对采集到的声音数据进行处理,求出当前声音信号的基因频率,该基因频率将用于与相应的标准音高频率相比较。而比较得出的信息就会用于控制电机转动,从而调节弦的松紧,进而改变弦振动时的发音频率。

智能自动调音器还内置多种标准调弦和开放调弦模式，实现了乐器性能评价和可用户自定义的任意节拍等功能。若使用者想定制自己想要的调弦，则需要搭配手机进行使用。手机通过蓝牙将使用者设置的自定义调弦参数发送给调音器，调音器便可进行自定义调弦了。

图 5-29　智能自动调音器可实现吉他的智能化、全自动调音

为了得到更好的人机交互体验，同时该调音器还有 LED 灯和语音播报模块。语音播报模块告诉使用者当前所选的琴弦号，同时在切换模式和调音完成时会有语音播报，操作起来非常清晰明了。即使是吉他或者尤克里里初学者，对如何调弦完全不了解，只要运用这款智能自动调音器，按照说明一步步操作，也会在几分钟时间里，将所有的弦调到你想要的音高，以确保弹奏的准确性。

（一）简答题

1. 什么是组合逻辑电路？组合逻辑电路主要包括哪些电路？
2. 什么是时序逻辑电路？设计时序逻辑电路时要注意哪些问题？
3. 什么是 RAM、ROM？RAM 和 ROM 的区别是什么？
4. 什么是 FIFO？FIFO 主要应用在哪里？
5. 说明有限自动状态机的描述规则及其特点。

（二）程序设计题

1. 用 Verilog HDL 描述 D 触发器和 JK 触发器。
2. 用 Verilog HDL 设计一个 64 位计数器。
3. 设计一个 100 分频、输出信号占空比为 50%的分频器。
4. 用 Verilog HDL 描述一个 512×16（深度为 512 位，数据宽度为 16 位）单端口随机访问存储器。
5. 用 Verilog HDL 描述一个 16×16 先进先出队列 FIFO。

（三）实训题

乘法器设计实验。乘法器是众多数字电路系统的基本模块，从原理上来说它属于组合逻辑的范畴，但从工程的实际应用来说，它往往会利用时序逻辑设计方法来实现。本实验是使用时序逻辑来设计一个 16 位乘法器。

第 6 章

EDA 技术综合设计应用

本章主要结合 Create-SOPC3000 实验箱进行一些数字电路系统的设计，让读者通过一系列由浅入深的实验掌握软件使用、代码编写、仿真、下载调试等 FPGA 开发的基本步骤和要领。

【素养目标】
（1）培养科技报国的家国情怀和使命担当；
（2）培养学习新技术和新知识的自主学习能力；
（3）培养"德才兼备、奋发图强"的成才、成器精神。

课程引入

基于 FPGA 的 EDA 设计方式已成为现代电子设计的主流方向

让我们回顾以往的学习，在数字电子技术实验、实训类课程中将具体电路设计与数字电子技术理论相结合，提高了动手能力和专业技能，利用"卡诺图"设计了平生第一个自己的"数字逻辑电路"时，初试牛刀的你应该感到很是"志得意满"吧！

同时你是否也遇到过因为插接连线过多、连线或者芯片损毁等原因而导致实验失败的沮丧呢？

是否遇到过在万能板上实现一个看似简单的数字电路时，因为那纷繁复杂的焊锡走线而崩溃呢？

事实上，由于半导体工艺和处理器技术快速发展，数字电路设计也随之经历了革命性的发展，基于 FPGA 的 EDA 设计方式已成为现代电子设计的主流方向。

在实际工程中，FPGA 为集成电路芯片设计提供了重要的原型硬件验证手段，是工程实践和科学研究中数字电路设计的利器，能实现从简单的 74 系列电路到高性能 CPU 的绝大部分数字器件功能，广泛应用于便携式消费产品、计算机硬件、汽车电子、雷达、通信设备、航空航天等众多领域。

显然，在这众多的领域中都需要大量的德才兼备的高素质人才，深入实施人才强国战略是国家和民族的长远发展大计。

6.1　实验一　基本逻辑门设计

1. 实验目的

（1）熟悉 ISE 软件的使用，掌握基于 ISE 的 FPGA 开发基本流程；
（2）学习使用 USB 下载电缆下载逻辑电路信息到 FPGA 芯片，并调试以使电路正常工作。

2. 实验内容

本次实验主要是完成基本逻辑门设计，包括两输入与门、两输入与非门、两输入或门、两输入或非门、两输入异或门、两输入同或门。

3. 实验原理

门电路是一种输入信号之间满足某种逻辑关系时才有信号输出的电路。门电路输入端与输出端只有两种状态，即低电平"0"或高电平"1"。在设计门电路时，可采用实例化 Verilog HDL 中预定义门电路的方法（Verilog HDL 预定义门电路有与门 and、或门 or 等），或者采用数据流描述方式，用 assign 语句以及操作符完成设计。

4. 引脚分配列表

引脚分配列表如表 6-1 所示。

表 6-1　实验一引脚分配列表

端口名	使用模块信号	对应 FPGA 管脚	管脚说明
a	拨码开关 1	AB10	逻辑输入 1
b	拨码开关 2	AA10	逻辑输入 2
Led_cs	LED 片选	A19	片选
z(0)	LED 灯 1	D11	同或
z(1)	LED 灯 2	C10	异或
z(2)	LED 灯 3	D10	或非
z(3)	LED 灯 4	C9	或
z(4)	LED 灯 5	E9	与非
z(5)	LED 灯 6	D8	与

6.2　实验二　基于原理图的基本逻辑门设计

1. 实验目的

（1）了解在 ISE 中使用原理图进行设计的方法；
（2）掌握将程序生成模块，并在原理图中进行调用的方法。

2. 实验内容

本次实验主要采用逻辑门完成基本逻辑门设计，包括两输入与门、两输入与非门、两输入或门、两输入或非门、两输入异或门、两输入同或门。

3. 实验原理

FPGA 中一般有两种输入方式：HDL 文本输入、图形输入。常用方法是 HDL 文本输入，而图形输入则主要使用原理图输入方式，本实验主要介绍用原理图实现基本逻辑门的方法，让读者掌握 ISE 中原理图设计的基本流程。

4. 实验步骤

（1）新建工程，新建原理图文件，命名为"logic_gate_sch"，如图 6-1 所示。

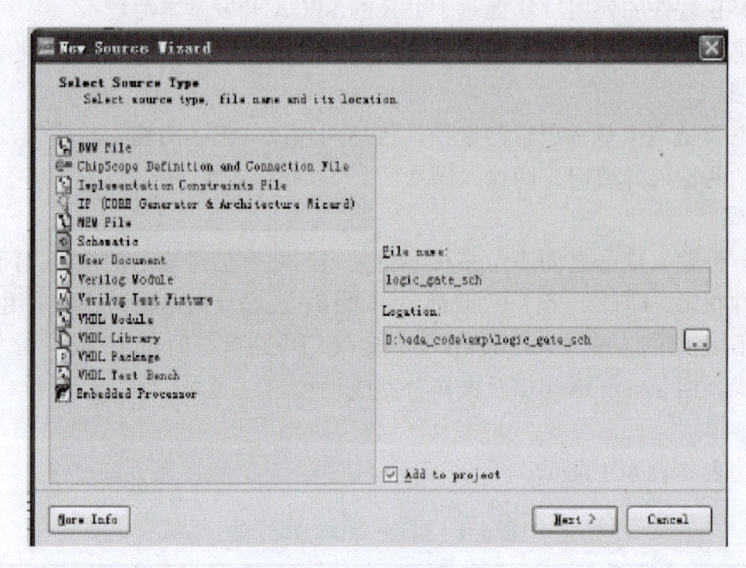

图 6-1 新建原理图文件

（2）在左边的"Categories"下选择"Logic"，在下面的"Symbols"中选择"and2"（2 输入与门），放在右边图上，如图 6-2 所示。

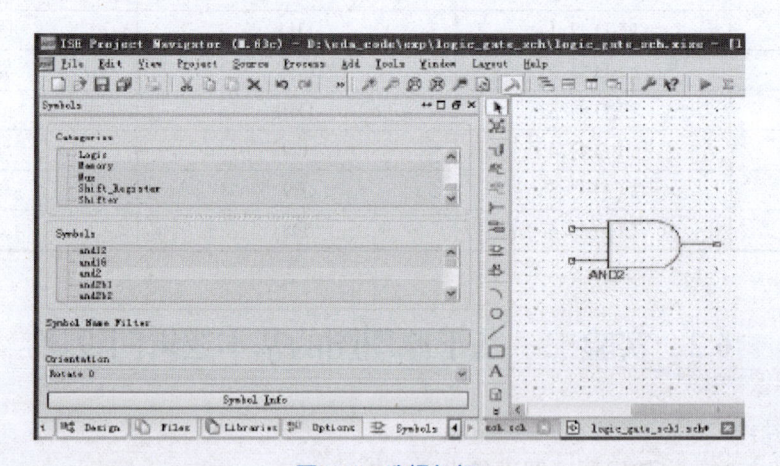

图 6-2 选择与门

（3）依次找出 nand2、or2、nor2、xor2、xnor2，如图 6-3 所示。

（4）在空白处单击鼠标右键，选择"Add"→"Wire"选项，依次将输入线引出并连接，如图 6-4 所示。

（5）在左边工具栏中，单击 图标，添加输入/输出引脚，如图 6-5 所示。

（6）由于 LED 有片选，故加入开关 S1 用作控制，完成图形，如图 6-6 所示。

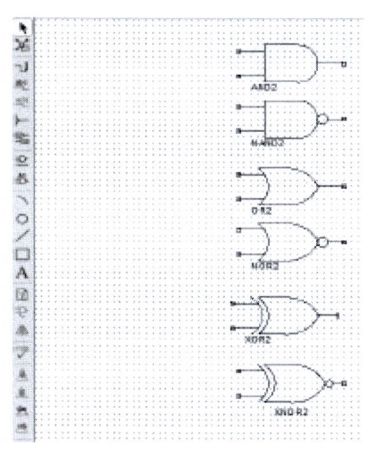

图 6-3 选择其他逻辑门

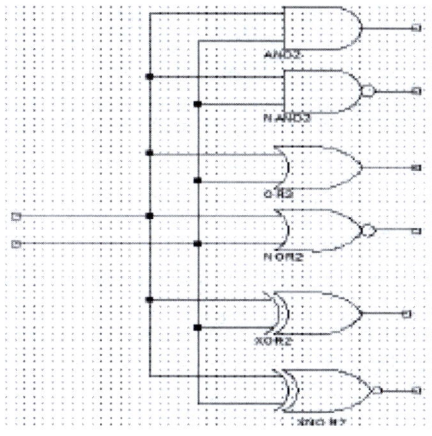

图 6-4 连接门电路

图 6-5 添加输入/输出引脚

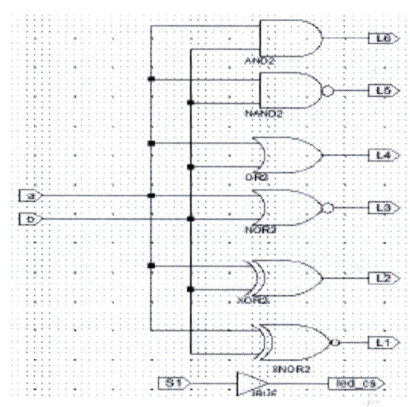

图 6-6 完成图形

5. 引脚分配列表

引脚分配列表如表 6-2 所示。

表 6-2 实验二引脚分配列表

端口名	使用模块信号	对应 FPGA 管脚	说　明
a	拨码开关 1	AB10	逻辑输入 1
b	拨码开关 2	AA10	逻辑输入 2
Led_cs	LED 片选	A19	片选
L1	LED 灯 1	D11	同或
L2	LED 灯 2	C10	异或
L3	LED 灯 3	D10	或非
L4	LED 灯 4	C9	或
L5	LED 灯 5	E9	与非
L6	LED 灯 6	D8	与

199

6.3　实验三　4 选 1 数据选择器设计

1. 实验目的

（1）了解数据选择器的原理；
（2）用 Verilog HDL 设计数据选择器。

2. 实验内容

用 Verilog HDL 设计数据选择器，其中拨码开关 SW0-SW3 为数据输入端，SW6-SW7 为选择控制信号输入端，D0 为输出端，通过改变 SW6 与 SW7 的值确定选择哪一路输入进行输出。

3. 实验原理

数据选择器也叫多路复用器，在数字电路系统中有非常重要的应用。通过数据选择端的不同组合来选择 N 个输入通道的其中一路进行输出。本实验为设计一个 4 选 1 数据选择器，其工作原理为通过数据选择端 s 输入不同的数值，分别将 4 个输入 c0，c1，c2，c3 输出到 z，可采用行为描述语句（case 语句）或数据流描述语句完成，本实验可推广到 N 选 1 数据选择器。

4. 引脚分配列表

引脚分配列表如表 6–3 所示。

表 6–3　实验三引脚分配列表

端口名	使用模块信号	对应 FPGA 管脚	管脚说明
c0	拨码开关 1	AA10	数据输入
c1	拨码开关 2	AB10	
c2	拨码开关 3	AB8	
c3	拨码开关 4	AB9	
s(0)	拨码开关 7	M5	选择端
s(1)	拨码开关 8	G6	
z	LED 灯 1	D11	LED
led_cs	片选	A19	LED 片选端

6.4　实验四　7 人表决器设计

1. 实验目的

（1）熟悉 Verilog HDL 编程方法；
（2）掌握表决器的工作原理；
（3）了解实验系统的硬件结构。

2. 实验内容

用实验系统中的拨码开关、LED 以及数码管模块实现 7 人表决器功能。拨码开关 K1～K7 表示 7 个人,当开关输入为 1 时表示对应的人投赞成票,反之,开关输入为 0 时表示对应的人投反对票;用 LED 灯表示 7 人表决结果,灯亮则表决通过,灯灭则表决未通过。同时用 7 段数码管显示当前票数。

3. 实验原理

表决器就是一个行为,由多人进行投票,如果赞成票过半,则通过,否则行为无效。7 人表决器即由 7 人进行投票,票数大于或等于 4 时,表决通过。本实验主要采用行为描述方式,首先要将 7 个开关对应输入相加求和,然后判断这个和是否大于 3,如果大于 3 则表决通过。7 段数码管显示部分可用 case 语句完成。

4. 引脚分配列表

引脚分配列表如表 6–4 所示。

表 6–4 实验四引脚分配列表

端口名	使用模块信号	对应 FPGA 管脚	管脚说明
K1	拨码开关 1～7	AA10	表决输入
K2		AB10	
K3		AB8	
K4		AB9	
K5		M3	
K6		M4	
K7		M5	
ledag(0)	数码管段码	C11	数码管段码
ledag(1)		E11	
ledag(2)		E10	
ledag(3)		C12	
ledag(4)		E12	
ledag(5)		E13	
ledag(6)		F13	
ledag(7)		D13	
smg_cs	数码管片选	A6	片选
smg_sel(2)	数码管位选	C8	位选
smg_sel(1)		B20	
smg_sel(0)		A20	
led_cs	LED 片选	A19	片选
result	LED1	D11	表决结果

6.5　实验五　用 Verilog HDL 设计 4 人抢答器

1. 实验目的

（1）熟悉 4 人抢答器的工作原理；
（2）加深对 Verilog HDL 的理解；
（3）掌握 EDA 开发的基本流程。

2. 实验内容

本实验的任务是设计一个 4 人抢答器，用按键模块的 S5 来抢答允许按钮，用 S1～S4 来表示 1 号抢答者～4 号抢答者，同时用 LED 模块的 LED1～LED4 分别表示抢答者对应的位置，具体要求为：按下 S5 一次，允许一次抢答，这时 S1～S4 中第一个按下的按键将抢答允许位清除，同时将对应的 LED 点亮，用来表示对应的按键抢答成功，数码管显示对应抢答者的号码。

3. 实验原理

抢答器在各类竞赛性质的场合得到了广泛应用，它的出现消除了原来由于人眼的误差而未能正确判断最先抢答人的情况。抢答器的原理比较简单，首先必须设置一个抢答允许标志位，目的是允许或者禁止抢答者按按钮；如果抢答允许位有效，那么第一个抢答者按下的按钮就将其清除，同时记录按钮的序号，也就是对应的按下按钮的人，这样做的目的是禁止后面再有人按下按钮。

4. 引脚分配列表

引脚分配列表如表 6–5 所示。

表 6–5　实验五引脚分配列表

端口名	使用模块信号	对应 FPGA 管脚	管脚说明
S1	K1～K4	T17	抢答输入
S2		U20	
S3		AB15	
S4		AA14	
S5	核心板 S1	AA15	抢答允许按钮
ledag(0)	数码管段码	C11	数码管段码
ledag(1)		E11	
ledag(2)		E10	
ledag(3)	数码管段码	C12	数码管段码
ledag(4)		E12	
ledag(5)		E13	
ledag(6)		F13	
ledag(7)		D13	

续表

端口名	使用模块信号	对应 FPGA 管脚	管脚说明
smg_cs	数码管片选	A6	片选
smg_sel(2)	数码管位选	C8	位选
smg_sel(1)		B20	
smg_sel(0)		A20	
led_cs	LED 片选	A19	片选
dout(0)	LED1～LED4	D11	选手指示灯
dout(1)		C10	
dout(2)		D10	
dout(3)		C9	

6.6 实验六 基于 IP 核的 4 位乘法器设计

1. 实验目的

（1）通过实验，了解 FPGA 的 IP 核相关知识；
（2）掌握使用 ISE 软件调用 IP 核进行数字集成电路设计的方法。

2. 实验内容

本次实验使用 Xilinx 公司提供的 IP 核，并使用模块实例化语句调用该 IP 核实现乘法器功能。因为 ISE 中集成有乘法器的 IP 核，只需要编写一个顶层文件来调用 CORE Generator 生成的 IP 核即可。

3. 实验原理

IP 核是一段具有特定电路功能的硬件描述语言代码，该代码与集成电路工艺无关，可以移植到不同的半导体工艺中去生产集成电路芯片。利用 IP 核设计电路系统，引用方便，修改容易。具有复杂功能与商业价值的 IP 核一般有知识产权。IP 核一般有两种，与工艺无关的 HDL 代码称为软核，具有特定电路功能的集成电路板图称为硬核。

Xilinx 公司为用户提供了许多免费的 IP 核，通过调用 IP 核用户可以方便快捷地实现许多复杂的功能。

4. 实验步骤

（1）新建工程，在工程名处单击鼠标右键，选择"New Source"选项，在弹出的窗口中选择"CORE Generator"选项，将文件命名为"multiple"，如图 6-7 所示。

（2）单击"Next"按钮，选择"Math Functions"→"Multipliers"选项，如图 6-8 所示。

（3）单击"Next"按钮，等待一段时间后，弹出图 6-9 所示窗口。

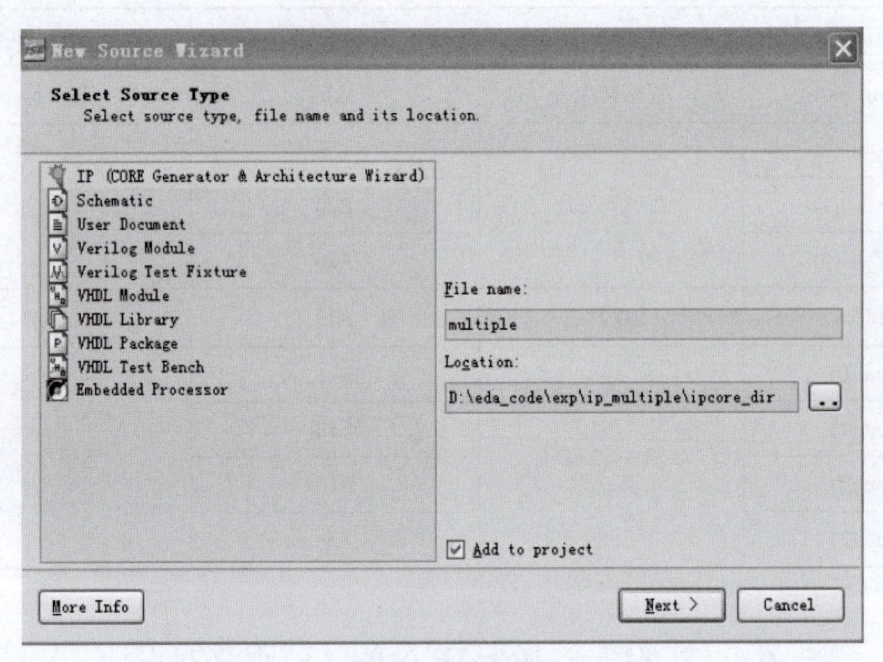

图 6-7 新建工程

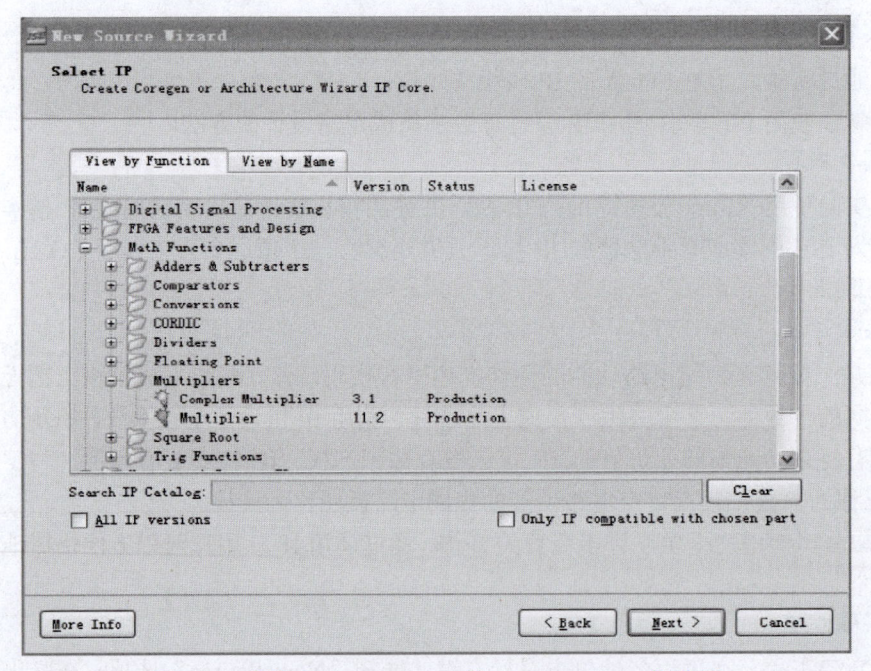

图 6-8 选择"Math Functions"→"Multipliers"选项

（4）将输入数据 a, b 的数据类型（Data Type）设置为"Unsigned"，即无符号数，将位宽（Width）设置为 4，一直单击"Next"按钮，最后单击"Finish"按钮生成 IP 核。

（5）IP 核生成后，新建文本文件，用 Verilog HDL 编写顶层文件调用 IP 核。

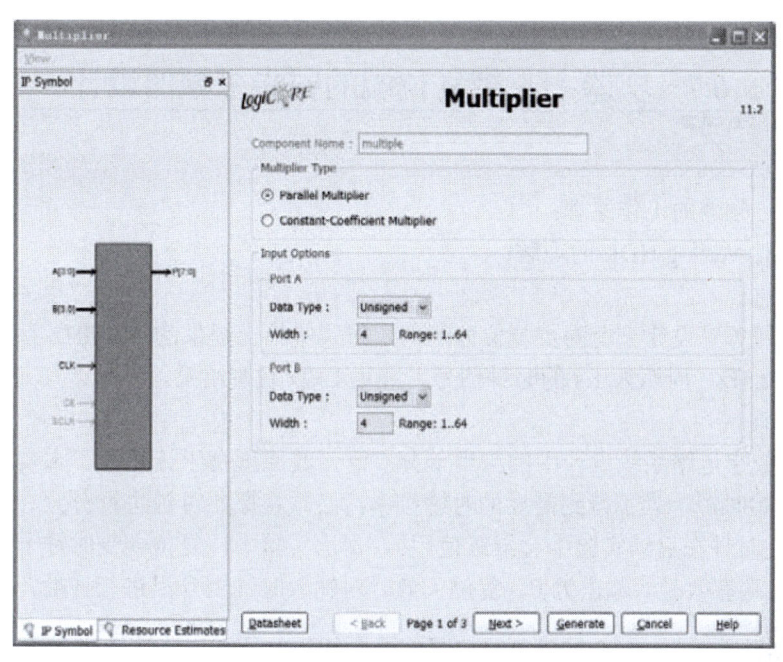

图 6–9 "Multipliers" 窗口

5. 引脚分配列表

引脚分配列表如表 6–6 所示。

表 6–6 实验六引脚分配列表

端口名	使用模块信号	对应 FPGA 管脚	管脚说明
clk	时钟	AA12	50 MHz
a(3)	拨码开关 S8~S5	G6	被乘数
a(2)		M5	
a(1)		M4	
a(0)		M3	
b(3)	拨码开关 S4~S1	AB9	乘数
b(2)		AB8	
b(1)		AB10	
b(0)		AA10	
P(7)	LED8~LED1	D7	乘积
P(6)		F8	
P(5)		D8	
P(4)		E9	
P(3)		C9	
P(2)		D10	
P(1)		C10	
P(0)		D11	
led_cs	LED 片选	A19	片选

6.7 实验七　带复位端的同步分频器设计

1. 实验目的

（1）熟悉分频器的工作原理；

（2）加深对 Verilog HDL 的理解；

分频器测试文件编写（微课）

2. 实验内容

本实验的任务是设计一个同步复位分频器，将实验箱上提供的 50 MHz 系统时钟分频得到一个频率为 1 Hz、周期为 1 s 的时钟信号，并用 LED 观察结果。

3. 实验原理

分频器在数字电路系统设计中的应用十分广泛，其原理基于计数器。本实验箱由晶振提供 50 MHz 原始时钟，为了得到需要的时钟频率，必须将原始时钟进行分频（本次实验得到频率为 1 Hz 的时钟在后续实验中会继续使用）。本次实验中，复位端受时钟上升沿控制（同步复位），复位端有效时，输出为 0，复位无效时对输入时钟上升沿进行计数，一个上升沿加 1。本次实验分频系数为 50 000 000，故按照前面介绍过的例子，计数值应计到 $N-1$ 或 $\frac{N}{2}-1$。

4. 引脚分配列表

引脚分配列表如表 6-7 所示。

表 6-7　实验七引脚分配列表

端口名	使用模块信号	对应 FPGA 管脚	管脚说明
clk	系统时钟	AA12	50 MHz
clkout	LED	D11	1 Hz
led_cs	LED 片选	A19	片选
clr	按键 S1	AA15	复位

6.8 实验八　移位寄存器设计

1. 实验目的

（1）掌握移位寄存器的工作原理；

（2）学会利用 ISE 进行移位寄存器的设计与仿真。

2. 实验内容

设计一个 8 位循环移位寄存器，即在时钟脉冲的作用下，数据依次右移，最低位移向最高位，设置移位寄存器中初始值为 01111111，并用 8 个 LED 灯进行显示。系统设计结构如图 6-10 所示。

该系统包括分频模块和移位模块。由于开发板上内部时钟频率为 50 MHz，移位脉冲时钟要对内部时钟进行分频，以便观察 LED 灯循环点亮（移位时钟使用实验七得到的 1 Hz 时钟）。SW0 为复位键（SW0 为高时复位），为了观察移位寄存器的移位情况，需要在复位时点亮一个 LED 灯，其他全灭，实验中点亮 D7。拨动开关 SW0 到低位，移位寄存器工作，可观察到 LED 灯循环点亮，即流水灯效果（注：EXCD-1 开发板的 LED 为高电平时，灯灭，反之灯亮）。

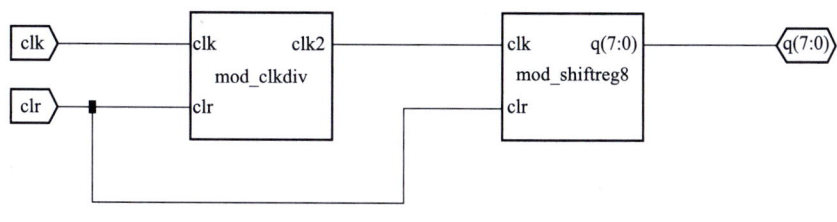

图 6-10　系统设计结构

3. 实验原理

移位寄存器是一个具有移位功能的寄存器，寄存器中所存的代码能够在移位脉冲的作用下依次左移或者右移。既能左移又能右移的称为双向移位寄存器，只需要改变左、右移的控制信号便可实现双向移位要求。根据寄存器存储信息的方式不同，寄存器可分为串入串出、串入并出、并入串出、并入并出 4 种形式。

4. 引脚分配列表

引脚分配列表如表 6-8 所示。

表 6-8　实验八引脚分配列表

端口名	使用模块信号	对应 FPGA 管脚	说　明
clk	时钟	AA12	50 MHz
clr	核心板 S1	AA15	复位
led_cs	片选	A19	片选
q(7)	LED8～LED1	D7	移位输出
q(6)		F8	
q(5)		D8	
q(4)		E9	
q(3)		C9	
q(2)		D10	
q(1)		C10	
q(0)		D11	

6.9　实验九　有限状态机设计

1. 实验目的

（1）了解有限状态机的基本概念；
（2）学会应用 HDL 进行有限状态机设计。

2. 实验内容

设计一个简单有限状态机，用 2 位拨码开关作为输入，用 4 个 LED 灯显示有限状态机输出。通过不同的输入，观察 LED 灯的状态，验证有限状态机的正确性。

3. 实验原理

有限状态机是指输出取决于过去输入部分和当前输入部分的时序逻辑电路。因此，有限状态机的下一个状态不仅与输入信号有关，而且与有限状态机当前状态有关。有限状态机具有以下优点：

（1）克服了纯硬件数字电路系统顺序方式控制不灵活的缺点；

（2）结构模式相对简单；

（3）容易构成性能良好的同步时序模块；

（4）HDL 表述形式多样；

（5）在高速运算和控制方面有很大优势。

根据图 6-11 所示状态转移图，描述简单 Moore 状态机。

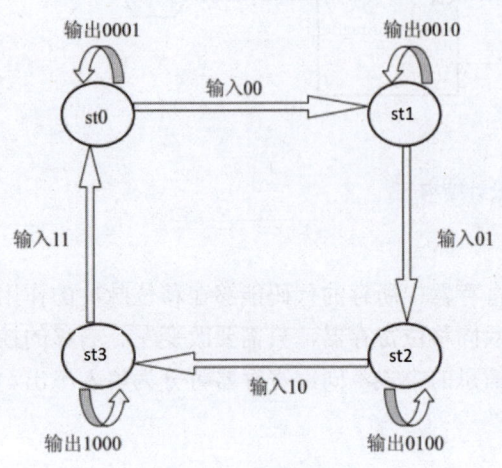

图 6-11 状态转移图

4. 引脚分配列表

引脚分配列表如表 6-9 所示。

表 6-9 实验九引脚分配列表

端口名	使用模块信号	对应 FPGA 管脚	说明
datain(1)	拨码开关 S2	AB10	开关输入
datain(0)	拨码开关 S1	AA10	
clk	时钟	AA12	50 MHz
rsk	核心板开关 S1	AA15	复位信号
led_cs	LED 片选	A19	片选
q(3)	LED8～LED5	D7	输出
q(2)		F8	
q(1)		D8	
q(0)		E9	

6.10　实验十　有限状态机控制流水灯

1. 实验目的

（1）能结合之前的分频、有限状态机、移位寄存器进行综合实验；

（2）熟练掌握 HDL 文本输入方法及编程技巧。

2. 实验内容

设计一个简单有限状态机，通过有限状态机控制流水灯方向。复位状态机回到零状态，用 2 位拨码开关作为输入，LED 流水灯显示状态机不同输出。改变输入，观察流水灯状态。

3. 实验原理

本实验为结合之前所做分频器、移位寄存器、有限状态机的一次综合实验，可以通过 HDL 文本输入或者原理图输入实现。实验要求当系统处于 0 状态时，LED 灯从左到右依次循环点亮；此时输入 00，系统处于 1 状态，LED 灯从右到左依次循环点亮；输入 01，系统转移到 2 状态，LED 灯从中间往两边循环点亮；输入 10，系统转移到 3 状态，LED 灯从两边往中间循环点亮；输入 11，系统转移到 0 状态；复位信号有效时，系统处于 0 状态。系统转移图如图 6–12 所示。

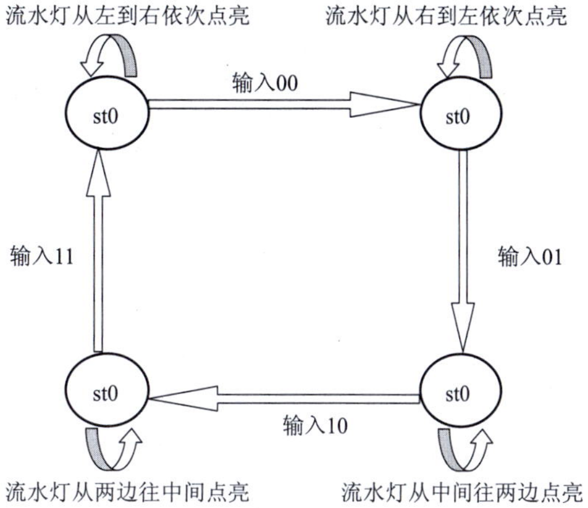

图 6–12 系统转移图

4. 引脚分配列表

引脚分配列表如表 6–10 所示。

表 6–10 引脚分配列表

端口名	使用模块信号	对应 FPGA 管脚	管脚说明
clk	时钟	AA12	50 MHz
clr	核心板 S1	AA15	复位
led_cs	片选	A19	LED 片选
K1	拨码开关	AB10	开关输入
K2	拨码开关	AA10	
q(7)	LED8～LED1	D7	流水灯输出
q(6)		F8	
q(5)		D8	
q(4)		E9	
q(3)		C9	
q(2)		D10	
q(1)		C10	
q(0)		D11	

6.11 实验十一 时钟及数码管驱动实验

1. 实验目的

（1）熟悉 Verilog HDL 代码的编写及时序实现；
（2）掌握时钟的设计原理。

2. 实验内容

结合 ISE 和实验箱设计一个显示 10 毫秒、秒、分、小时的时钟。它们分别占用两个数码管，显示其个位与十位。

3. 实验原理

本开发平台采用共阴极数码管。共阴极数码管是指数码管公共端接低电平，控制显示引脚接高电平时，对应数码管段发光。8 个数码管用一个 3-8 译码器来选择当前显示的数码管，每个数码管的 8 段：a、b、c、d、e、f、g、h（h 为小数点）分别连在一起，8 个数码管分别由 8 个选通信号 k1、k2、⋯、k8 控制。如在某一时刻，k3 为高电平，其余选通信号为低电平，则 k3 对应的数码管显示来自信号端的数据，而其他 7 个数码管则呈关闭状态。如果希望 8 个数码管都显示数据，就必须使 8 个选通信号分别被选通，与此同时在段码输入口加上该对应数码管显示的数据，故本实验的时钟显示采取扫描数码管的方式实现，该部分原理图如图 6-13 所示。

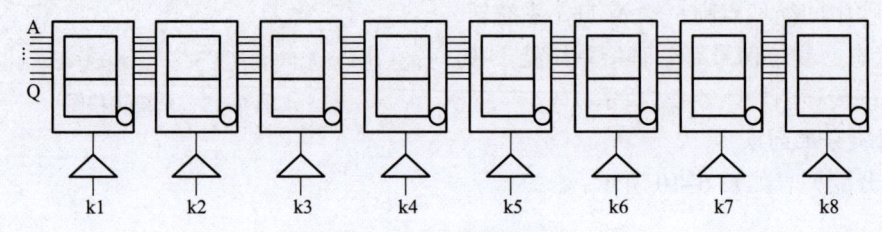

图 6-13 实验原理图

要设计时钟，首先需要将系统 50 MHz 时钟分频，产生 10 毫秒时钟信号，然后对其进行计数，每 100 次秒针加 1，秒针计满 60，分针加 1，分针计满 60，时针加 1，时针最大记到 23。秒针和分针之间，分针和时针之间都是 60 进制。在显示部分，要显示十进制数据，需要设计译码电路。数码管显示部分也要设计扫描电路，注意控制扫描速度，太快或太慢都会看到闪烁。时钟总体设计框图如图 6-14 所示。

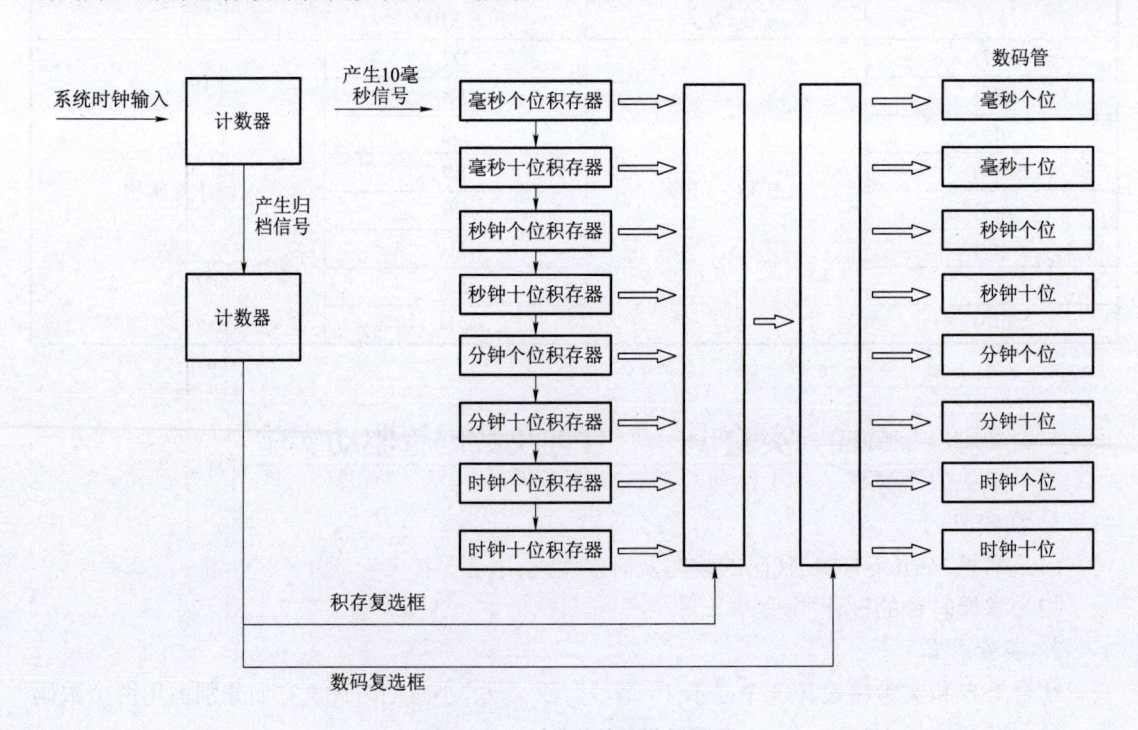

图 6-14 时钟总体设计框图

4. 引脚分配列表

引脚分配列表如表 6–11 所示。

表 6–11 实验十一引脚分配列表

名　　称	信号名	FPGA 引脚
时钟	clk	AA12
7 段数码管片选	SMG_CS	A6
7 段数码管位选	SMG_SEL<1>	C8
7 段数码管位选	SMG_SEL<2>	B20
7 段数码管位选	SMG_SEL<3>	A20
7 段数码管输出	SMG_D<0>	C11
7 段数码管输出	SMG_D<1>	E11
7 段数码管输出	SMG_D<2>	E10
7 段数码管输出	SMG_D<3>	C12
7 段数码管输出	SMG_D<4>	E12
7 段数码管输出	SMG_D<5>	E13
7 段数码管输出	SMG_D<6>	F13
7 段数码管输出	SMG_D<7>	D13

6.12 实验十二　4×4 矩阵键盘实验

1. 实验目的

（1）了解矩阵键盘按键扫描方法；

（2）进一步熟悉数码管动态扫描原理。

2. 实验内容

编写 Verilog HDL 代码，完成对矩阵键盘键值的检索，按下矩阵键盘中任意一个按键，数码管显示按下的键值，键盘键值依次为 0~9、A~F。

3. 实验原理

在键盘中按键数量较多时，为了减少 I/O 口的占用，通常将按键排列成矩阵形式。矩阵键盘又称行列式键盘，在矩阵键盘中，每条水平线和垂直线在交叉处不直接连通，而是通过一个按键加以连接。4×4 矩阵键盘是用 4 条 I/O 线作为行线，用 4 条 I/O 线作为列线组成的键盘，键盘中按键个数为 16 个。这种矩阵键盘结构能有效提高 FPGA 系统中 I/O 口的利用率。

4. 引脚分配列表

引脚分配列表如表 6–12 所示。

表 6–12 实验十二引脚分配列表

名　称	信号名	FPGA 引脚	名　称	信号名	FPGA 引脚
7 段数码管位选	SMG_SEL<1>	C8	第 1 行	ROW<0>	AB7
7 段数码管位选	SMG_SEL<2>	B20	第 2 行	ROW<1>	R3
7 段数码管位选	SMG_SEL<3>	A20	第 3 行	ROW<2>	U5
7 段数码管输出	SMG_D<0>	C11	第 4 行	ROW<3>	T3
7 段数码管输出	SMG_D<1>	E11	第 1 列	COL<0>	U3
7 段数码管输出	SMG_D<2>	E10	第 2 列	COL<1>	U4
7 段数码管输出	SMG_D<3>	C12	第 3 列	COL<2>	V3
7 段数码管输出	SMG_D<4>	E12	第 4 列	COL<3>	V4
7 段数码管输出	SMG_D<5>	E13	时钟	CLOCK_50	AA12
7 段数码管输出	SMG_D<6>	F13	复位	Q_KEY	AA15
7 段数码管输出	SMG_D<7>	D13	数码管片选	SMG_CS	A6

课程拓展

一、知识图谱绘制

根据前面知识的学习，请完成本单元所涉及的知识图谱的绘制。

二、技能图谱绘制

根据前面技能的学习，请完成本单元所涉及的技能图谱的绘制。

三、以证促学

以集成电路设计与验证职业技能等级证书（中级）为例，本章内容与 1+X 证书对应关系如表 6–13 所示。

表 6–13 本章内容与 1+X 证书对应关系

集成电路设计与验证职业技能等级证书（中级）			教材
工作领域	工作任务	技能要求	对应小节
1. 基于 FPGA 的 IC 设计	1.1 数字电路设计	1.1.1 能正确认识常见数字电路模块基本功能。 1.1.2 能使用数字电路设计相关 EDA 软件的基础功能。 1.1.3 能掌握基本的 Verilog/VHDL 等硬件描述语言。 1.1.4 能正确辨识数字电路仿真时序逻辑图。 1.1.5 能正确判断数字电路模块仿真结果是否符合功能要求。	6.1～6.12

四、以赛促练

以全国大学生集成电路创新创业大赛第六届集创赛——Robei 杯进行分析。

比赛题目：可重构机器人设计

比赛背景：

随着智能化设备的涌现，机器人已经存在于人类生活的各个角落，比如空调、洗衣机、冰箱、扫地机、电视机、音箱等都已经具备智能化。但是现有的机器人功能比较单一，只为特定的工作任务而设计。未来的机器人一定可以实现多任务多功能，而非局限于特定的工作种类。

赛题任务：

本赛题要求采用 Robei EDA 工具和 FPGA 进行开发，结合多种传感器设备实现发送指令的人与被操作的物体之间交互。FPGA 作为多传感器并行采集器，用于控制外围传感器对物体和人的感知预处理，采用 RISC-V 的 MCU 处理器对处理后的多传感器数据进行汇总和智能融合，最终给出决策，通过执行机构（电机）实施相应的动作。本次比赛为了确保参赛学员的代码可运行检查评估，要求参赛学生采用建议的芯片板卡进行设计。

评分标准：

1. 应用场景与创新分析（每个应用场景和创新点最高给 5 分）（10 分）

2. 整体系统架构与外围器件选型，机器人系统所加载的传感器类型与数目（主体架构根据描述最高得 3 分，每个传感器根据难易程度最高得 1 分）（10 分）

3. 多传感器并行采集接口的 Robei EDA 实现，设计方案必须采用 Robei EDA 工具进行设计，设计架构自然分层（合理层数），每层设计划分以及分模块的仿真测试完备性（不采用 Robei EDA 工具开发为 0 分，采用 Robei EDA 工具，主体架构最高得 10 分，剩余分数根据每个模块来定，每个模块设计最高得 2 分）（30 分）

4. 多传感器并行采集接口的电路需要在 FPGA 上进行分模块验证，并将验证结果放在项目报告里（无 FPGA 验证得 0 分，FPGA 验证测试完善最高得 5 分）（5 分）

5. 多传感器融合采用 RISC-V 的 MCU 进行实现（用 Robei 提供的 RISC-V 芯片），准确描述出采用的具体算法和决策（算法部分最高得 8 分，开发代码根据复杂度最高得 7 分）（15 分）

6. 设计突出的人机交互机制，包括但不限于语音、手势、动作等（根据人机交互的便利性和复杂性特点最高得 10 分）（10 分）

7. 现场演示、演讲与答辩（20 分）

8. 附加分：

（1）系统采用双目摄像头进行物体识别和定位（5 分）

（2）控制 6 自由度及以上机械臂（5 分）

通过对以上赛题的分析，可以明确获知，其需要掌握的知识和技能主要还是基于 HDL 硬件描述语言、依靠赛项指定的 EDA 工具实现 FPGA 数字系统设计与验证。

具体来说至少需要掌握软件使用、代码编写、仿真、下载调试等 FPGA 开发的基本步骤和要领。这也正是本章所要学习的目的。

社会和企业对高素质、高技能综合性应用人才的需要是现阶段院校开展数字逻辑类课程教学的目标和指南，引进 FPGA 技术这样实用的科学技术和知识能充分调动学生学习的兴趣和积极性，提升学生的自主学习能力和实践探索能力，助力学生在工作实践中可以快速适应，并具备解决问题的能力。

第 7 章

基于 FPGA 的嵌入式系统开发

【知识目标】
(1) 了解基于 FPGA 的嵌入式系统开发；
(2) 掌握 EDK 嵌入式设计流程；
(3) 掌握 EDK 嵌入式设计的操作方法。

【技能目标】
(1) 理解 EDK 嵌入式开发流程；
(2) 熟练掌握 EDK 嵌入式系统的操作方法。

【素养目标】
(1) 培养学习新技术和新知识的自主学习能力；
(2) 培养"敬业专注、精益求精、突破创新"的工匠精神；
(3) 培养不因循守旧，追求新知，富于创造性的创新精神；
(4) 培养科技报国的家国情怀和使命担当。

【重点难点】
EDK 嵌入式系统的操作方法。

【参考学时】
24 学时。

课程引入

嵌入式系统的实现

五花八门的电子产品进入我们每个人的日常生产生活中，有的甚至成为了必需品，实现这些电子产品的过程可以归纳为：按照一定指令系统编写好的软件通过编译成为特殊代码，再把代码植入或烧写到特定的载体，这里的载体通常指 CPU、MCU、GPU、GGPU 和 FPGA；

然后再与外围电路构成一个完整系统，这个系统能够实现一定的功能，满足一定的产品需求。这也是嵌入式系统的基本开发场景。

嵌入式电子产品各种各样的功能所依靠的物理基础是集成电路，这些集成电路又植入了不同的软件来实现各式各样的功能。

嵌入式系统的实现从硬件的角度分类主要有以下几种形式：嵌入式处理器、微控制器（又称单片机）、DSP 处理器和嵌入式片上系统（SoC）/片上可编程系统（SoPC）。对于较复杂的系统，往往采用"微控制器+FPGA（可编程逻辑器件）"或"微控制器+DSP+FPGA"等方案，同时 FPGA 设计技术又是 SoC/SoPC 的基础，而 SoC/SoPC 代表嵌入式系统发展的方向。

让我们一起来通过实践探索"基于 FPGA 的嵌入式系统开发"吧。

7.1 可编程嵌入式系统介绍

7.1.1 基于 FPGA 的嵌入式系统

嵌入式系统是一种对功能、成本、体积、功耗有严格要求的专用计算机系统，它以应用为中心，以计算机技术为基础，且软、硬件可裁减。嵌入式系统经历了单片计算机、工业控制计算机、集中分布式控制系统、嵌入式智能平台几个发展阶段。

> **小提示**
>
> 嵌入式系统向着更高性能、更小体积、更低功耗、更低价格、无处不在的方向发展。嵌入式系统的设计和实现朝着基于芯片，特别是片上可编程片上系统（SOPC）的方向发展。

从系统对上市时间的要求、可定制特性以及集成度等方面考虑，FPGA 在嵌入式系统中获得了广泛的应用，它已经从早期的军事、通信系统等的应用扩展到低成本消费电子类产品。

> **小资料**
>
> FPGA 在嵌入式系统中主要有 3 种使用方式：状态机模式、单片机模式、定制嵌入模式。

> **小提示**
>
> 随着生产工艺的不断发展，FPGA 器件的处理能力更强，且成本低、功耗小，已经取代了相当数量的中小规模 ASIC 器件和处理器。

> **小资料**
>
> 可编程片上系统（SOPC）是一种特殊的嵌入式系统：首先，它是片上系统（SOC），即由单个芯片完成整个系统的主要逻辑功能。其次，它是可编程系统，具有灵活的设计方式，可裁减、可扩充、可升级，并具备软、硬件在系统可编程的功能。

7.1.2　Xilinx 公司的嵌入式解决方案

1. 解决方案

Xilinx 公司的嵌入式解决方案以 3 类微处理器为核心，涵盖了系统硬件设计和软件调试的各个方面。3 类嵌入式内核分别为 PicoBlaze、MicoBlaze 和 PowerPC。

> **小提示**
>
> PicoBlaze 和 MicroBlaze 是可裁剪的软核处理器，PowerPC 为硬核处理器。

PicoBlaze 是由 VHDL 在早期开发的小型 8 位软处理器内核包，其汇编器是简单的 DOS 可执行文件"KCPSM2.exe"。

> **小资料**
>
> 用汇编语言编写的程序经过编译后放入 FPGA 的块 RAM 存储区，汇编器可在 3 s 内编译完存储在块 RAM 中的程序。

MicroBlaze 采用功能强大的 32 位流水线 RISC 结构，包含 32 个 32 位通用寄存器和 1 个可选的 32 位移位寄存器，时钟频率可达 150 MHz。

> **小资料**
>
> 在 Virtex2 Pro 以及更高系列的平台上，运行速度可达 120 DMIPS，占用资源不到 1 000 个 Slice。

PowerPC 是 32 位 PowerPC 嵌入式环境架构，确定了若干系统参数，用以保证在应用程序级实现兼容，增加了其设备扩展的灵活性。

> **小资料**
>
> Xilinx 公司将 PowerPC 405 处理器内核整合到 Virtex 2 Pro 系列以及更高等级系列的芯片中，允许该硬 IP 核能够到 FPGA 架构的任何部位，提供高端嵌入式应用的 FPGA 解决方案。

> **小提示**
>
> MicroBlaze 和 PowerPC 是目前使用较多的嵌入式内核，工作频率可达到数百兆赫兹，添加了新的浮点单元选项，非常适合网络、电信、数据通信、嵌入式和电子消费等市场的产品。

2. Xilinx FPGA 开发工具

Xilinx 公司提供了设计可编程嵌入式系统的开发套件 EDK（Embedded Development Kit）。

小提示

EDK 套件包括嵌入式软件工具（Platform Studio）以及嵌入式 IBM PowerPC 硬件处理器核、Xilinx MicroBlaze 软处理器核、Xilinx FPGA 设计所需的技术文档和 IP 核。

小知识

嵌入式软件工具指用来产生、编辑、编译、链接、加载和调试高级编程语言（C 或 C++）代码的工具。

小提示

最快捷的硬件设计方式是在设计系统时以相应的评估板为母板，然后对其进行必要的修改。

7.2　EDK 简 介

Xilinx 公司的嵌入式开发套件 EDK 可以用来设计完整的嵌入式系统。本节主要介绍 EDK 嵌入式设计流程和基本操作。

小提示

EDK 提供了开发嵌入式系统的工具和丰富的 IP 核，但只能在 Xilinx 公司的 FPGA 芯片上运行。

7.2.1　EDK 介绍

嵌入式系统涉及软件和硬件的开发以及二者的综合设计，因此其开发过程较为复杂。Xilinx 公司提供了功能强大、操作简单的设计工具套件 EDK，使基于 FPGA 的嵌入式设计更为简单。

EDK 可以用来设计完整的嵌入式处理器系统，并且自带许多工具和 IP 核，主要包括 Xilinx 平台工作室 XPS 和软件开发套件 SDK。

注意

只有安装了 ISE 软件，才能正常运行 EDK，且二者的版本必须一致。

下面对 EDK 的组成模块进行简要说明。

1. Xilinx 平台工作室

XPS（Xilinx Platform Studio）是设计嵌入式处理器系统硬件部分的开发环境，也是构建 Xilinx 嵌入式系统必用的工具套件。

> **小提示**
>
> 在 XPS 中，可以完成嵌入式系统架构的创建、软件代码的编写、设计的编译以及 FPGA 芯片的硬件配置。

2. 软件开发套件

SDK（Software Development Kit）是基于 Eclipse 的集成开发环境。它支持 C/C++语言，用于嵌入式软件的开发和验证。

> **小提示**
>
> EDK 还包括其他一些集成工具，如：用于 Xilinx 嵌入式处理器的硬 IP 核、用于嵌入式软件开发的驱动和库、在 MicroBlaze 和 PowerPC 处理器上用于 C/C++软件开发的 GNU 编译器和调试器。

7.2.2　EDK 设计的实现流程

1. EDK 嵌入式设计流程

一个完整的嵌入式设计流程包括硬件设计、调试和软件设计、调试等几个步骤，各个步骤相对独立但又相辅相成。图 7-1 所示为 EDK 嵌入式设计流程。

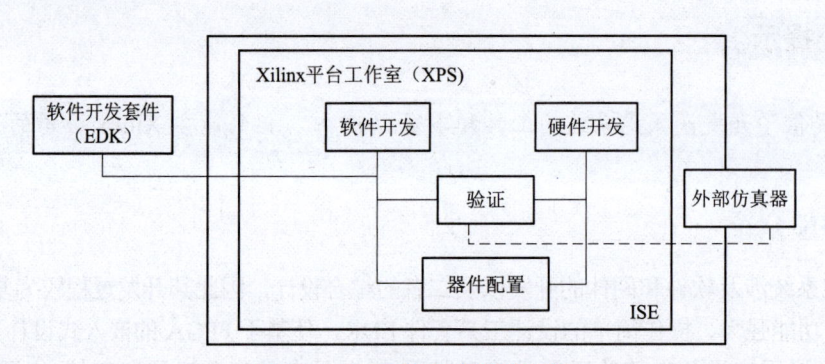

图 7-1　EDK 嵌入式设计流程

> **小经验**
>
> 由于嵌入式系统应用场合多样，且软、硬件都可裁剪，因此并不是每个设计都要完成所有的步骤。用户根据实际需要设计必要的步骤即可。

通常 ISE 开发软件在后台运行，XPS 调用 ISE 软件提供的功能。XPS 主要用于嵌入式处理器硬件系统的开发，微处理器、外围设备以及这些组件之间的连接问题和它们各自属性的设置也在 XPS 里进行。

> 小提示
>
> 简单的软件开发可以在 XPS 里完成，而复杂的应用开发和调试则推荐使用 SDK。
>
> 硬件平台的功能验证可以通过硬件描述语言仿真器完成，XPS 提供了行为级、结构级以及定时精确级 3 种类型的仿真。
>
> 验证过程结构由 XPS 自动产生，其中包括仿真的 HDL 文件。设计者只需要输入时钟时序、重配置信息以及一些应用代码即可。

完成设计后，在 XPS 中将 FPGA 比特流和可执行可链接格式文件下载，就可以进行目标器件的配置。

完整的嵌入式设计流程如图 7-2 所示，其主要步骤如下：

（1）创建硬件平台：利用 XPS 的板级开发包向导（BSB Wizard）快速构建所设计的硬件平台。

（2）添加 IP 核以及用户定制外设。在 XPS 中添加所需的 IP 核，对于 XPS 库中缺少的模块，需要用户自行设计。同时，XPS 提供了建立用户自定义外设的向导，可简化该过程。

（3）生成仿真文件并测试硬件系统。生成硬件系统的仿真文件，可选择行为级、结构级以及时序级仿真，利用 ModelSim 等工具测试系统，特别是用户自定义的外设；如果测试失败，需要返回上一步修改。

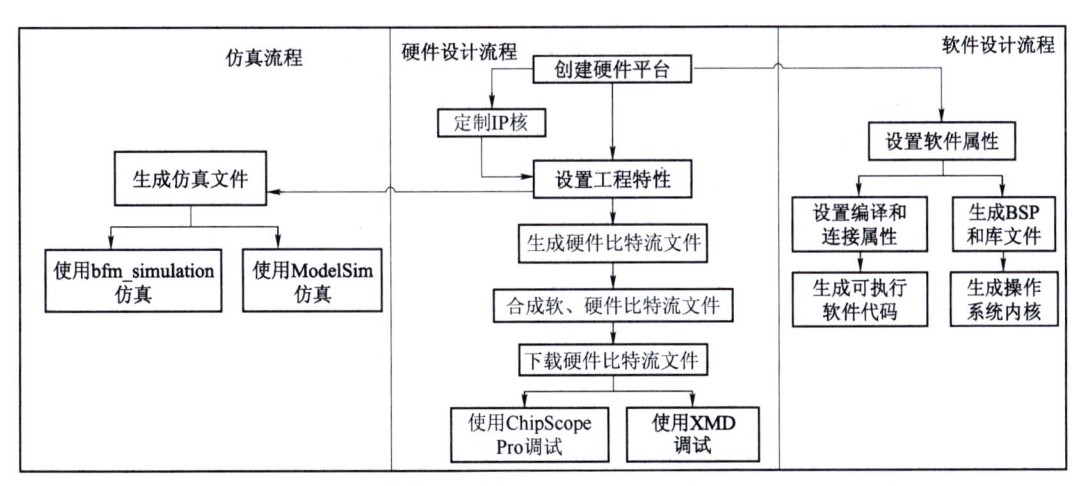

图 7-2 完整的嵌入式设计流程

（4）生成硬件比特流文件：生成硬件网表和比特流文件，这个步骤类似于传统 FPGA 设计的综合、布局布线和生成编程文件 3 个操作。

（5）开发软件系统：针对软件需求编写硬件代码，确定软件的操作系统、库、外设驱动等属性；针对每个应用软件工程，设置编译器、优化级别、使用的连接文件等信息。设置完成后，编译生成 ".elf" 格式的可执行代码。

（6）合并软、硬件比特流文件：编译软件后，需要将软、硬件可执行文件合并在一起，生成最终的二进制比特文件。

（7）下载：使用 JTAG 编程电缆或编程器将更新后的最终比特流文件烧写到 FPGA、PROM、FLASH 或者 CF 卡中。

（8）在线调试：可利用 XMD 或 Chipscope Pro 调试，通过 JTAG 编程电缆在线调试，下载可执行软件代码进行控制执行，并监控相关信息。

2. EDK 设计比特流文件的组成

前面已经提到，最终下载到 FPGA 的嵌入式比特流文件是软、硬件比特流文件合并在一起的文件，详细的组成部分如图 7-3 所示。最后通过 Data2MEM 过程，将软、硬件比特流文件合成为完整的系统比特流文件，并通过 JTAG 链路下载到 FPGA 芯片中。

> **小提示**
>
> 硬件比特流文件包括 MHS 文件和用户自定义的 HDL 代码经过综合实现后产生的".ngc"网表，以及生成硬件系统的比特流文件。
>
> 软件比特流文件包括 MSS 文件、用户".c/cpp/asm"文件通过 GCC 编译器生成的".obj"目标文件再经过连接合成软件系统的比特流文件。

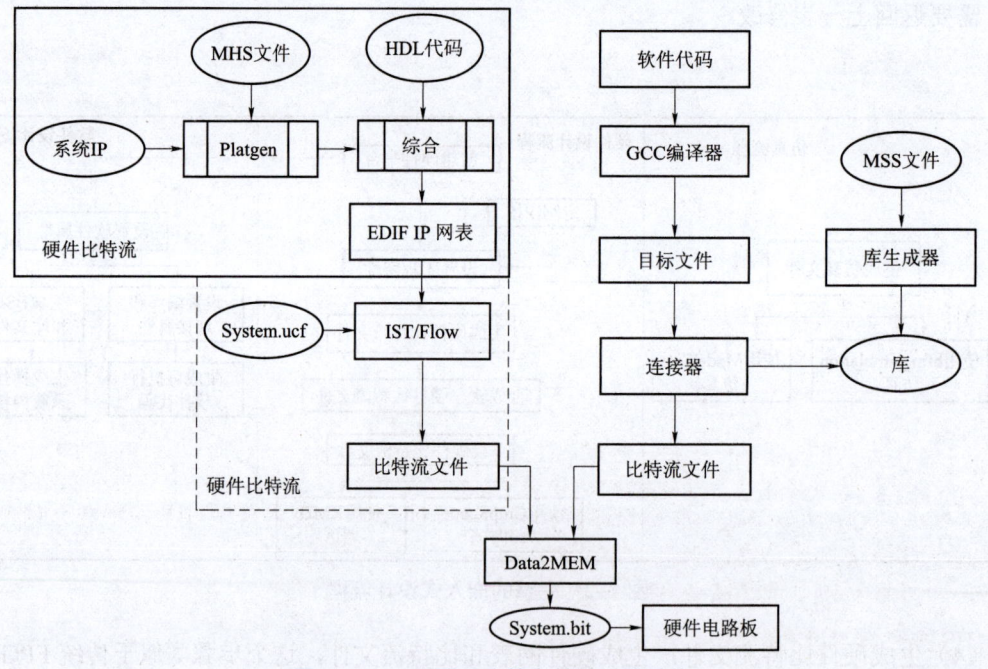

图 7-3 EDK 配置比特文件的组成结构

7.2.3 EDK 的文件管理架构

嵌入式系统的开发应用很重要的一点就是软、硬件协同开发，虽然 EDK 提供了 XPS 和 SDK 两个图形化平台，但仍以文件结构管理为基础，所有的设置内容都会写入相应的文件。本小节介绍 EDK 构建嵌入式软、硬件系统的文件，以及管理、存储数据文件的模式和流程。

小提示

图形化平台只是方便用户操作，EDK 仍以文件结构管理为基础。了解相应格式的文件是掌握 EDK 开发工具操作的基础。

1. 板级支持包 BSP（Board Support Package）

在将处理器、外围设备组装到硬件系统上，并定义了地址映射后，可以利用 XPS 产生 BSP。

小提示

BSP 为每个处理器定义了系统的硬件元素。它包括不同的嵌入式软件元素，如软件驱动文件、所选的库、标准 I/O 设备、中断处理程序以及其他相关的特征。

2. XMP 文件

EDK 设计的工程文件是".xmp"格式，它定义了 EDK 的版本、相关的硬件配置文件（MHS）和软件配置文件（MSS）、目标器件的类型、软件的源码和库位置等信息。

小提示

用 UltraEditor、vim 等文本编辑工具可打开查看"XMP"文件。

"XMP"文件是由 XPS 自动生成的，用户一般不要自行修改，同时 MSS 中的信息必须与此一致。

3. MHS 文件和其他相关的硬件平台元素

MHS 文件是硬件结构描述文件，定义了系统结构、外围设备和嵌入式处理器、系统的连通性、每个外围设备的地址分配和对每个外围设备的可配选项。

小资料

MHS 文件可随意更改，严格遵循分层设计的思想，每个硬件模块都是一个独立的组件，再通过上层模块连接起来，形成一个完整的系统。

在图形界面中对硬件结构的任何改动，都要写入 MHS 文件。同样，也可以通过直接修改 MHS 文件代替 XPS 中的图形操作。

4. MSS 文件和其他软件平台元素

XPS 利用 MSS 文件进行一个类似的软件系统描述。MSS 文件和用户的软件应用在一起，组成描述嵌入式系统软件部分的主要源文件。

> 利用 MSS 文件以及 EDK 的库和驱动器，XPS 就可以编译用户的应用程序。编译后的软件程序生成为可执行可链接格式（ELF）的文件。
>
> 与 MHS 文件一样，高级用户也可通过直接修改 MSS 文件达到更改软件配置的目的。

5. UCF 文件

EDK 和 ISE 一样，都通过 UCF 文件添加信号的引脚约束与时序约束。

> 在 EDK 设计中，用 UCF 文件指定引脚的功能是最常用的方法，该功能可通过文本编辑器修改。UCF 的语法和 ISE 的语法是一致的。

6. CMD 文件

EDK 在配置 FPGA 时仍通过 iMPACT 软件来完成，但没有相应的图形化界面，而是通过命令行的方式实现的，将所需要的命令写入一个"CMD"文件中，然后采用批处理的方式实现。

> CMD 文件可通过文本编辑器修改。

7. 平台工作室软件开发套件

平台工作室软件开发套件方便了嵌入式软件应用工程的开发。对于每个复杂软件的应用，用户都应该建立一个 SDK 工程。通常每个 SDK 工程目录都位于嵌入式系统的 XPS 工程目录树下，每个 SDK 工程只产生一个名为"project_name.elf"的可执行文件。

> 工程包括用户的 C/C++ 源文件、可执行输出文件以及相应的功能文件，如用来建立工程的 make 文件。
>
> 对于一个 XPS 嵌入式系统而言，可能有多个相应的 SDK 工程。

7.3　XPS 的基本操作

XPS 是 Xilinx 公司提供的完备嵌入式开发工具，可以完成嵌入式系统的全部硬件开发和软件开发。本节主要介绍 XPS 的基本操作。

> XPS 主要有两种启动方式，一种方式是选择"开始"→"程序"→"Xilinx ISE Design Suite

11"→"EDK"→"Xilinx Platform Studio"选项;另一种方式是在 ISE 中新建 Embedded Processor 类型的源文件。

7.3.1 利用 BSB 创建新工程

对 EDK 有基本的了解之后,现在介绍如何利用 EDK 开发嵌入式系统。首先利用基本系统创建器(BSB)向导快速创建一个设计,然后再对其进行定制。

> **小提示**
>
> BSB 是帮助用户快速建立系统的软件工具。当用户希望创建一个新的系统时,XPS 会自动调用 BSB。
> 在 BSB 中,可以创建工程文件、选择开发板、选择和配置处理器以及 I/O 设备、添加内部外围设备、生成系统报告等。

1. BSB 开发流程

BSB 会自动完成以下工作。

1)生成 XMP 文件

Xilinx 微处理器工程文件(XMP 文件)是所开发嵌入式系统的顶层工程文件。它包括 MHS 文件和 MSS 文件的存储位置等。

> **小提示**
>
> XMP 文件还包括 XPS 将进行编译的 C 源文件和头文件的信息,以及 SDK 编译的可执行文件的信息。

2)选择/新建电路板

选择/新建电路板包括两个选项:指定的目标板和定制的开发板。

> **小提示**
>
> 如果选择指定的目标板,则允许用户选择板上的外围设备,且其 FPGA 端口可以自动匹配开发板,同时创建一个可以下载到板子上运行的完整平台和测试应用。
> 对于定制的开发板,用户可以基于一些已有的处理器核和外围设备核,按照需要来添加处理器和外围设备。

3)选择并配置处理器

可以选择的处理器类型有 MicroBlaze 和 PowerPc。

> **小提示**
>
> 处理器的其他设置有:器件类型、封装、速率等级、参考时钟频率、处理器总线时钟频率等。

4）选择并配置 I/O 接口

BSB 可以决定定制的开发板上哪些外部存储器和 I/O 设备是有效的。

> **小提示**
>
> 与 I/O 接口相关的其他设置有：波特率、外围设备类型、数据比特数、校验等。

5）添加外围设备

外围设备包括芯片上的存储控制器和计时器等。BSB 允许用户添加需要的外围设备。

6）设定软件

可以在 BSB 中对标准的输入/输出器件进行说明，用户还可以使 XPS 产生相应的 C 应用样例。每个应用程序都包括一个链接脚本。

> **小提示**
>
> 用户所选择的应用样例包括存储测试、外围设备测试或者二者皆有。

7）查看创建的系统

完成以上选择后，BSB 将显示已经生成的系统。

> **小提示**
>
> 在 BSB 生成的系统的界面中用户可以选择产生这个工程或者返回前述步骤进行修改。

2. BSB 操作方法

下面详细介绍使用 BSB 新建工程的全部流程。

（1）选择"开始"→"程序"→"Xilinx ISE Design Suite 11"→"EDK"→"Xilinx Platform Studio"选项或双击桌面快捷方式打开 XPS。在弹出的对话框里，选择"Base System Builder wizard (recommended)"选项来新建工程，如图 7-4 所示。单击"OK"按钮。

图 7-4 启动 BSB 向导

（2）在弹出的提示对话框的"Project file"下的输入框中输入工程路径，或者单击"Browse"按钮选择合适的工程路径，如图 7-5 所示。

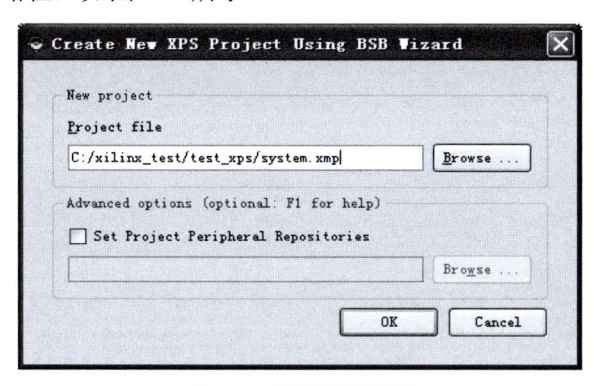

图 7-5 设置工程路径

（3）选择"I would like to create a new design"选项，如图 7-6 所示。

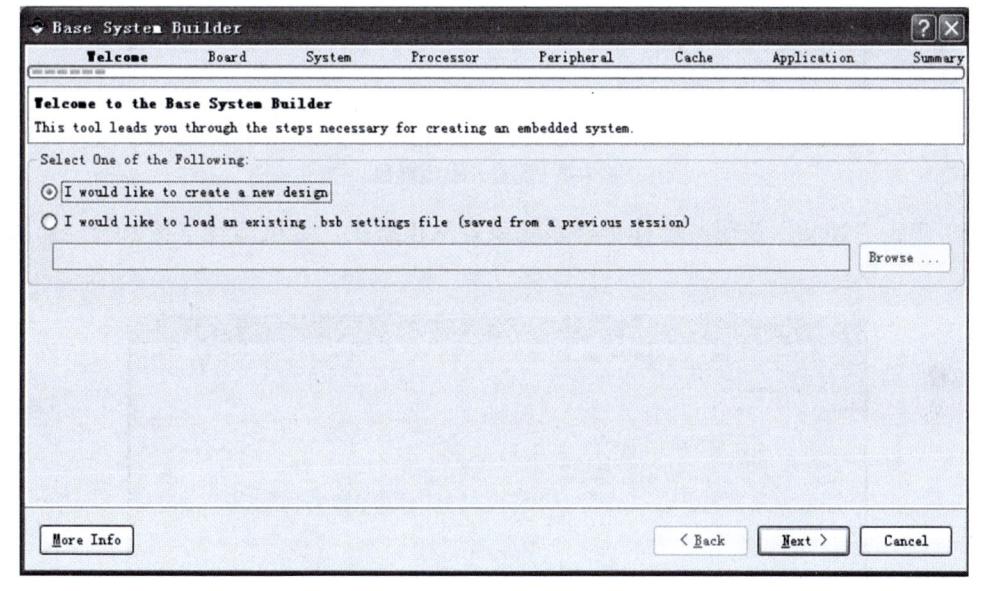

图 7-6 新建工程

（4）单击"Next"按钮，配置开发板参数对话框，在"Board"区域选择"I would like to create a system for custom board"选项，并进行 FPGA 器件参数配置，如图 7-7 所示。其他参数设置如下：Architecture：spartan3a；Device：xc3s700a；Package：fg400；Speed Grade：-4；Reset Polarity:Active Low。

小提示

对于 Xilinx 公司原厂开发板，对应型号可以保持默认配置参数。

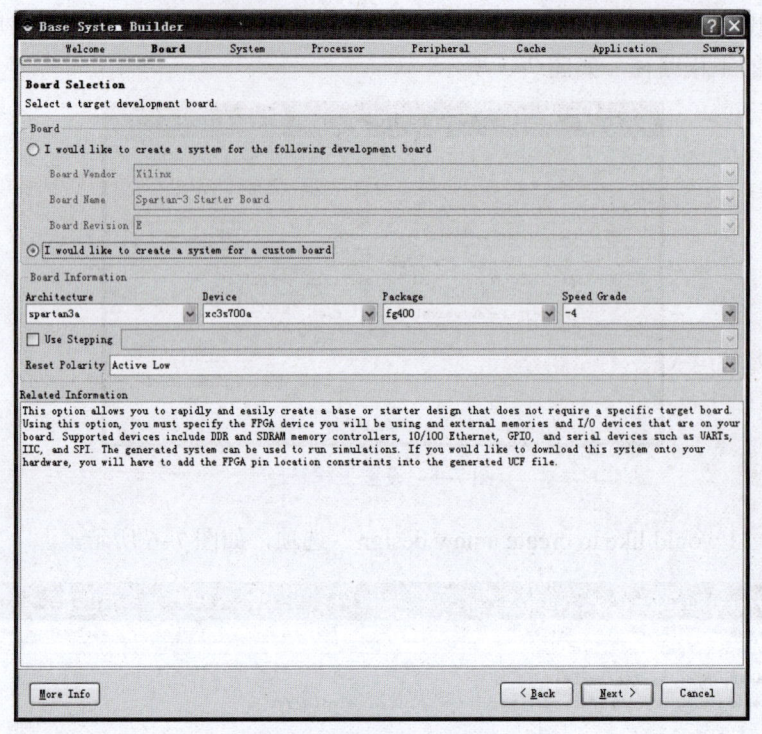

图 7-7 配置开发板参数

（5）单击"Next"按钮，选择单核系统或者双核系统，这里选择单核系统，如图 7-8 所示。

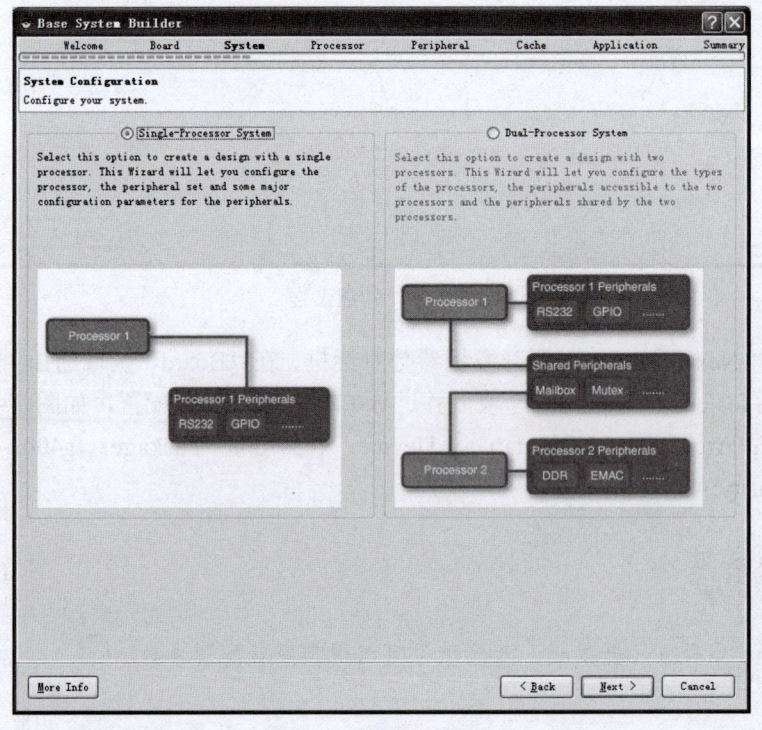

图 7-8 选择软核个数

第 7 章　基于 FPGA 的嵌入式系统开发

（6）单击"Next"按钮，根据开发板上的时钟源，选择系统时钟频率、存储容量、处理器类型。由于 Spartan 系列只有 MicroBlaze 处理核，因此软件默认 MicroBlaze 系统，不可选，如图 7-9 所示。

> **小提示**
>
> 系统参数配置如下：
> Reference Clock Frequency：66.67 MHz
> Processor Type：MicroBlaze；
> System Clock Frequency：66.67 MHz
> Local Memory：8 KB。

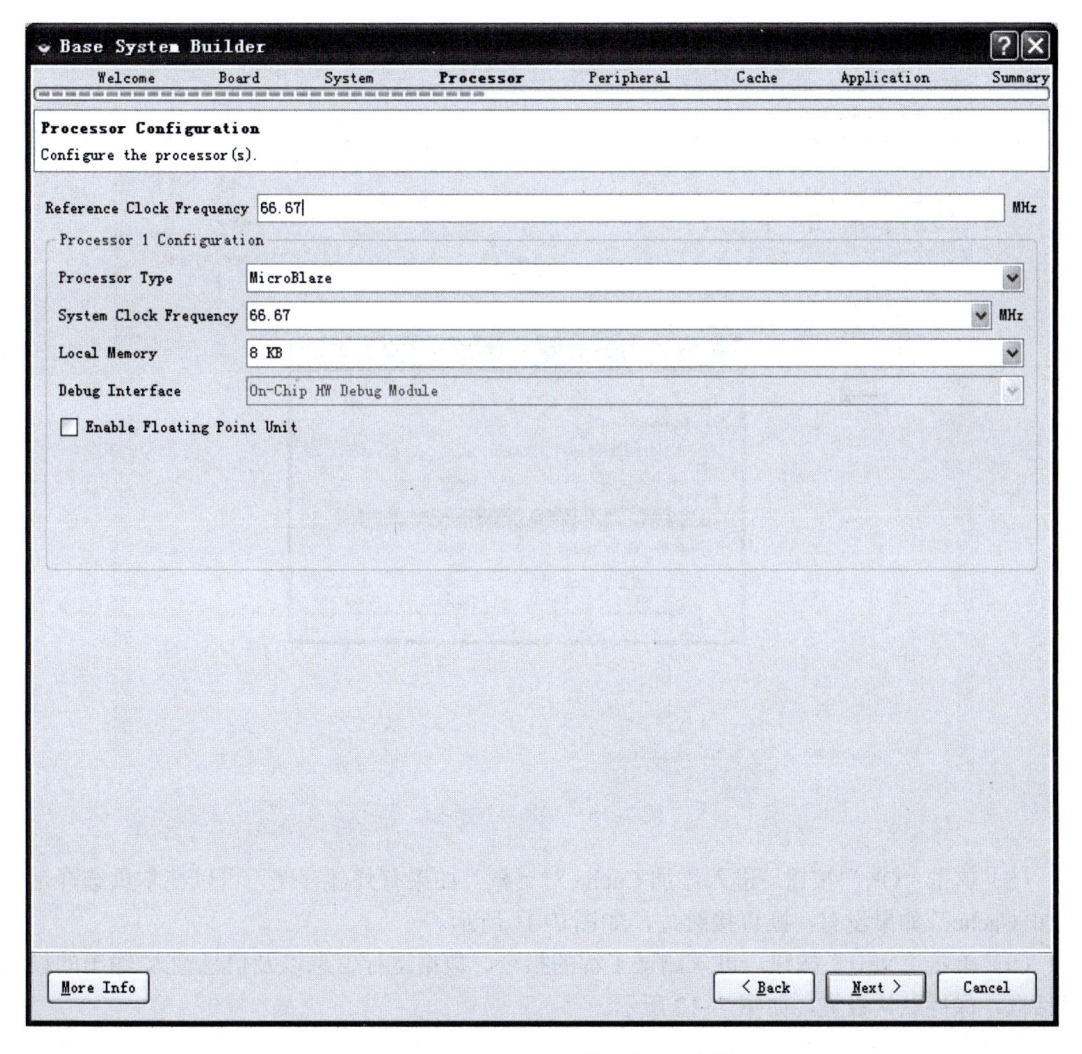

图 7-9　设置处理器类型、存储容量等

(7)单击"Next"按钮,进入添加系统外设页面。本工程只添加 LED 和 RS-232,如图 7–10 所示。

> **小提示**
>
> 所添加外设参数配置如下:
> LED Data Width:32
> RS232 Baud Rate:115200
> Data Bit:8
> Parity:不选
> Use Interrupt:不选

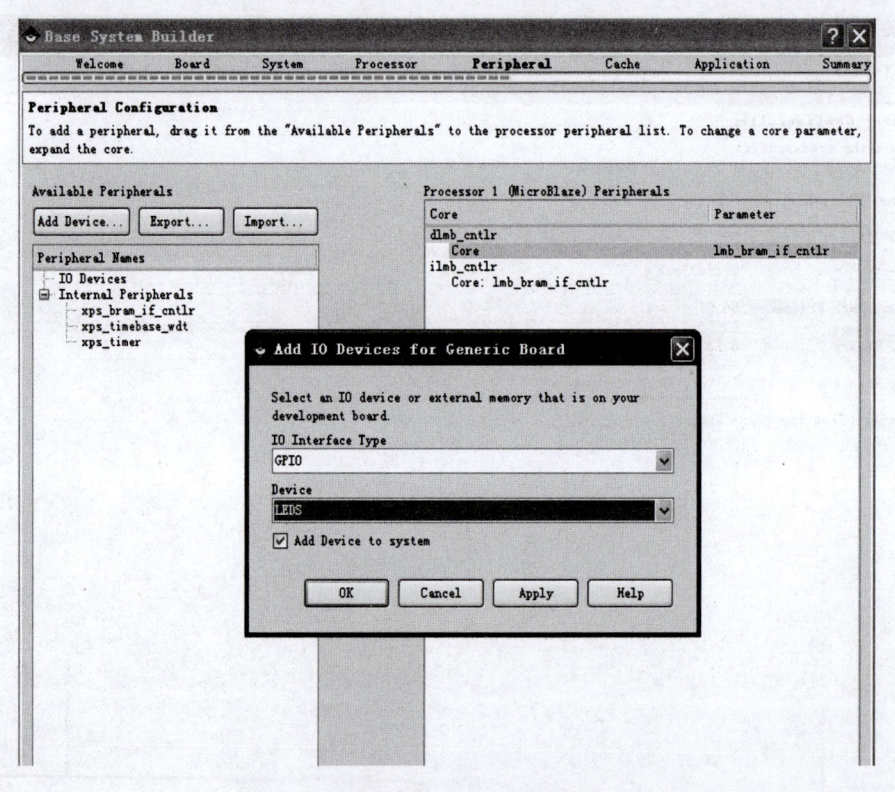

图 7–10 添加系统外设

(8)单击"OK"按钮,进入添加 Cache 对话框。如果有外部存储,可以在本页选择是否添加 Cache;如果没有,则直接跳过,如图 7–11 所示。

(9)单击"Next"按钮,进入测试工程的指令、数据运行信息以及信息输入/输出的设置对话框,保持默认设置,如图 7–12 所示。

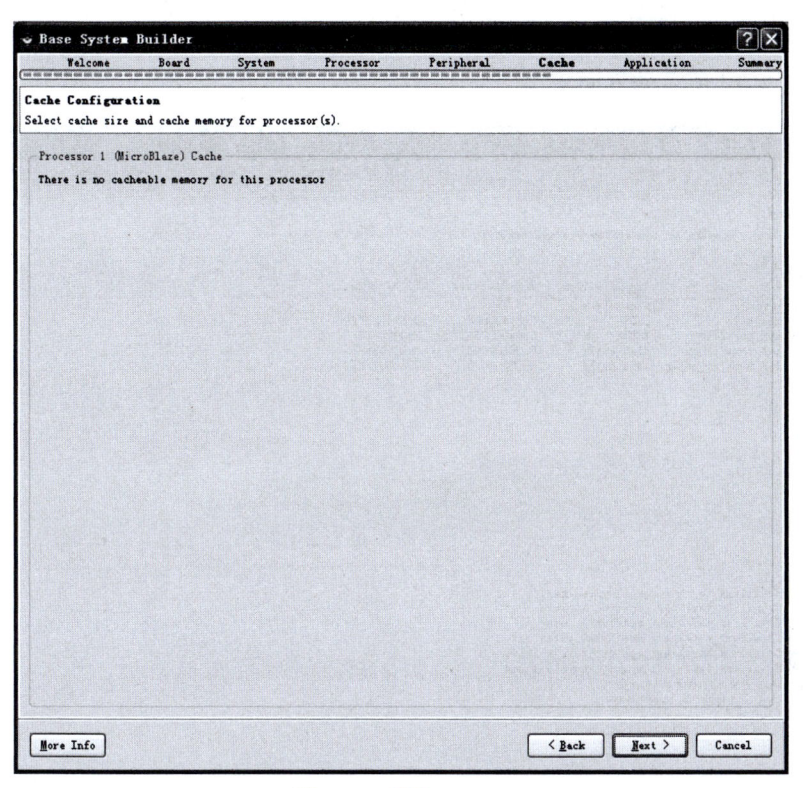

图 7-11　添加 Cache

图 7-12　设置测试工程的有关选项

（10）单击"Next"按钮，就可以看到工程的所有信息，如图 7-13 所示，然后单击"Finish"按钮，弹出图 7-14 所示的界面。

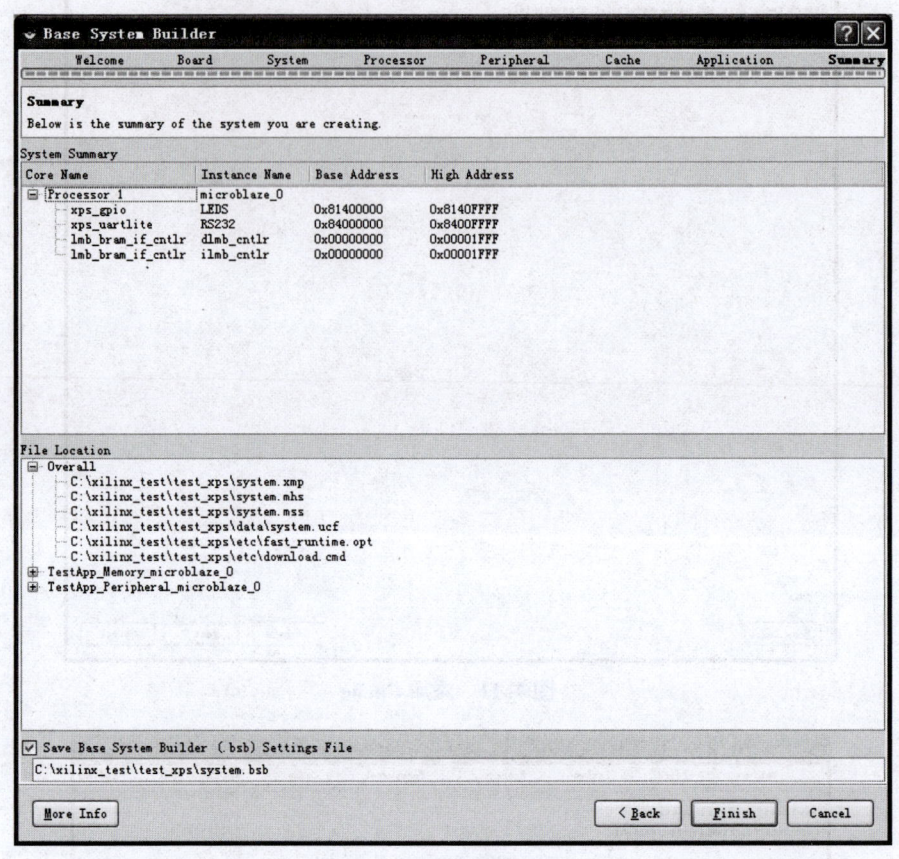

图 7-13 工程信息总结

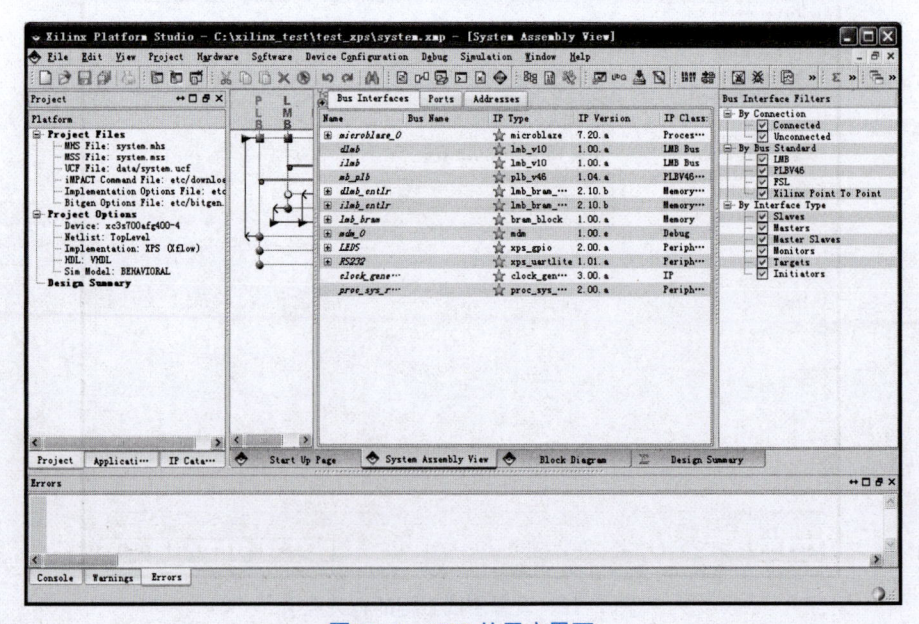

图 7-14 XPS 的用户界面

试一试

按照上面的步骤，新建一个 BSB 工程。

7.3.2 XPS 的用户界面

使用 BSB 建立工程之后，就可以利用 XPS 对此工程进行必要的修改。XPS 为创建硬件和软件流的 MHS 文件和 MSS 文件提供了一个图形用户界面（GUI）。

> **小提示**
>
> XPS 的用户界面可以分为标题栏、菜单栏、工具栏、工程信息面板、系统组建面板和控制面板。

1. 工程信息面板

工程信息面板主要对工程进行控制，包括工程页面（Project）、应用页面（Applications）和 IP 目录页面（IP Catalog）3 个页面。

1）工程页面

工程页面列出了与工程有关的文件，分为 3 个部分：工程文件、工程选项以及参考文件，如图 7-15 所示。

> **小提示**
>
> 工程文件的信息是从 BSB 向导中获取的，双击即可修改该文件。
>
> ".opt"文件和".ut"文件分别是加速编译的配置文件和生成比特流的配置文件，对于初学者，不建议修改。

图 7-15 工程页面

工程选项的信息是从 XMD 文件中获取的，该信息中包括 FPGA 芯片的型号、网表信息、实现工具、HDL 种类以及仿真模型等信息。每一项都可以打开属性窗口进行设置。

参考文件包括日志（log 文件）和报告（srp 文件），前者记录了用户的操作，后者则记录每个执行过程中产生的报告，用以帮助用户了解设计结果。

> **小提示**
>
> 工程选项和参考文件是 XPS 自动生成的，不需要修改。

2）应用页面

应用页面的信息和应用软件相关。在嵌入式系统中，软件的作用是十分重要的，硬件系统提供运行的平台，需要实现的全部功能都是通过软件系统完成的。应用页面的所有组件如

图 7-16 所示。

> **小提示**
>
> 在 XPS 中，应用软件分为两种：一种是系统自动生成的 boot，用户无法修改；另一种是用户编写的应用软件。

3）IP 目录页面

IP 目录页面列出了所有 EDK IP 核和用户生成的 IP 核，如图 7-17 所示。

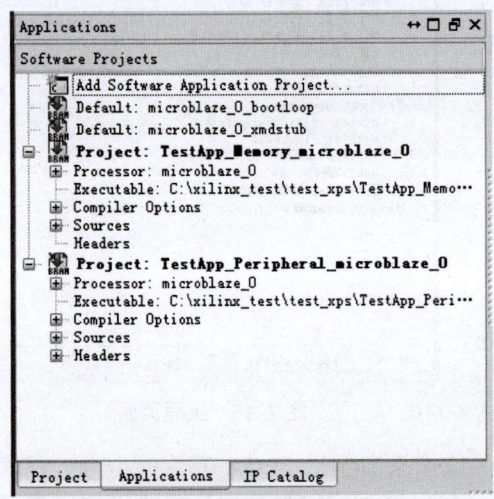

> **小提示**
>
> 选中需要的 IP 核并拖曳至系统组件面板，即可将其添加到系统中；在 IP 核上单击鼠标右键，便可阅读其数据手册中的相应功能和使用方法。
>
> 由于 Xilinx 公司提供的 IP 核种类繁多，因此在 XPS 中按照功能进行分类。IP 核涉及模拟接口、系统总线、存储器控制器、通信接口以及调试接口等 10 多个类别，指明了每个 IP 核的版本、类别、名称以及使用的处理器型号。
>
> 有加锁标志的 IP 核不是免费的，用户需要购买相应的许可（License）才能使用。

图 7-16　应用页面　　　　　　图 7-17　IP 目录页面

2. 系统组件面板

系统组件面板是 XPS 使用频率最高的区域，几乎所有的操作都集中在这个部分，其界面如图 7-18 所示。

> **小提示**
>
> 系统组件面板分为连接区域和显示区域。

第 7 章 基于 FPGA 的嵌入式系统开发

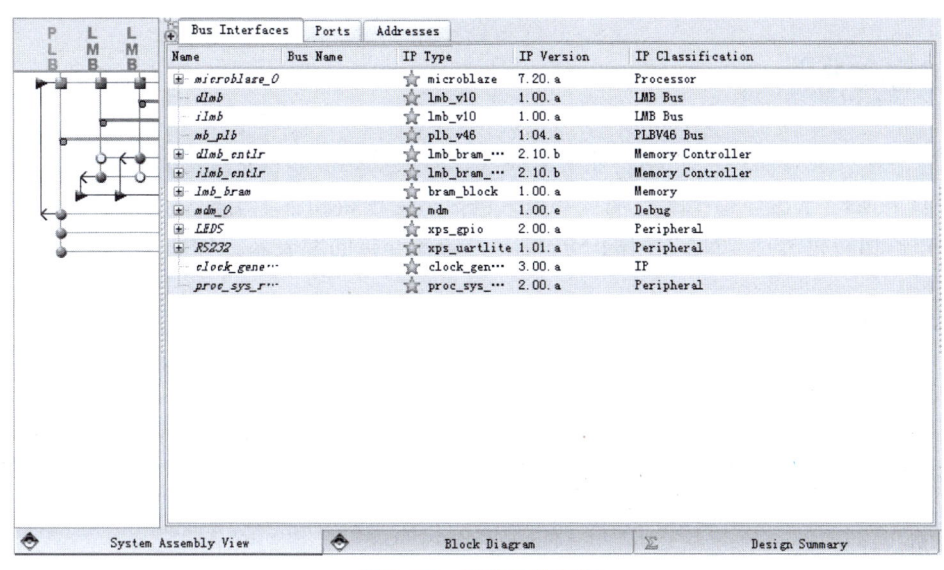

图 7-18 系统组件面板

1）连接区域

连接区域提供了总线接口、端口和地址选项，用户可以方便地编辑硬件平台。如果选择总线接口选项，将出现连接面板，其中显示了硬件平台互连图。

> **小提示**
>
> 硬件的不同颜色和形状线条具有不同的物理意义。
> （1）竖直线表示总线，水平线表示到 IP 核的总线接口。
> （2）如果总线和设备相连，则在总线和 IP 核总线接口的交叉处会出现一个连接点。
> （3）线和连接器以不同的颜色标出。
> （4）不同形状的连接符号表示 IP 核总线接口的不同身份。
> （5）中空的连接器表示用户可以进行连接，而实心的连接器表示已经有连接。用户可以单击连接器符号来创建或删除连接。

2）显示区域

显示区域可分为总线接口（Bus Interface）、端口（Ports）以及地址（Addresses）3 个子窗口。

> **小提示**
>
> 通过单击"Filters"栏下面的选项进行切换。在系统组件页面所有的操作都会引起硬件配置的变化，在 MHS 文件中也能看到这些变化。

（1）"Bus Interface"子窗口给出了各个硬件单元和总线的连接关系，连接到某总线的硬件单元将和该总线的颜色一致，如图 7-18 所示。

> 小提示
>
> 在硬件单元上单击鼠标右键，可配置参数、阅读数据手册以及查看底层代码。

（2）"Ports"子窗口用于配置端口参数，包括顶层模块和各个子模块的端口，还可对其重命名。单击相应信号行"Net"列的下拉框，可选择连接的网表名，如图7-19所示。

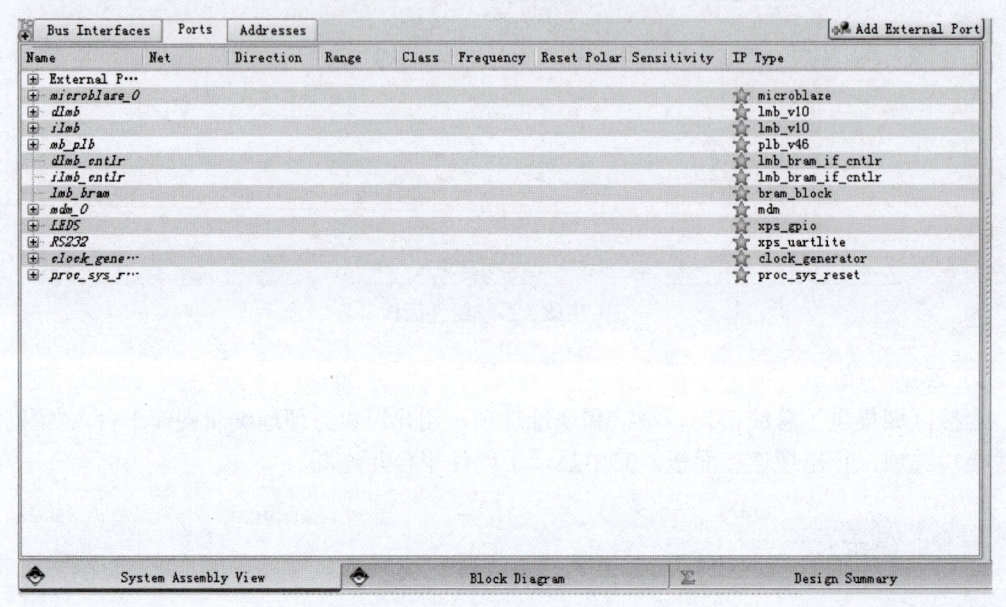

图7-19 "Ports"子窗口

（3）"Addresses"子窗口描述了各硬件单元的绝对地址和大小，可单击任意行的"Base Address"列和"Size"列设置不同的数值，设置完成后，"High Address"列的数值会自动调整，如图7-20所示。

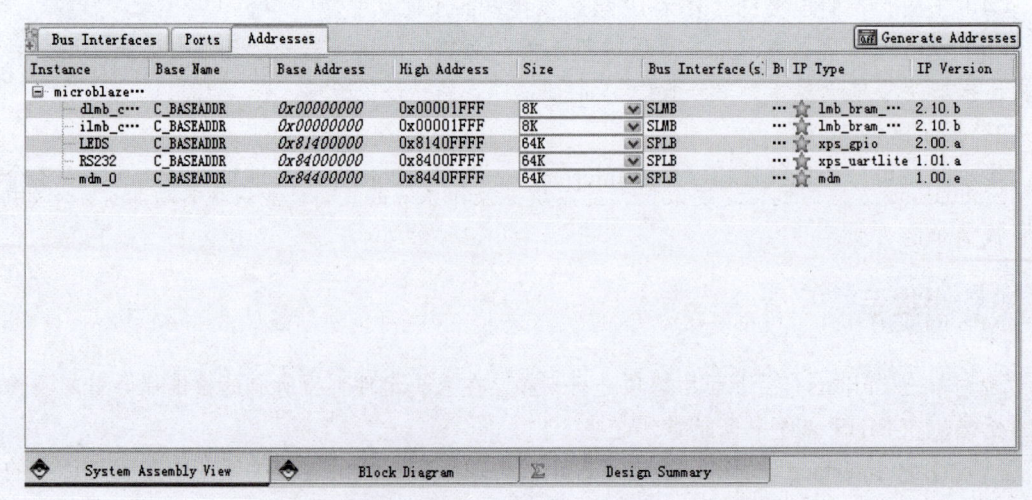

图7-20 "Addresses"子窗口

> **小提示**
>
> 用户可设置指令缓存（ICache）和数据缓存（DCache）的位置。
> 　　系统组件面板给出了两种视图选项：分层视图和直接视图。系统组件面板默认为分层视图，此时设计信息基于硬件平台的 IP 核实例，并以可扩展树的结构进行组织。在直接视图中，有关信息以字母的顺序显示。

3. 控制面板

控制面板给出运行时的日志反馈信息，分为 3 个标签。

Output：输出系统的所有信息；

Warnings：仅显示系统的警告信息；

Errors：仅显示系统的错误信息。

> **小提示**
>
> 通过这些信息可快速定位系统设计的问题并找出相关原因，以便迅速地解决问题。

7.4　XPS 的高级操作

XPS 是完整的嵌入式处理器系统软、硬件集成开发工具，其功能包括创建工程、输入嵌入式系统设计、生成系统的硬件平台、实现并生成编程比特流以及 FPGA 芯片配置。本节主要介绍 XPS 嵌入式设计的其他操作。

7.4.1　XPS 的软件输入

EDK 支持的软件方式有两种：一种是 Standalone 方式，软件代码直接运行在裸 CPU 核上；另一种是基于嵌入式操作系统的软件开发模式。

> **小提示**
>
> Standalone 方式的运行速度最快，虽然缺少操作系统的支持，能实现的功能也是有限的，却是最简单的方式。

1. 源文件类型简介

XPS 的应用软件工程都基于 C/C++语言，在 XPS 工程信息面板的"Applications"页面中单击"Add Software Application Project"按钮，即可添加一个新的软件应用工程。其操作过程如图 7-21 所示。

> **小提示**
>
> 每个软件应用工程都包含以下 5 类源文件："xparameters.h"头文件、".c/cpp"源代码、

".h"头文件、".ld"连接脚本文件以及".s"汇编文件。

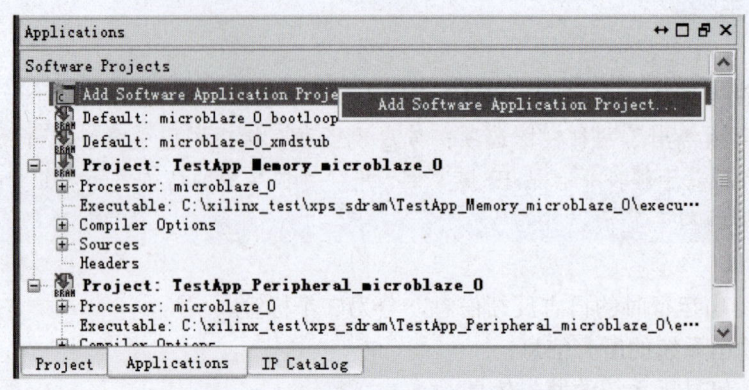

图 7-21 新建软件工程操作示意图

（1）"xparameters.h"头文件是 XPS 根据系统结构自动生成的头文件，包含硬件系统的相关常量定义，如各个硬件单元的基地址、配置参数以及系统的运行频率等参数。

（2）".c/cpp"源代码基于标准的 C/C++语言。文件中需要用户手动添加的部分，用户应根据需求编写相关代码。

（3）".h"头文件是用户编写的头文件，与 VC 环境中的用法一致。

（4）".ld"连接脚本文件用于连接用户源代码、用户库以及 XPS 库文件，并指定生成的目标二进制文件保存具体的配置信息。

（5）".s"汇编文件是用汇编语言编写的，用于设置 CPU 核的指令数据缓存、处理中断等操作，一般用于 BSP 和 Bootloop 应用，不需要用户修改。

2. 软件编译设置

在相应的软件工程上单击鼠标右键，选择"Set Complier Options"命令，弹出软件设置窗口，它包括编译环境（Environment）、调试和优化（Debug and Optimization）以及路径（Paths and Options）3 个选项卡。

（1）"Environment"如图 7-22 所示，在"Application Mode"区域选择可作为产品发布的执行模式（Executable）和具备辅助信息的调试模式（XmdStub）。

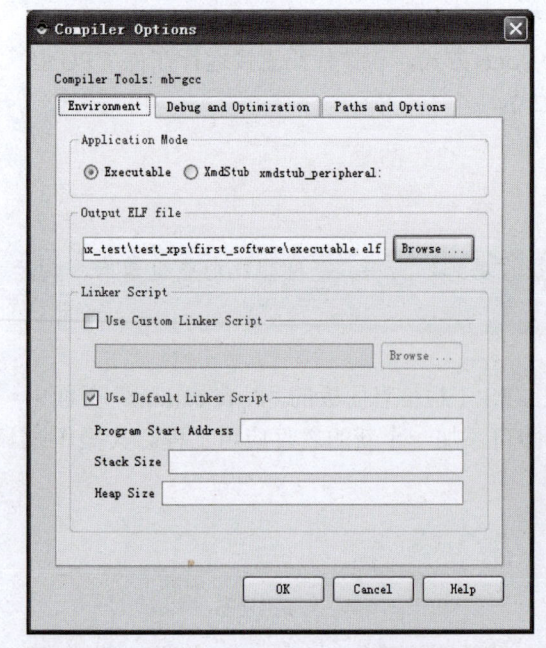

图 7-22 "Environment"选项卡

小提示

在"Output ELF file"区域可设定编译后生成的目标二进制文件的保存路径。在"Linker Script"区域可设定连接脚本文件。

大型程序设计选用用户定制的连接脚本文件，即选择"Use Custom Linker Script"选项；对于小型程序，则比较适合选择"Use Default

Linker Script"选项。

（2）"Debug and Optimization"选项卡如图 7-23 所示，其中"Optimization Parameters"区域的"Optimization Level"栏用于设定优化层次，共有 5 个优化级别，分别为无优化、低、中、高层次以及生成最小目标二进制文件。

> **小提示**
>
> 在调试时最好选择无优化选项，当存储空间较小时，可采用最小目标二进制文件。

（3）"Paths and Options"选项卡如图 7-24 所示。"Search Paths"区域的"Library（-L）"框用于添加库文件的查找路径；"Include(-I)"框用于添加头文件的查找路径；"Libraries to Link against（-l）"框用于设定加入连接时需要的库文件路径。

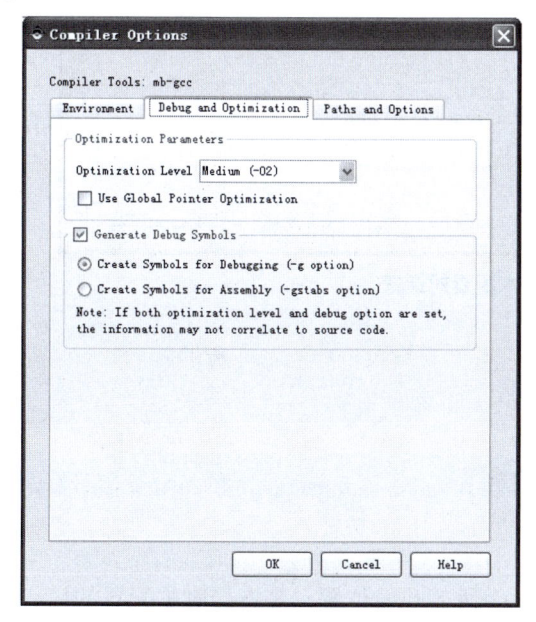

图 7-23 "Debug and Optimization"选项卡　　图 7-24 "Paths and Options"选项卡

3. 连接脚本的配置

连接脚本对软件开发非常重要。XPS 为用户提供了简便的配置方法，在"Project: first_software"菜单中，执行"Generate Linker Script"命令，如图 7-25 所示，会弹图 7-26 所示的相应工程连接脚本配置对话框。

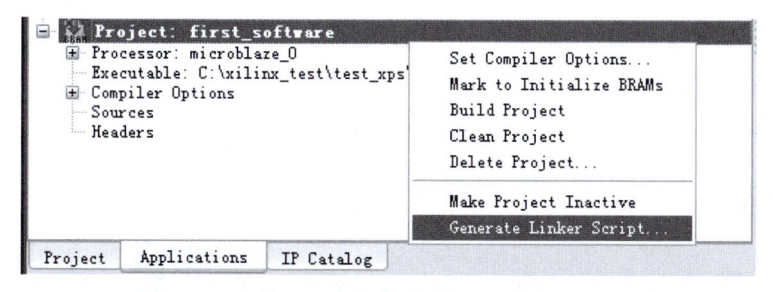

图 7-25 打开连接脚本配置对话框操作示意

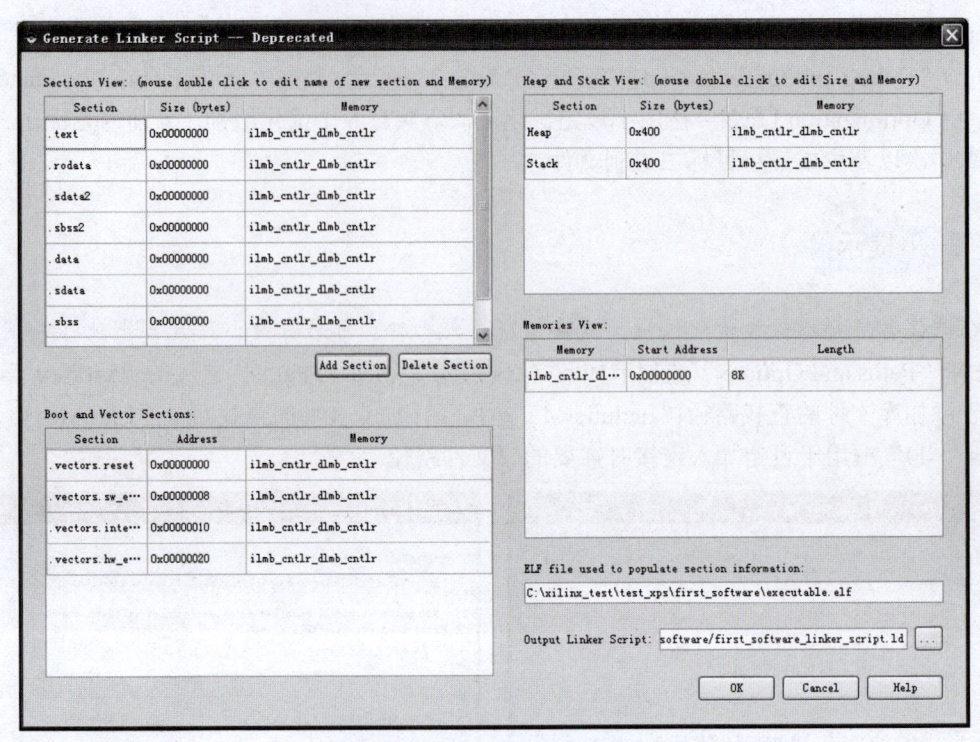

图 7-26 连接脚本配置对话框

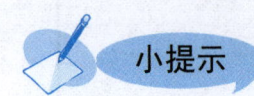

> **小提示**
>
> 连接脚本对软件开发非常重要，读者一定要注意。
> 连接脚本配置对话框的主要内容如下。
> 1)"Sections View"栏
> 该栏用于设置工程最终二进制比特流文件各个段的映射位置，是连接脚本配置的核心。

> **小提示**
>
> "Section"列给出了各个标识段的名称；"Size"列给出了各个标识段的大小；"Memory"列给出了相应段的映射存储器。
> 对小文件的应用，可将所有段映射到片内块 RAM；如果文件较大，则必须映射到外部存储器中，如 SRAM、各种 DRAM 以及 FLASH 等。
> 2)"Heap and Stack View"栏
> 该栏用于标识程序堆栈空间的大小和映射的存储器。

> **小提示**
>
> 存储器可选择处理器片内块 RAM、SRAM、各种 DRAM 以及 FLASH 等。

3)"Boot and Vector Sections"栏

该栏给出了程序启动段和向量段的起始位置,前者指定芯片上电后第一个开始执行的程序,后者则包含中断向量表。

小提示

程序启动段和向量段只能映射到片上内存中。

4)"Memories View"栏

该栏给出了系统所有的存储器信息,包括起始地址和大小信息。该信息来自 MHS 文件。

小提示

用户不能修改"Memories View"栏中的内容。

5)"ELF file used to populate section information"栏

该栏位于对话框的右下角,指定了".elf"文件的路径和文件名;"Output Linker Script"框用于指定连接脚本文件的存放路径和名称。

7.4.2 XPS 工程的实现和下载

XPS 工程的实现和下载分为 4 步:

(1)生成系统的硬件网表,即对嵌入式系统进行综合。

(2)生成系统硬件架构的比特流文件。

(3)编译软件,并将软件代码生成的比特流文件和系统硬件的比特流文件流合二为一,构成完整的系统描述比特流文件。

(4)将完整的比特流文件下载到 FPGA 芯片中。

1. 生成系统的硬件网表

XPS 的硬件平台生成(Platgen)程序可以读取 MHS 文件中的硬件平台信息以及 MPD 文件中的 IP 特征设置。XPS 会自动调用 XST 综合工具将所有的 HDL 设计文件转化成 IP 网表(NGC)文件。生成系统硬件网表的元素及过程如图 7-27 所示。

执行"Hardware"→"Generate Netlist"命令,能够完成对硬件平台的综合,如图 7-28 所示。

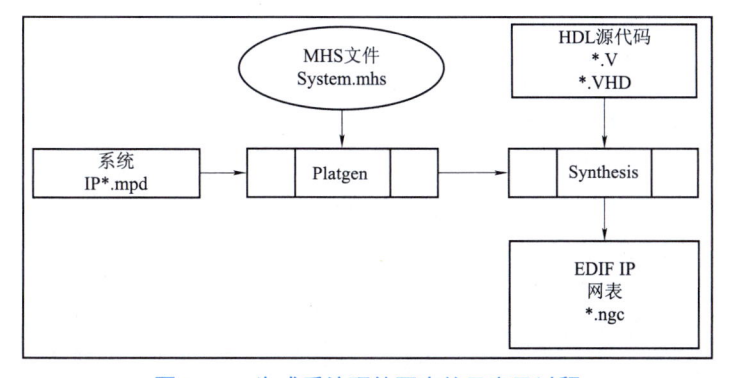

图 7-27 生成系统硬件网表的元素及过程

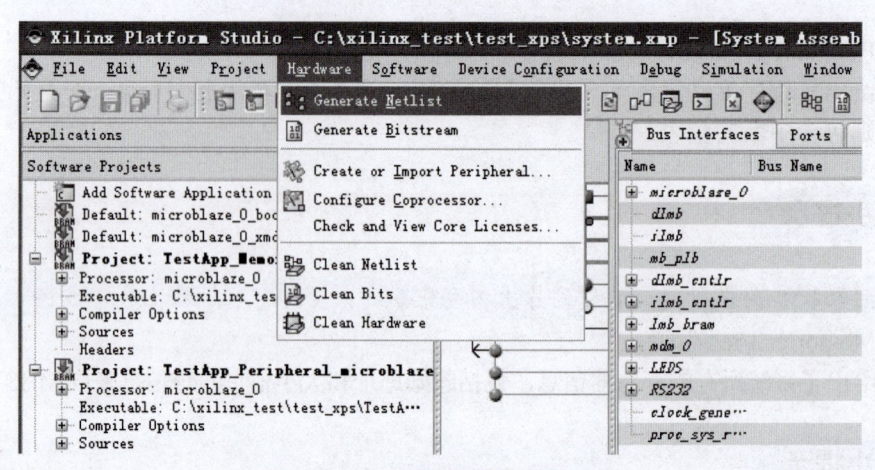

图 7-28 生成硬件网表命令的菜单

当综合完毕后，会在控制台窗口中给出综合整体报告，如操作、警告和输出信息的个数，如图 7-29 所示。

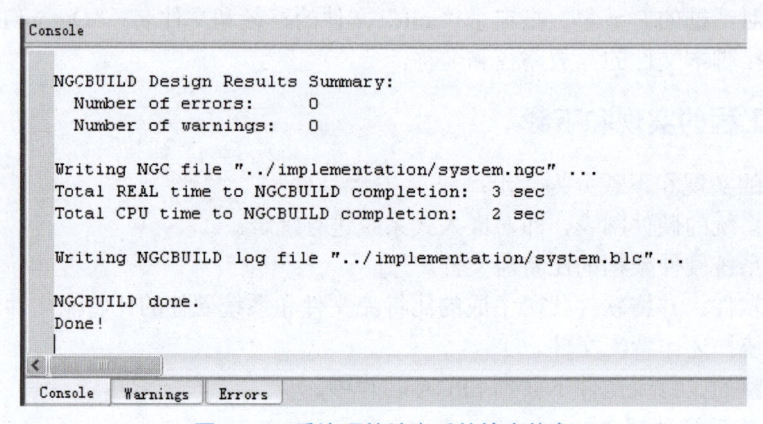

图 7-29 系统硬件综合后的输出信息

小提示

在综合的过程中，右下角的 ⬤ 会一直闪动。

2. 生成系统硬件架构的比特流文件

生成系统的硬件网表之后，就可以生成系统硬件架构比特流文件，即完成翻译、映射和布局布线。在 XPS 中，XFlow 读入输入设计文件、比特流文件以及可选文件来产生 FPGA 比特流。生成硬件比特流文件的元素和过程如图 7-30 所示。

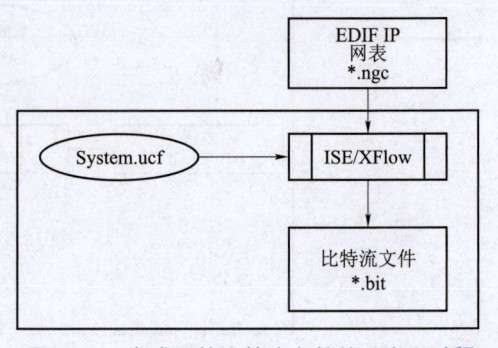

图 7-30 生成硬件比特流文件的元素和过程

> **小提示**
>
> 系统硬件架构的比特流文件必须在系统的硬件网表生成之后才能生成。
>
> 通常用户不需要改变流或输入设计文件，但要根据实际硬件配置修改约束文件。这些约束可以是简单的时钟信息或端口位置约束，也可能为复杂的布局、时序参数等约束。

执行"Hardware"→"Generate Bitstream"菜单命令，就可以生成系统硬件架构的比特流文件，如图7-31所示。

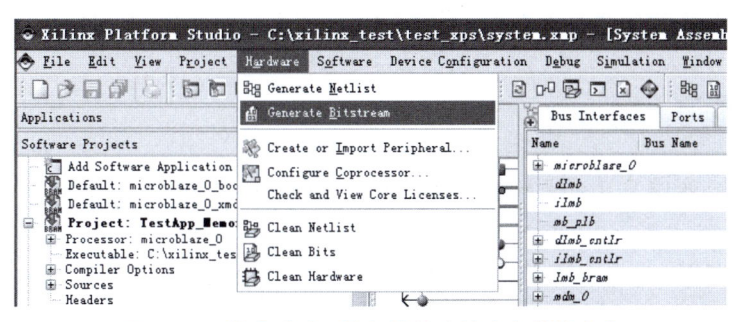

图7-31 生成系统硬件架构的比特流文件的命令

> **小提示**
>
> 在比特流文件生成过程中，右下角的 会一直闪动。
>
> 在比特流文件的生成阶段，所有的逻辑都和嵌入式处理器系统相关联，因此在比特流文件生成前必须添加相应的约束文件。

执行生成比特流文件的命令后，会在控制台输出窗口列出相应的信息指示，和ISE中实现过程的输出信息一致，当比特流文件生成后，会给出图7-32所示的指示信息。

> **小提示**
>
> 在运行BSB向导时，选择Xilinx开发板，则其约束都已预先设定。在完成BSB向导步骤后，会自动生成所有的这些约束。这些约束文件位于"<project name>\data"目录下。

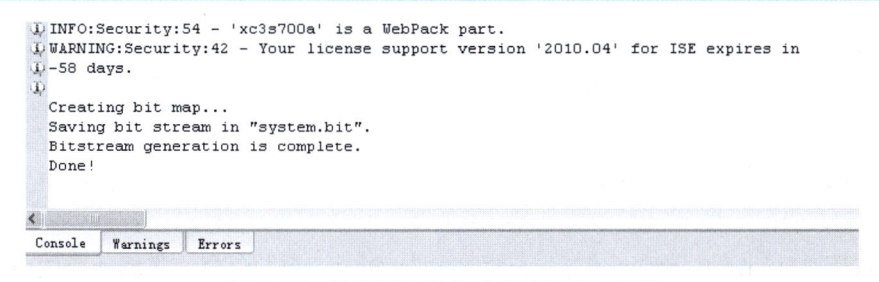

图7-32 比特流文件生成成功的指示信息

3. 编译软件应用程序

XPS 中软件代码一般都是基于 C/C++语言的，入口函数是 main( )函数，代码书写完毕，使用 mb-gcc 编译器编译源文件。

> **小提示**
>
> 如果是一次编译，首先编译 XPS 提供的库函数，假如系统软件架构有误，则不能通过编译，需要对照 MSS 文件进行修改。

编译之前，首先要生成连接脚本，设定软件代码段、程序启动地址以及存储空间。

> **小提示**
>
> 一般选择外部存储芯片用于存放可执行程序，如果没有外接 SDRAM 或 SRAM 等外存，就选择片内 RAM。

其次，编译工程。选中工程并单击鼠标右键，在弹出的菜单中选择"Build Project"命令，如图 7-33 所示。编译完成后，会在控制台输出窗口给出生成的可执行文件的详细信息。

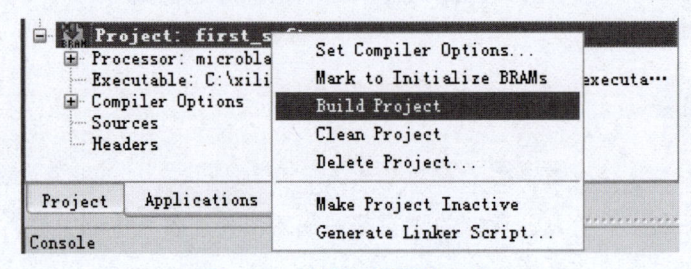

图 7-33 编译工程操作示意

4. 配置 FPGA 芯片

在 FPGA 中实现一个嵌入式处理器系统，必须将硬件和软件系统部分都下载到 FPGA 和程序存储器中。对此，XPS 提供了完整的配置方案。生成嵌入式系统比特流文件的元素和过程如图 7-34 所示。

> **小提示**
>
> 在芯片配置阶段，通过 JTAG 下载硬件比特流文件和软件 ELF 文件镜像。软件程序需要整合到硬件比特流文件中，一起下载到 FPGA 芯片中。

（1）需要将期望下载的目标工程设定为片内 RAM 的初始化程序，选中工程并单击鼠标右键，在弹出的菜单中选择"Mark to Initialize BRAMs"命令，如图 7-35 所示，并编译目标工程。

（2）执行"Device Configuration"→"Update Bitstream"命令，将编译所生成的可执行文件和硬件比特文件流合在一起，如图 7-36 所示。更新成功后，控制台窗口仍会给出完成指示信息，如图 7-37 所示。

第7章 基于 FPGA 的嵌入式系统开发

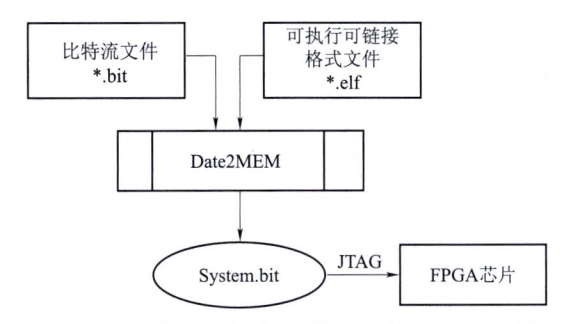

图 7-34 生成嵌入式系统比特流文件的元素和过程

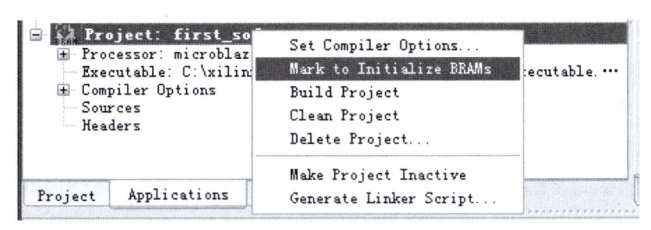

图 7-35 设定 BRAM 初始化程序

图 7-36 更新配置比特流文件

> **小提示**
>
> 如果对软件代码进行了修改，只需要重新编译并更新即可，不需要重新生成原有的硬件比特流文件。

图 7-37 比特流文件更新成功指示信息

（3）执行"Device Configuration"→"Download Bitstream"菜单命令，对 FPGA 芯片进行编程，如图 7-38 所示。

图 7-38 FPGA 配置命令示意

243

执行了配置命令后，XPS 会调用 iMPACT 程序完成边界扫描和下载。将程序成功下载到 FPGA 以后，控制台给出的指示信息如图 7-39 所示。

> **小提示**
>
> 该命令只是将程序下载到 FPGA 芯片中，断电后程序即丢失。

图 7-39　配置成功的指示信息

5. 固化嵌入式系统设计

如果需要 FPGA 上电后自动从 PROM 或 FLASH 芯片中加载程序。有两个方法：将系统完整的比特流文件转化成 PROM 配置文件，或在嵌入式系统中添加 FLASH 控制器，直接配置 FLASH 存储器。

（1）将比特流文件转化成 PROM 配置文件。这种方法利用 ISE 中的 iMPACT 组件，将比特流文件转化成配置 PROM 的配置文件，再由 iMPACT 配置到 PROM 中。

> **小提示**
>
> 这种方法的优点是：操作简单，可快速将嵌入式系统的软、硬件设计文件下载到 PROM 中。但这要求开发板上提供 PROM 器件。

（2）添加 FLASH 控制器。在实际的嵌入式应用中，由于 PROM 的价格较高，复用 PROM（包括处理器的加载以及相应软件应用数据的加载）不太适合大、中规模的嵌入式系统，因此，这也是一种很普遍的方法。

7.5　EDK 开发实例

本节给出完整的 DDR SDRAM（Double Data Rate SDRAM）控制器的开发与调试过程，将本章介绍的内容组织成一个有效的整体，以便读者理解、掌握 Xilinx EDK 的开发流程。

7.5.1　DDR SDRAM 控制器的工作原理

DDR SDRAM 是在 SDR SDRAM 内存的基础上发展而来的，在时钟的上升沿和下降沿都可传输数据，因此传输数据的等效频率是工作频率的两倍。

> **小提示**
>
> DDR SDRAM 是双倍速率同步动态随机存储器。

DDR SDRAM 使用了 DLL（Delay Locked Loop）技术，延时锁定回路提供一个数据滤波信号，当数据有效时，存储控制器可使用这个数据滤波信号来精确定位数据，每 16 次输出 1 次，并重新同步来自不同存储器模块的数据。

> **小提示**
>
> DDR SDRAM 芯片的主要供货商包括：美光（Micron）、三星（Sumgsang）、现代（Hynix）等，不同厂家 DDR SDRAM 的芯片引脚的功能定义都是兼容的。

DDR SDRAM 是利用内部电容的电荷来记忆数据信息的，但电容的电荷会随着时间而泄漏，所以要在数据信息变得难以辨认之前完成数据刷新，即将数据读出再写入，其一般是周期性的，整个存储器进行一次刷新的时间间隔为刷新周期。在刷新期间，不允许进行数据的读/写操作。DDR SDRAM 的存储体是按照行列组织的二维矩阵，而刷新操作按行进行，每次对一行数据同时读出、放大、整形和再写入。根据标准规定，DDR SDRAM 的每一行都必须在 64 ms 以内刷新一次。

> **小提示**
>
> DDR SDRAM 芯片在上电后必须由一个初始化操作配置其模式寄存器，模式寄存器的设置决定了 DDR SDRAM 的刷新模式。

7.5.2　DDR SDRAM 控制器的基本要求

DDR SDRAM 控制器的功能是监督控制数据从内存载入/载出，并对数据的完整性进行检测。但是 DDR SDRAM 控制器的开发难度是比较大的，其基本要求如下：

（1）可配置的数据突发长度为 2、4、8。

（2）可配置的 CAS 等待时间为 1.5、2、2.5、3。

（3）支持的 DDR SDRAM 命令包括：设置模式寄存器（LOAD_MR）、自动刷新（AUTO_REFRESH）、预充电（PRECHARGE）、激活（ACTIVE）、自动预充读（READA）、自动预充写（WR ITEA）、突发停止（BURST_STOP）、空操作（NOP）。

（4）接口速率大于等于 50 MHz，双倍数据速率。

7.5.3　DDR SDRAM 控制器的 EDK 实现

Xilinx 公司的 EDK 开发环境中提供了 DDR SDRAM 的控制器 IP 核，可以让用户在短短几分钟之内完成 DDR SDRAM 控制器的开发，极大地节约了开发周期。下面用一个实例详细说明在 EDK 平台上快速开发 DDR SDRAM 控制器的步骤和软、硬件调试方法。

（1）选择"开始"→"程序"→"Xilinx ISE Design Suite 11"→"EDK"→"Xilinx Platform

Studio"选项,启动 XPS,利用 BSB 向导建立新的工程,如图 7-40 所示。

(2)在弹出的设置对话框的"Project file"区域的输入框中填入工程路径,或者单击"Browse"按钮来选择合适的工程路径,如图 7-41 所示。

图 7-40　BSB 向导启动对话框

图 7-41　新建工程保存位置设置对话框

(3)单击"OK"按钮,打开图 7-42 所示对话框,选择"I would like to creat a new design"选项。

(4)单击"Next"按钮,弹出配置开发板参数对话框,在"Board"区域选择"I would like to create a system for a custom board"选项,并进行 FPGA 器件参数配置,如图 7-43 所示。

小提示

> 通过观察开发板上的器件,选择如下设置:
> Architecture:spartan3a;
> Device:xc3s700a;
> Package:fg400;
> Speed Grade:-4;
> Reset Polarity:Active Low(由设计电路决定)。
> 如果是 Xilinx 公司原厂开发板,可以对应型号默认配置参数。

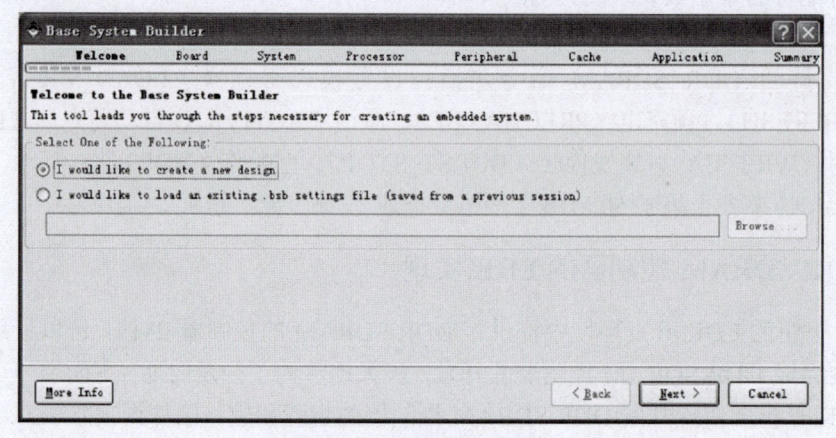

图 7-42　新建工程对话框

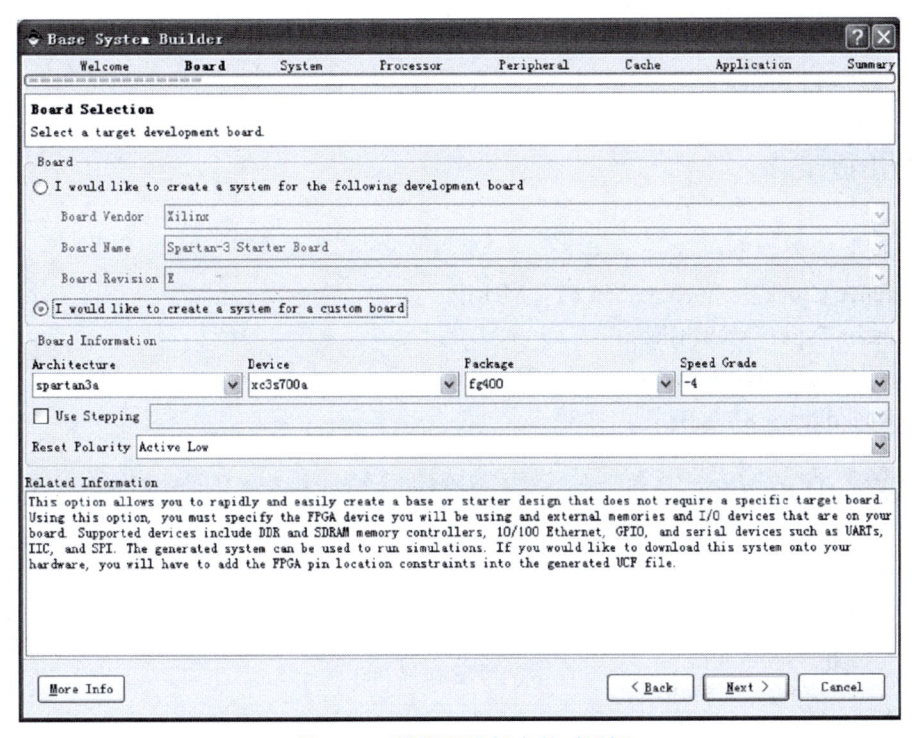

图 7-43　配置开发板参数对话框

（5）单击"Next"按钮，选择单核系统或者双核系统，本工程选择单核系统，如图 7-44 所示。

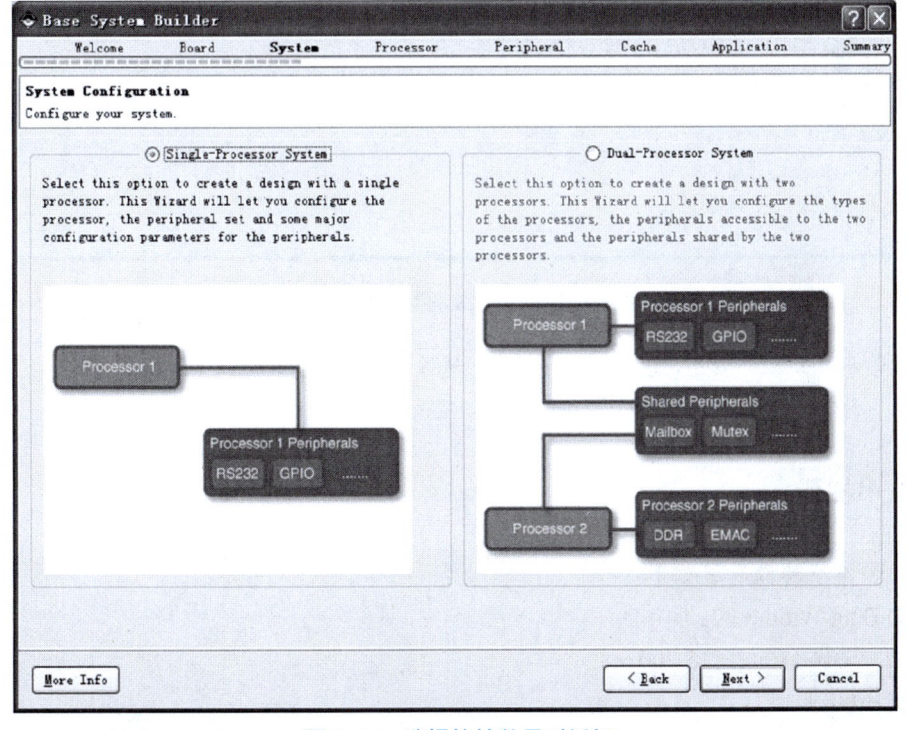

图 7-44　选择软核数量对话框

（6）单击"Next"按钮，根据开发板上的资源，选择系统时钟频率、处理器类型、存储容量，如图 7-45 所示。

> **小提示**
>
> 系统配置参数如下：
> Reference Clock Frequency：66.67 MHz；
> Processor Type：MicroBlaze；
> System Clock Frequency：66.67 MHz；
> Local Memory：8 KB。

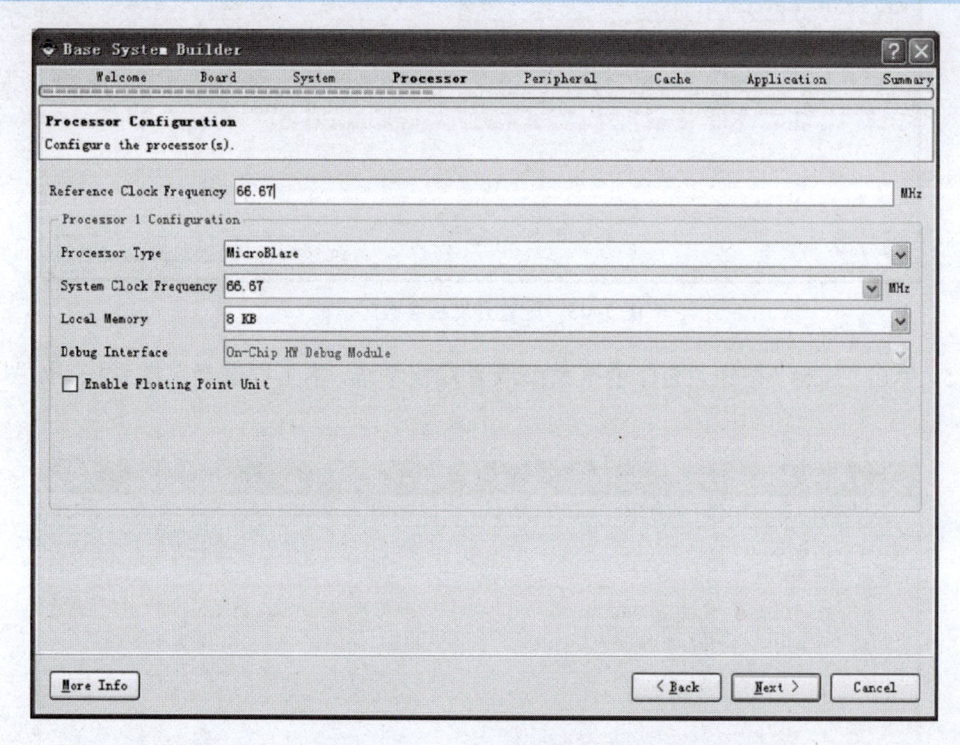

图 7-45 设置时钟频率、处理器类型、存储容量对话框

（7）单击"Next"按钮，进入添加系统外设对话框。这里添加 LED 和 RS-232，如图 7-46 所示。

> **小提示**
>
> 所添加外设参数配置如下：
> LED Data Width：32；
> RS-232 Baud Rate: 115 200；
> Data Bit: 8；
> Parity: 不选；

Use Interrupt：不选。

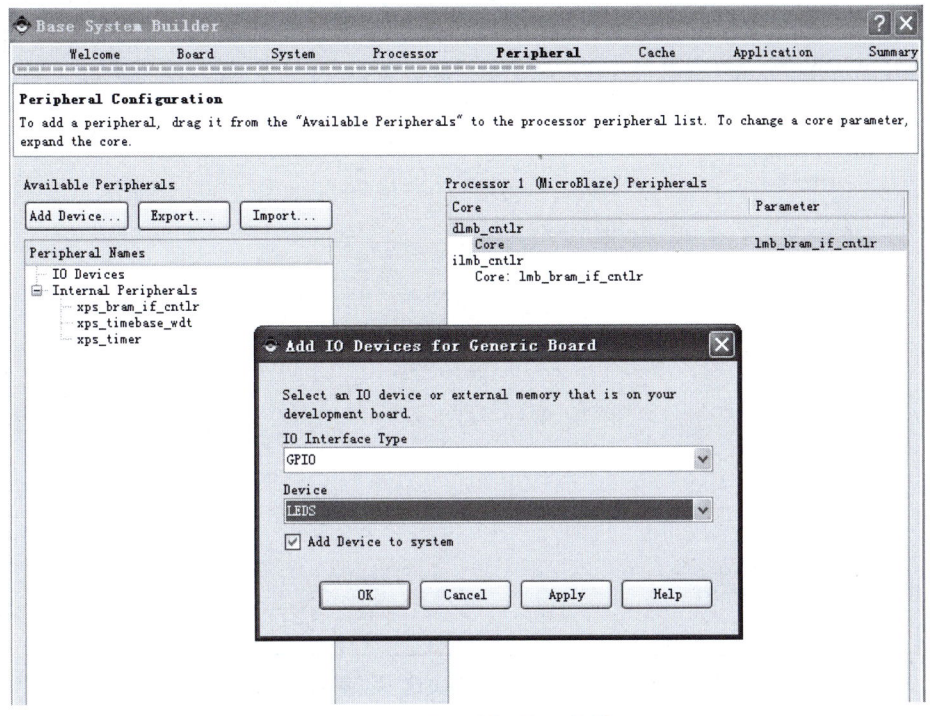

图 7-46　添加系统外设对话框

（8）单击"Next"按钮，如果有外部存储，可以在本对话框中选择是否添加 Cache；如果没有，则直接跳过进入下一对话框，如图 7-47 所示。

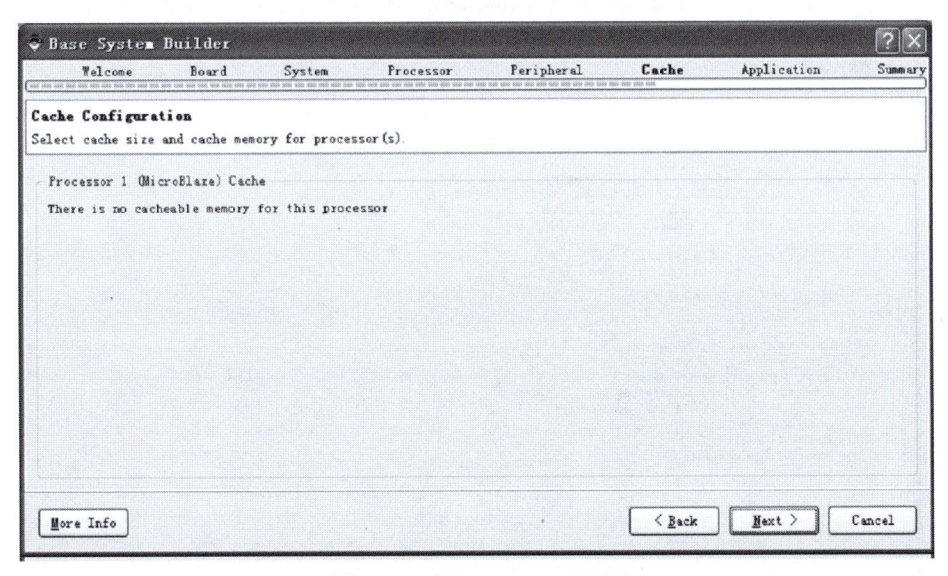

图 7-47　添加 Cache 对话框

（9）单击"Next"按钮，进入测试工程的指令、数据运行信息以及信息输入/输出设置的选择对话框，保持默认设置，如图 7-48 所示。

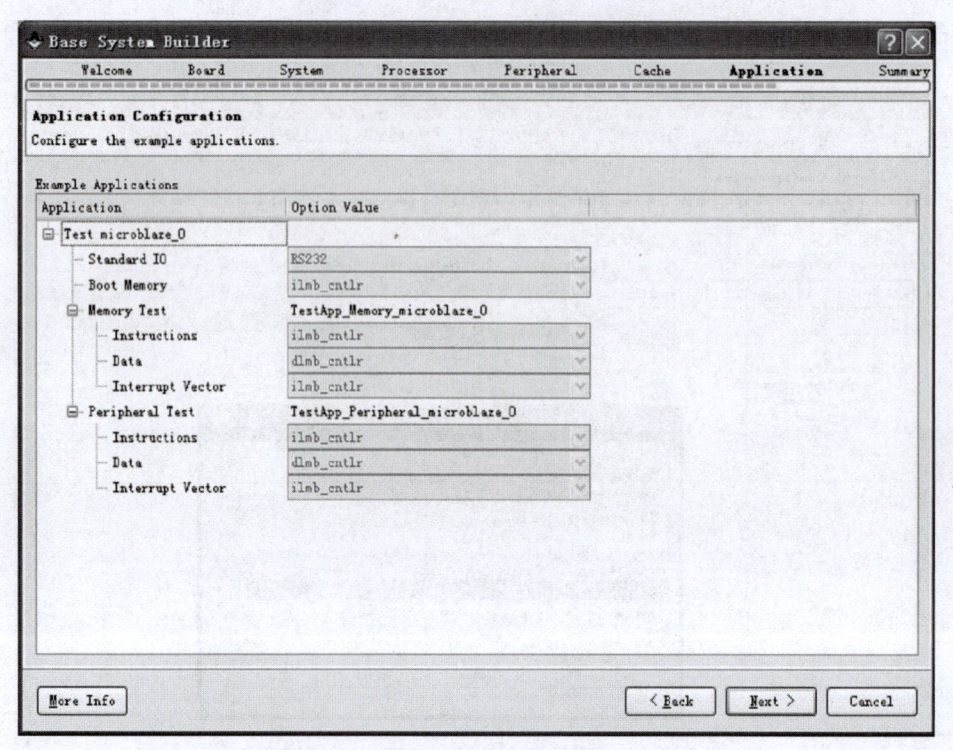

图 7-48 测试工程有关选项设置对话框

（10）单击"Next"按钮，就可以看到工程的所有信息，如图 7-49 所示。单击"Finish"按钮，弹出图 7-50 所示的窗口。

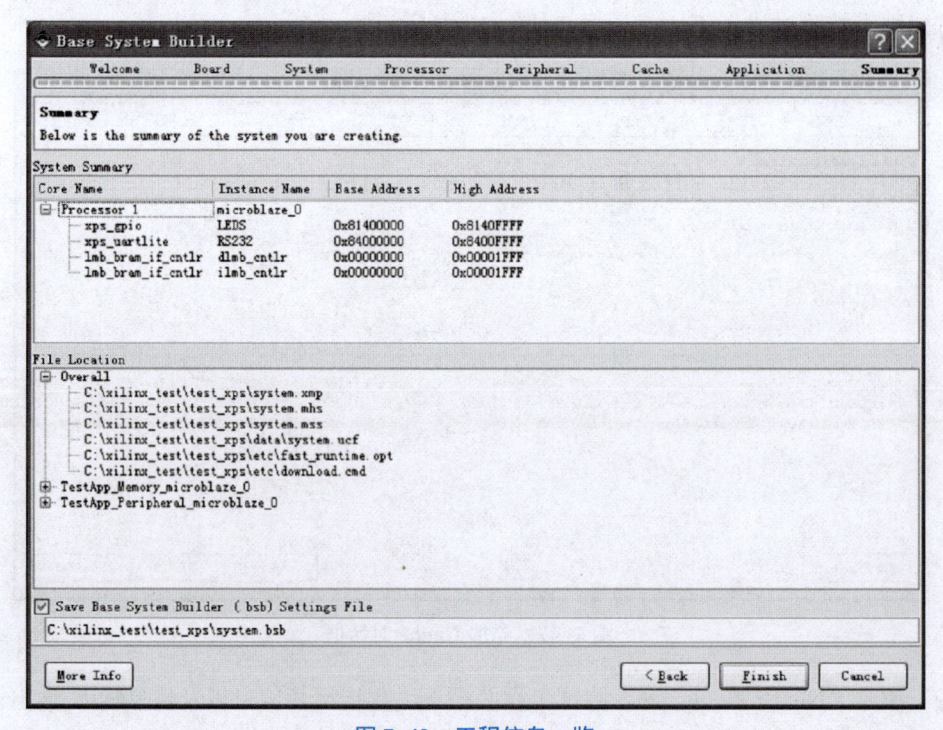

图 7-49 工程信息一览

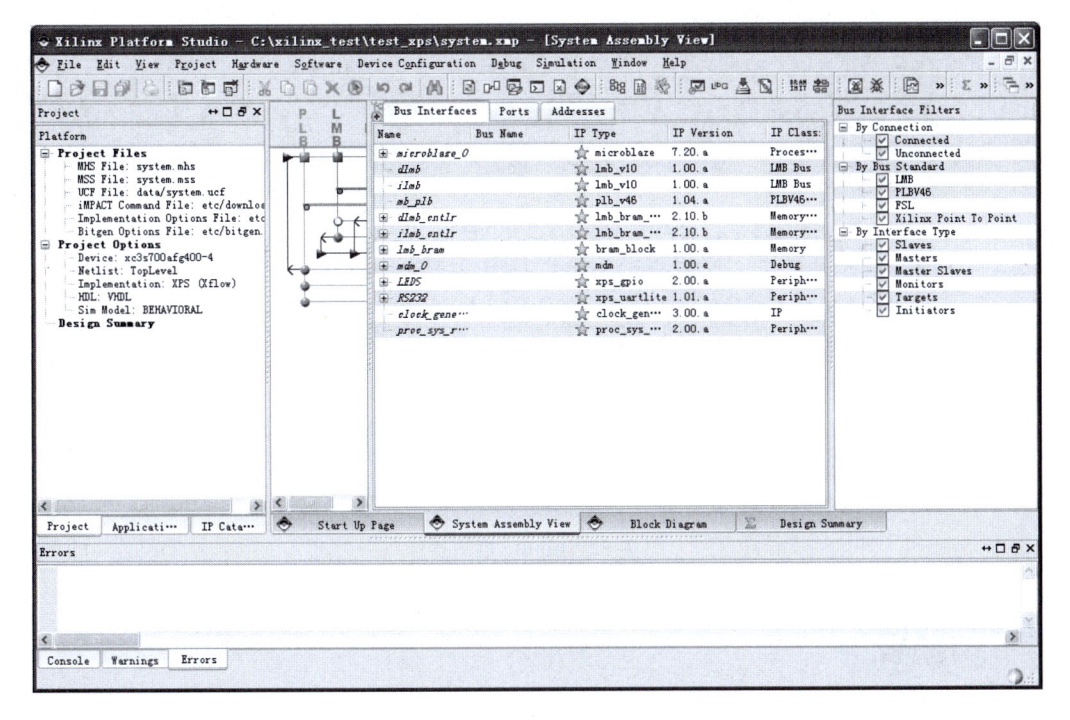

图 7-50　XPS 图形用户窗口

（11）添加 DDR SDRAM 控制器。硬件平台建成后，下一步就是在总线上添加 DDR SDRAM 控制器的IP 核。从"IP Catalog"栏里的"Memory and Memory Controller"里添加"Multi-Port Memory Controller (DDR/DDR2/SDRAM)"，如图 7–51 所示。

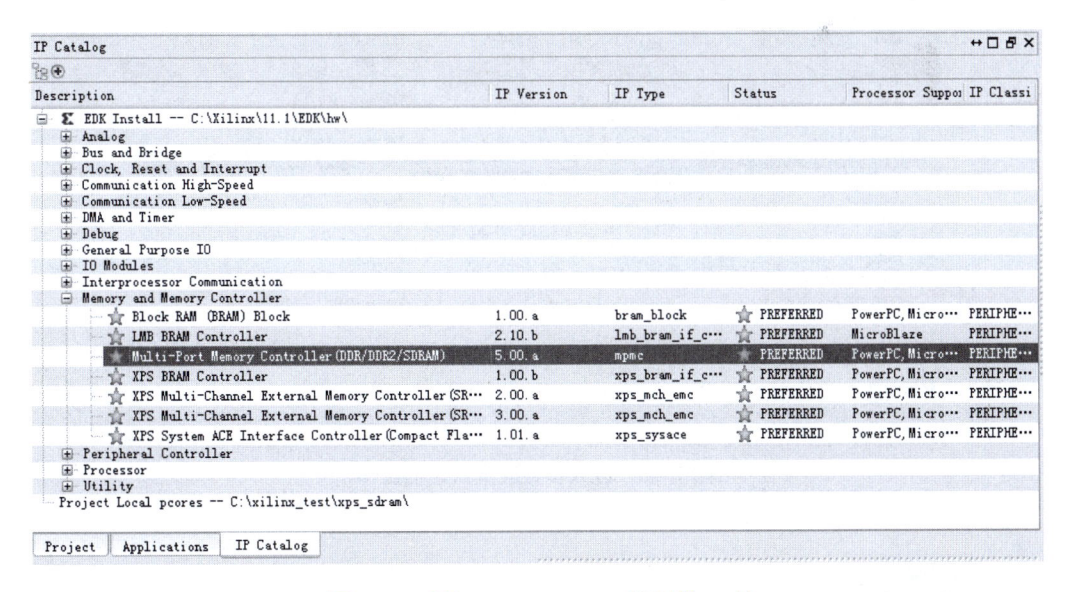

图 7-51　添加 DDR SDRAM 控制器 IP 核

（12）添加完 DDR SDRAM IP 核后，进行总线挂载，这里把 mpmc_O 挂载到 plb 上面，如图 7–52 所示。

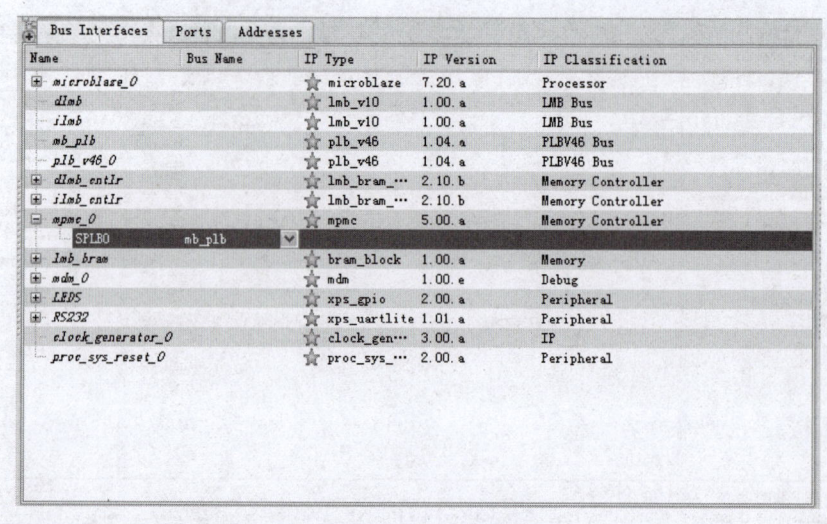

图 7-52　mpmc 挂载操作

> **小资料**
>
> 另一种方式是通过 XCL 连接的方式挂载。

（13）用鼠标右键单击刚添加的 IP 核，在图 7-53 所示的菜单中选择"Configure IP"选项，进入参数配置对话框，根据器件手册选择相关参数，如图 7-54 所示。

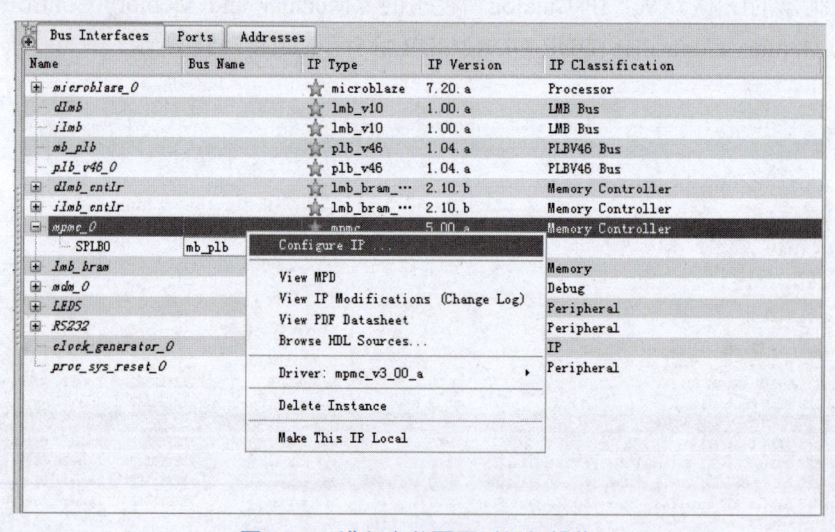

图 7-53　进入参数配置对话框操作

> **小提示**
>
> 参数设置如下：
> PORT0：PLBV46；

第 7 章 基于 FPGA 的嵌入式系统开发

Type：SDRAM；
Part NO.：CUSTOM；
Memory Data width：16。

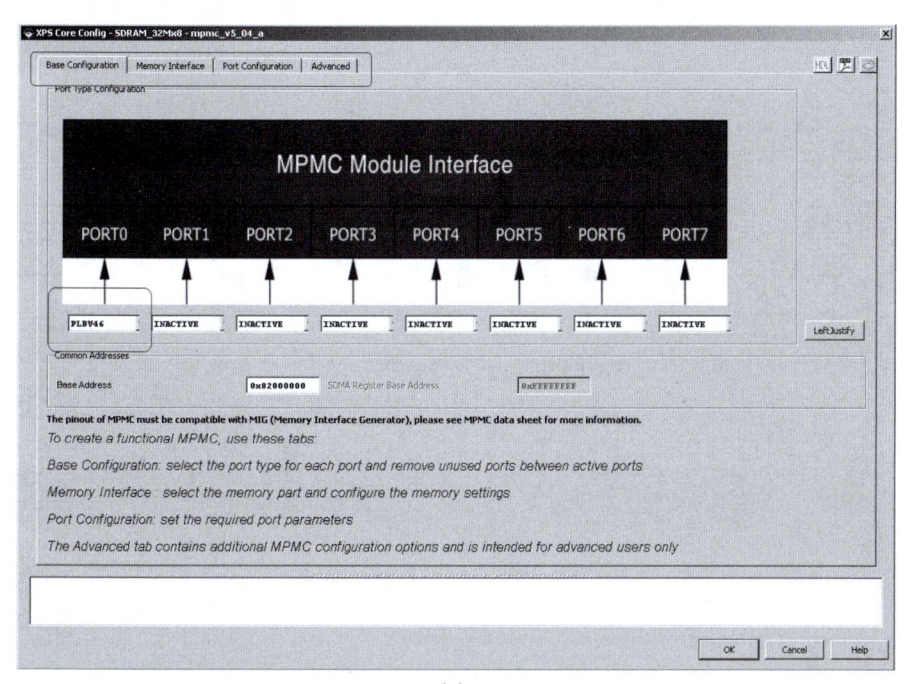

（a）

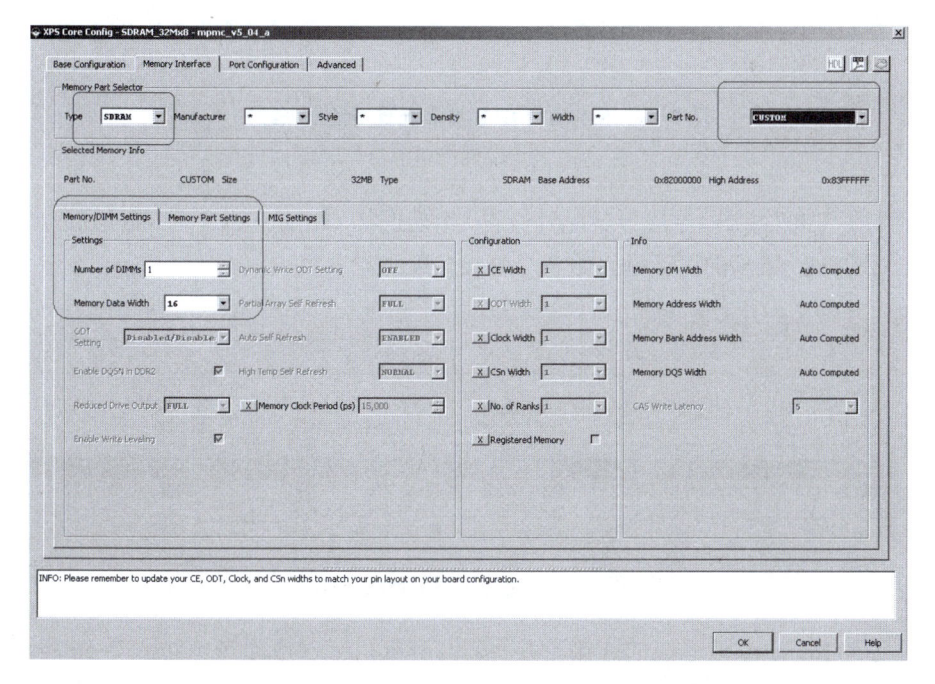

（b）

图 7-54 SDRAM IP 核参数配置对话框
（a）对话框（一）；（b）对话框（二）

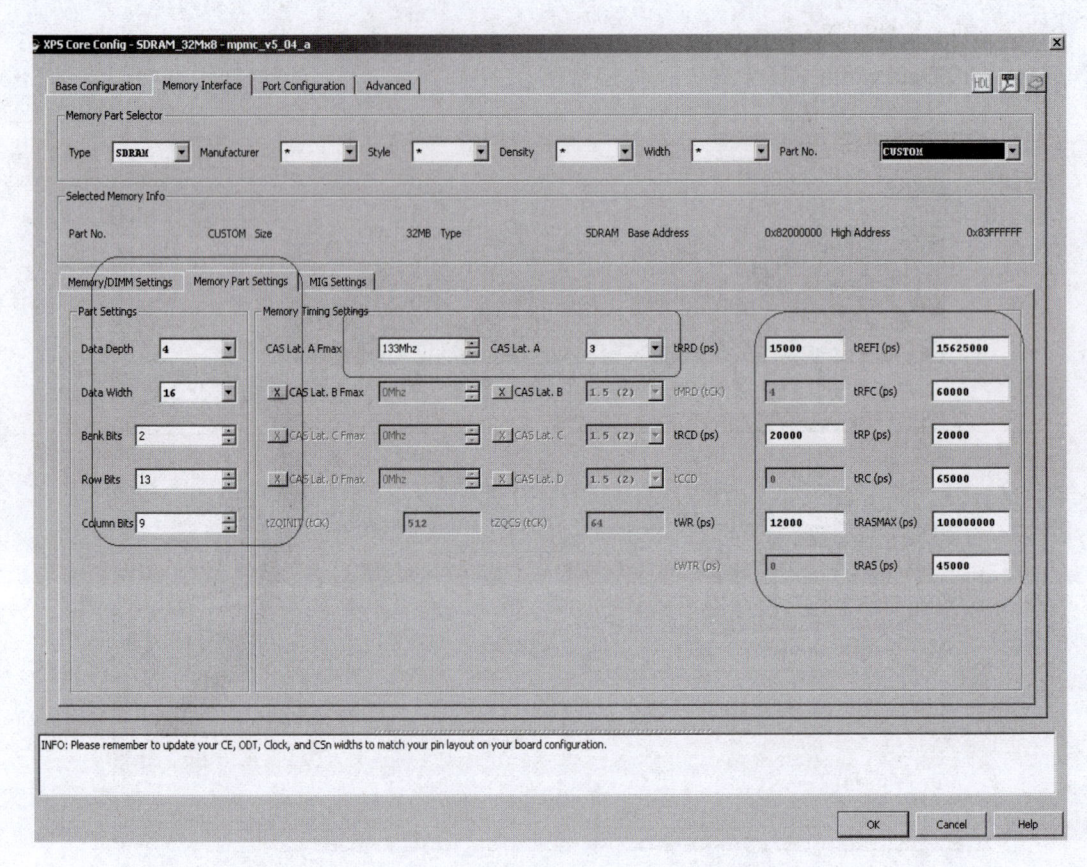

(c)

图 7-54　SDRAM IP 核参数配置对话框（续）

(c) 对话框（三）

（14）单击"OK"按钮，完成参数配置设置，然后选择"Addresses"→"Generate Addresses"命令，进入图 7-55 所示的对话框，给各个外设分配地址。

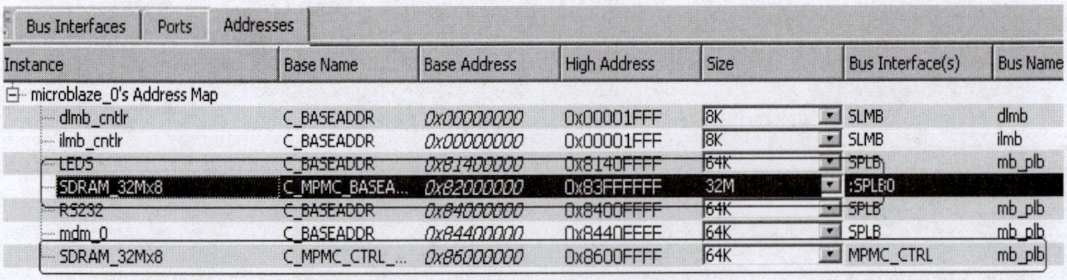

图 7-55　为外设分配地址操作

（15）进行 Memory 信号线的连接，并将其与外部引脚对应起来，如图 7-56 所示。

（16）执行"Hawdware"→"Generate Bitstream"命令，生成比特流文件，如图 7-57 所示。

（17）执行"Software"→"Generate Library and BSPs"命令，生成驱动和库文件，如图 7-58 所示。

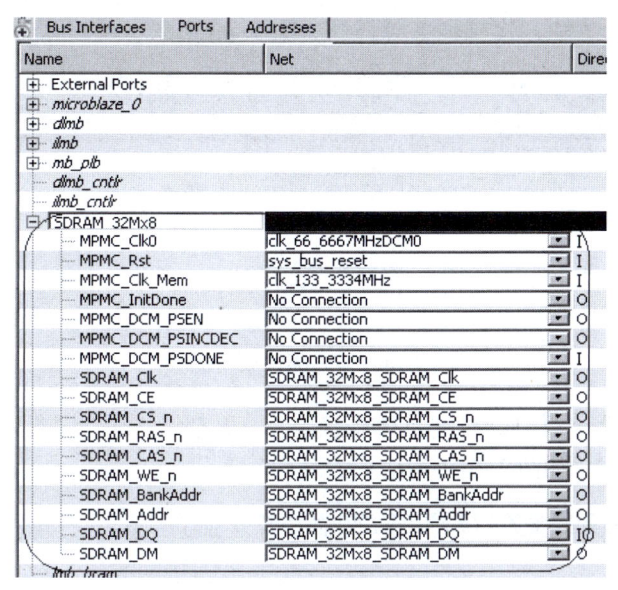

图 7-56 Memory 信号线连接

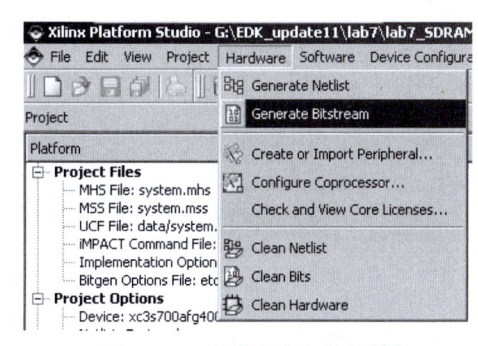

图 7-57 生成比特流文件操作

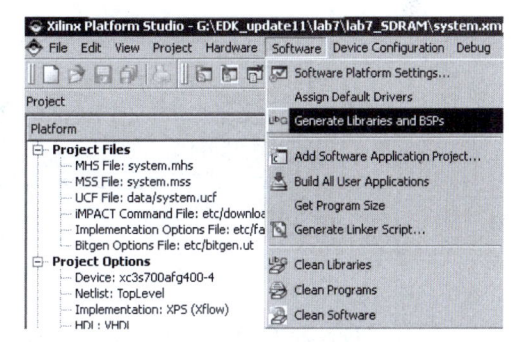

图 7-58 生成驱动和库文件操作

（18）新建一个软件工程，并初始化到 BRAM 里，进行测试代码的编写，如图 7-59 所示。

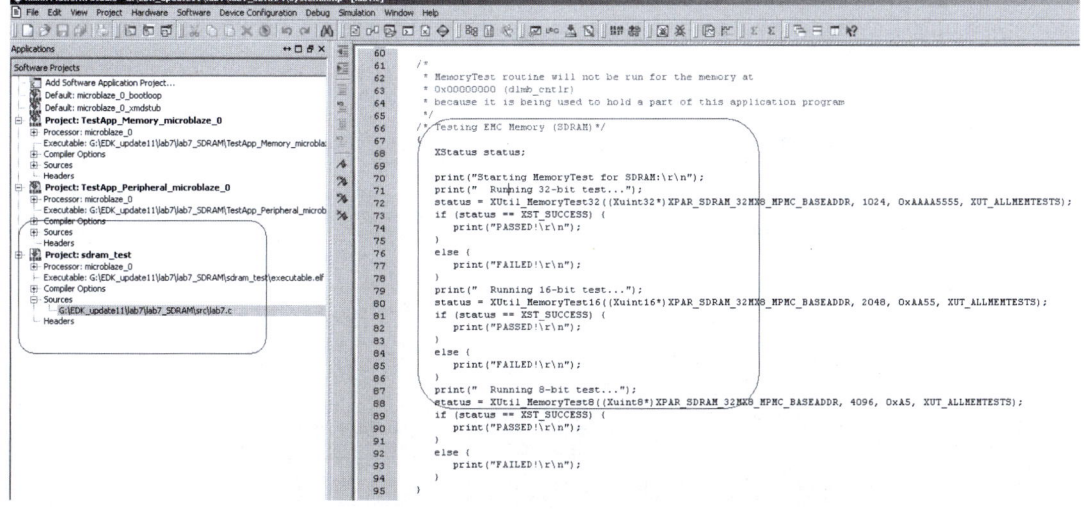

图 7-59 新建软件工程图

（19）编译软件并查错，直到编译成功，如图 7-60 所示。

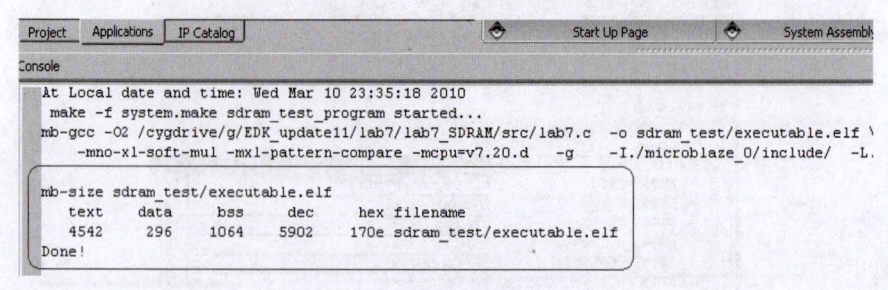

图 7-60　软件编译成功提示

（20）整合".elf"文件到硬件比特流系统中，打开超级终端，设置正确的波特率和数据位（这里使用第三方工具），如图 7-61 所示。

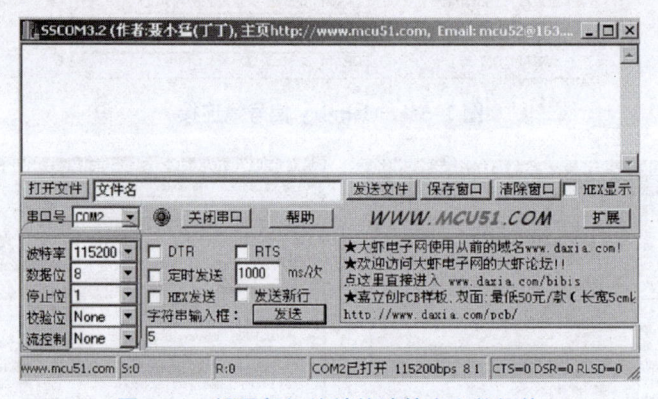

图 7-61　设置超级终端的波特率和数据位

（21）执行"Device Configuration"→"Download Bitstream"命令，如图 7-62 所示。如果显示信息如图 7-63 所示，则说明这个 mpmc 功能正常。

图 7-62　下载比特流文件

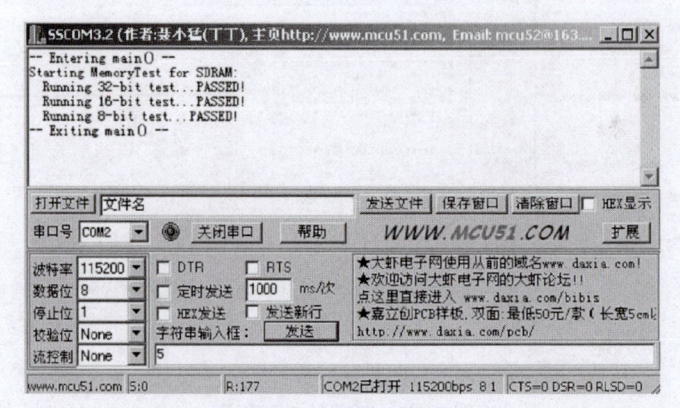

图 7-63　实验结果

本章小结

EDK 是 Xilinx 公司在开发嵌入式系统时提供的开发套件,包括开发软件、硬件处理器核以及基于 Xilinx 平台 FPGA 设计时所需的技术文档和 IP 核。本章首先介绍了可编程嵌入式系统;其次介绍了 EDK 基本设计流程和文件管理结构;接着详细地介绍了 XPS 的基本操作和高级操作,包括 XPS 启动、创建新工程、加入 IP 核、定制用户外设、软件输入;最后通过一个 DDR SDRAM 控制器的开发实例将本章内容串联起来。通过本章的学习,希望读者具备 EDK 开发的基本技能,为今后的嵌入式开发打下坚实的基础。

课程拓展

一、知识图谱绘制

根据前面知识的学习,请完成本单元所涉及的知识图谱的绘制。

二、技能图谱绘制

根据前面技能的学习,请完成本单元所涉及的技能图谱的绘制。

三、以证促学

以集成电路设计与验证职业技能等级证书(中级)为例,本章内容与 1+X 证书对应关系如表 7-1 所示。

表 7-1 本章内容与 1+X 证书对应关系

集成电路设计与验证职业技能等级证书(中级)			教材对应小节
工作领域	工作任务	技能要求	
3. 逻辑设计与验证	3.1 基本数字单元的功能验证	3.1.1 能了解数字单元仿真工具各种菜单的使用。 3.1.2 能进行数字单元仿真激励的编写。 3.1.3 能进行基本数字单元的仿真。 3.1.4 能对基本数字单元仿真结果进行分析。	7.5

四、以赛促练

Innovate FPGA 全球创新设计大赛是由 Intel、Analog Devices、ISSI 等业界龙头企业联合举办的 FPGA 应用研究领域全球性顶级大赛。2019 年全球共有来自四个赛区的 846 支队伍报名参赛。大赛经过预赛、分区决赛等,层层选拔出 12 支队伍进入全球总决赛。

来自重庆大学的参赛队伍结合 FPGA、SoC、图像处理技术、数据融合技术及机电一体化技术制作的羽毛球智能捡球机器人,不仅能快速捡球,还能使羽毛球的无损率保持在 90%,从而获得评委一致好评,最终从众多作品中脱颖而出,获得 2019 Innovate FPGA 创新大赛全球总冠军。

这个全球总冠军,其作品竟然源于一个"小麻烦"。原来,队员刘永兵是个羽毛球爱好者,在长时间的羽毛球训练中,他发现捡球是一件非常麻烦的事。2018 年,他就提出能不能设计一个捡拾羽毛球的机器人。因为羽毛球不能单纯靠抓,一顿乱抓,就把羽毛球给损坏了,羽毛也很容易坏，于是他和队友们就准备利用实验室的优势技术，再结合所学，设计一种能够自动捡拾羽毛球的机器人。

想法敲定，马上行动。团队在充分考虑了机器人的成本、体积、实用性、易用性和娱乐性以及后续固件升级对功能的拓展等问题后，在 2018 年"PickingRobot"立项。在一年的开发过程中，三个队员一门心思都放在捡球机器人上，经过不断的试验、改进，终于，捡球装置在第五套方案验证成功，机械方案在第七个版本实现了全部动作，定位程序在四个大版本上趋于稳定，硬件设计在第三个版本上能够稳定工作。最终在平坦的硬质地面，机器人能够在 0.2 秒的时间锁定羽毛球，随机统计中，也能在一分钟捡 20~30 个羽毛球。

同学们，在生活中你们肯定也会遇到各种各样的一些"小麻烦"，请大家开动脑筋，发散思维，思考一下这些"小麻烦"能不能用所学的 FPGA 及 SoC 等知识进行创新产品方案及系统设计，解决这些"小麻烦"，为我们的生产生活带来便捷。

（一）问答题

1. 什么是可编程嵌入式系统？
2. 简要叙述 Xilinx 公司的可编程嵌入式系统解决方案。
3. 简要叙述 EDK 的设计流程和基本操作。
4. 叙述 EDK 的文件架构。
5. EDK 包括哪几个模块？各个模块的作用分别是什么？
6. XPS 的基本操作流程是什么？
7. XPS 的源文件有哪些类型？

（二）程序设计题

新建一个 XPS 工程，并简要叙述各个操作过程。

（三）实训题

利用 XPS 完成 DDR SDRAM 控制器的 EDK 实现。

附录

部分实验 Verilog HDL 代码

实 验 一

```
module gate1(a, b, led_cs, z);
    input a;
    input b;
    output led_cs;
    output [5:0] z;
      assign led_cs=1;
      assign z[5]=a&b;
      assign z[4]=!(a&b);
      assign z[3]=a|b;
      assign z[2]=!(a|b);
      assign z[1]=a^b;
      assign z[0]=a~^b;
endmodule
```

实 验 三

```
module mux41(c0, c1, c2,c3,s,led_cs, z);
    input c0,c1,c2,c3;
    input [1:0] s;
    output led_cs;
    output z;
    reg z;
    assign led_cs=1;
```

```verilog
    always@(c0 or c1 or c2 or c3 or s)
      begin
        case(s)
          2'b00:z<=c0;
          2'b01:z<=c1;
          2'b10:z<=c2;
          2'b11:z<=c3;
        endcase
      end
endmodule
```

实 验 四

```verilog
module decide7(k1,k2,k3,k4,k5,k6,k7,ledag,smg_sel,smg_cs,led_cs,result);
    input k1,k2,k3,k4,k5,k6,k7;
    output [7:0] ledag;
    output [2:0] smg_sel;
    output smg_cs;
    output led_cs;
    output result;
     reg result;
     reg [7:0] ledag;
     reg [2:0] k_num;
     assign led_cs=1;
     assign  smg_cs=1;
     assign  smg_sel=3'b001;
    always@(k1,k2,k3,k4,k5,k6,k7)
       begin
         k_num<=k1+k2+k3+k4+k5+k6+k7;
         end

     always@(k_num)
       if(k_num>3)
          result<=1;
        else
          result<=0;


    always@(k_num)
      begin
        case(k_num)
```

```
            3'b000:ledag=8'b00111111;
            3'b001:ledag=8'b00000110;
            3'b010:ledag=8'b01011011;
            3'b011:ledag=8'b01001111;
            3'b100:ledag=8'b01100110;
            3'b101:ledag=8'b01101101;
            3'b110:ledag=8'b01111101;
            3'b111:ledag=8'b00000111;
            default:ledag=8'b00000000;
        endcase
        end
endmodule
```

实 验 五

```
module qiangdaqi( S1,S2,S3,S4,S5,led_cs, Dout,ledag,smg_cs,smg_sel );
input S1,S2,S3,S4,S5;
output led_cs,smg_cs;
output [3:0] dout;
output [7:0] ledag;
output [3:0] smg_sel;
reg [3:0] dout;
reg [7:0] ledag;
reg Enable_Flag;
reg [3:0] D;
assign led_cs=1;
assign smg_cs=1;
assign smg_sel=3'b100;
always@(S1,S2,S3,S4,S5)
    begin
      S<=S1&S2&S3&S4;
      if(S5= ='0')
          Enable_Flag<='1';
      else if(S/="0000") then
          Enable_Flag<='0';
      end

always@(S1,S2,S3,S4,S5)
    begin
      if(S5='0')
```

```verilog
            D<="0000";
        else if(Enable_Flag= ='1')
          if(S1='1')
             D (0)<='1';
          else if(S2='1')
             D (1)<='1';
          else if(S3='1')
             D (2)<='1';
          else if(S4='1')
             D (3)<='1';
        end

always@(D)
      begin
        case(D)
        4'b0000:ledag=8'b00111111;
        4'b0001:ledag=8'b00000110;
        4'b0010:ledag=8'b01011011;
        4'b0011:ledag=8'b01001111;
        4'b0100:ledag=8'b01100110;
        default:ledag=8'b00000000;
        endcase
        dout<=D;
        end
endmodule
```

实 验 六

```verilog
module multiply4(clk, a, b, led_cs, p);
    input clk;
    input [3:0] a;
    input [3:0] b;
    output led_cs;
    output [7:0] p;
      assign led_cs=1;
      multiple M1(
          .clk(clk),
            .a(a),
            .b(b),
```

```
                .p(p)
                );
endmodule
```

实 验 七

```
module divide(clk, clr,led_cs, clkout);
    input clk,clr;
    output led_cs,clkout;
    reg clkout;
    assign led_cs=1;
always@(posedge clk)   //分频得到1Hz 时钟
      begin
      if(clr= =0)
      begin
        clkout<=0;
        cnt<=0;
      end
      else if (cnt= =25'd24999999)
          begin
            cnt<=0;
            clkout<=~clkout;
          end
        else
            cnt<=cnt+1'b1;
    end
endmodule
```

实 验 八

```
module water_led(
  input        CLOCK_50,
  output LED_CS,
  input        Q_KEY,
  output [8:1] LED
);
reg [23:0] cnt;
assign LED_CS='b1;
always @ (posedge CLOCK_50, negedge Q_KEY)
```

```verilog
        if(!Q_KEY)
     cnt<=0;
   else
     cnt<=cnt+1'b1;
wire led_clk = cnt[23];
reg [8:1] led_r;
reg      dir;

always @ (posedge led_clk, negedge Q_KEY)
       if(!Q_KEY)
    dir<=0;
  else if(led_r == 8'h7F && dir == 0)
      dir<=1;
  else if(led_r == 8'h01 && dir == 1)
      dir<=0;

always @ (posedge led_clk, negedge Q_KEY)
      if(!Q_KEY)
    led_r<=8'h01;
     else
    if(!dir)
       led_r<=(led_r << 1)+1'b1;
    else
       led_r<=(led_r >> 1);
    assign LED=~led_r;
endmodule
```

实 验 九

```verilog
module fsm(clk, rst, datain, led_cs,q);
    input clk,rst;
    input [1:0]datain;
    output [3:0] q;
     reg [3:0] q;
     reg [1:0] state;
     parameter st0 =2'b00;
     parameter st1 =2'b01;
     parameter st2 =2'b10;
     parameter st3 =2'b11;
always@(posedge clk)
```

```verilog
        if(!rst)
          begin
            state<=st0;
            q<=4'b0001;
          end
        else
          case(state)
             st0:if(datain==2'b00)
                   begin
                      state<=st1;
                      q<=4'b0010;
                   end
                 else
                   begin
                      state<=st0;
                      q<=4'b0001;
                   end
             st1:if(datain==2'b01)
                   begin
                      state<=st2;
                      q<=4'b0100;
                   end
                 else
                   begin
                      state<=st1;
                      q<=4'b0010;
                   end
             st2:if(datain==2'b10)
                   begin
                      state<=st3;
                      q<=4'b1000;
                   end
                 else
                   begin
                      state<=st2;
                      q<=4'b0100;
                   end
             st3:if(datain==2'b11)
                   begin
```

```verilog
                state<=st0;
                q<=4'b0001;
                end
            else
                begin
                state<=st3;
                q<=4'b1000;
                end
        default:state<=st0;
      endcase
endmodule
```

实 验 十

```verilog
module liushuideng(clk, rst, datain, led_cs,q);
    input clk;
    input rst;
    input [1:0] datain;
    output led_cs;
    output [7:0] q;
      assign led_cs=1;
      reg [23:0] cnt;
    reg [7:0] q;
    reg [1:0]state;
    parameter st0=2'b00;
    parameter st1=2'b01;
    parameter st2=2'b10;
    parameter st3=2'b11;
always @(posedge clk, negedge rst)
      if(!rst)
    cnt<=0;
  else
    cnt<=cnt+1'b1;
wire led_clk=cnt[23];

always @(posedge led_clk,negedge rst)
    if(!rst)
      begin
        state<=st0;
```

```verilog
            q<=8'b10000000;
     end
    else
      case(state)
          st0:if(datain==2'b00)
              begin
               state<=st1;
                q<=8'b00000001;
                end
                else
              begin
                q<={q[0],q[7:1]};
                state<=st0;
                end
          st1:if(datain==2'b01)
              begin
               state<=st2;
                q<=8'b10000001;
                end
                else
               begin
                q<={q[6:0],q[7]};
                state<=st1;
                end
          st2:if(datain==2'b10)
              begin
                state<=st3;
                q<=8'b00011000;
                end
                else
               begin
                q[7:0]<={q[4],q[7:5],q[2:0],q[3]};
                state<=st2;
                end
          st3:if(datain==2'b11)
               begin
                state<=st0;
                q<=8'b10000000;
                end
```

```verilog
                else
                    begin
                        q[7:0]<={q[6:4],q[7],q[0],q[3:1]};
                        state<=st3;
                    end
            default:state<=st0;
            endcase
endmodule
```

实 验 十 一

```verilog
module timecounter(reset,adj,clk, smg_cs, smg_sel, smg_d);
    input clk,reset,adj;
    output smg_cs;
    output [2:0] smg_sel;
    output [7:0] smg_d;
     reg [2:0] smg_sel;
     reg [7:0] smg_d;
     reg clk1,clk2;
     reg [2:0] sel;
     reg [3:0] a0,a1,a2,a3,a4,a5,a6,a7,a8,disp;
     reg [2:0] smg_sl;
     reg [15:0] cnt,cnt1;
   assign smg_cs=1;
always@(posedge clk)   //分频得到1ms时钟
    begin
      if(cnt==16'b1100001101001111)
          begin
            cnt<=0;
            clk1<=1'b1;
          end
        else
          begin
            cnt<=cnt+1'b1;
            clk1<=0;
          end
    end

always@(posedge clk1)
```

```verilog
if(a0<4'b1001)
        a0<=a0+1;
else if(a1<4'b1001)
        begin
        a1<=a1+1; //毫秒十位
        a0<=0;
        end
 else if(a2<4'b1001)
        begin
        a2<=a2+1; //毫秒百位
        a0<=0;
        a1<=0;
        end
    else if(a3<4'b1001)
        begin
        a3<=a3+1; //秒个位
        a0<=0;
        a1<=0;
        a2<=0;
        end
    else if(a4<4'b0101)
        begin
        a4<=a4+1;//秒十位
        a0<=0;
        a1<=0;
        a2<=0;
        a3<=0;
        end
    else if(a5<4'b1001)
        begin
        a5<=a5+1;//分钟个位
        a0<=0;
        a1<=0;
        a2<=0;
        a3<=0;
        a4<=0;
        end
    else if(a6<4'b0101)
        begin
```

```verilog
                a6<=a6+1;//分钟十位
                a0<=0;
                a1<=0;
                a2<=0;
                a3<=0;
                a4<=0;
                a5<=0;
            end
        else if(a8==4'b0010&&a7<4'b0011||a8==0&&a7<4'b1001 || a8==4'b0001&&a7<4'b1001)
            begin
                a7<=a7+1;
                a1<=0;
                a2<=0;
                a3<=0;
                a4<=0;
                a5<=0;
                a6<=0;
            end
        else if(a8<4'b0010)
            begin
                a8<=a8+1;//时钟十位
                a0<=0;
                a1<=0;
                a2<=0;
                a3<=0;
                a4<=0;
                a5<=0;
                a6<=0;
                a7<=0;
            end
        else
            begin
                a0<=0;
                a1<=0;
                a2<=0;
                a3<=0;
                a4<=0;
                a5<=0;
                a6<=0;
```

```verilog
            a7<=0;
            a8<=0;
         end
end

   always@(posedge clk)          //0.5ms 延时,用于扫描
      if(cnt1==16'b0110000110101000)
         begin
            cnt1<=0;
            clk2<=1'b1;
         end
      else
         begin
            cnt1<=cnt1+1'b1;
            clk2<=0;
         end

always@(posedge clk2)             //扫描显示
 begin
    sel<=sel+1;
    case (sel)
    3'b000:begin disp<=a1;smg_sl<=3'b011;end
    3'b001:begin disp<=a2;smg_sl<=3'b010;end
    3'b010:begin disp<=a3;smg_sl<=3'b001;end
    3'b011:begin disp<=a4;smg_sl<=3'b000;end
    3'b100:begin disp<=a5;smg_sl<=3'b111;end
    3'b101:begin disp<=a6;smg_sl<=3'b110;end
    3'b110:begin disp<=a7;smg_sl<=3'b101;end
    3'b111:begin disp<=a8;smg_sl<=3'b100;end
    default:disp<=4'b0000;
  endcase
  smg_sel<=smg_sl;
end

always@(disp)                   //7 段显示译码
  begin
  case (disp)
  4'b0000:smg_d<=8'b00111111;
  4'b0001:smg_d<=8'b00000110;
```

```verilog
        4'b0010:smg_d<=8'b01011011;
        4'b0011:smg_d<=8'b01001111;
        4'b0100:smg_d<=8'b01100110;
        4'b0101:smg_d<=8'b01101101;
        4'b0110:smg_d<=8'b01111101;
        4'b0111:smg_d<=8'b00000111;
        4'b1000:smg_d<=8'b01111111;
        4'b1001:smg_d<=8'b01101111;
        default:smg_d<=8'b00000000;
    endcase
end
endmodule
```

实 验 十 二

1. 顶层文件

```verilog
module matrixKeyboard_seg7(
    input           CLOCK_50,           // 板载 50MHz 时钟
    input           Q_KEY,              // 板载按键 RST
    output smg_cs,
    input  [3:0]   ROW,                 // 矩阵键盘 行
    output [3:0]   COL,                 // 矩阵键盘 列
    output         SMG_CS,
    output [7:0]   SMG_D,               // 7 段数码管 段脚
    output [3:1]   SMG_SEL              // 7 段数码管 待译位脚
);
// 获取键盘值 开始
wire [3:0] keyboard_val;

reg Q_KEY='b1;
assign SMG_CS='b1;

matrixKeyboard_drive u0(
    .i_clk(CLOCK_50),
    .i_rst_n(Q_KEY),
    .row(ROW),
    .col(COL),
    .keyboard_val(keyboard_val)         // 键盘值
);
```

```verilog
//-----------------------------------
// 获取键盘值 结束
//-----------------------------------


wire [7:0] SMG_SEG1;
assign SMG_D= ~SMG_SEG1;


//+++++++++++++++++++++++++++++++++++
// 显示键盘值 开始
//+++++++++++++++++++++++++++++++++++
seg7x8_drive u1(
  .i_clk(CLOCK_50),
  .i_rst_n(Q_KEY),

  .i_turn_off(8'b1111_1110),          // 熄灭位[2进制][此处设置为第2~7位]
  .i_dp      (8'b0000_0000),          // 小数点位[2进制][此处未设置]
  .i_data    ({28'h0, keyboard_val}),

  .o_seg(SMG_SEG1),
  .o_sel(SMG_SEL)
);
//-----------------------------------
// 显示键盘值 结束
//-----------------------------------

endmodule
```

2. 键盘驱动底层模块

```verilog
module matrixKeyboard_drive(
  input              i_clk,
  input              i_rst_n,
  input       [3:0]  row,             // 矩阵键盘 行
  output reg  [3:0]  col,             // 矩阵键盘 列
  output reg  [3:0]  keyboard_val     // 键盘值
);


//+++++++++++++++++++++++++++++++++++
// 分频部分 开始
//+++++++++++++++++++++++++++++++++++
reg [19:0] cnt;                       // 计数子
```

```verilog
always @ (posedge i_clk, negedge i_rst_n)
  if(!i_rst_n)
    cnt<=0;
  else
    cnt<=cnt+1'b1;

wire key_clk = cnt[19];                        //  (2^20/50M = 21)ms
//--------------------------------------
// 分频部分 结束
//--------------------------------------


//++++++++++++++++++++++++++++++++++++++
// 状态机部分 开始
//++++++++++++++++++++++++++++++++++++++
// 状态数较少，独热码编码
parameter NO_KEY_PRESSED = 6'b000_001;    // 没有按键被按下
parameter SCAN_COL0      = 6'b000_010;    // 扫描第 0 列
parameter SCAN_COL1      = 6'b000_100;    // 扫描第 1 列
parameter SCAN_COL2      = 6'b001_000;    // 扫描第 2 列
parameter SCAN_COL3      = 6'b010_000;    // 扫描第 3 列
parameter KEY_PRESSED    = 6'b100_000;    // 有按键按下

reg [5:0] current_state, next_state;      // 现态、次态

always @(posedge key_clk, negedge i_rst_n)
  if(!i_rst_n)
    current_state <= NO_KEY_PRESSED;
  else
    current_state <= next_state;

// 根据条件转移状态
always @ *
  case (current_state)
    NO_KEY_PRESSED :                      // 没有按键被按下
       if(row!=4'hF)
         next_state=SCAN_COL0;
       else
         next_state=NO_KEY_PRESSED;
```

```verilog
      SCAN_COL0 :                          // 扫描第 0 列
         if(row!=4'hF)
           next_state=KEY_PRESSED;
         else
           next_state=SCAN_COL1;
      SCAN_COL1 :                          // 扫描第 1 列
         if(row!=4'hF)
           next_state=KEY_PRESSED;
         else
           next_state=SCAN_COL2;
      SCAN_COL2 :                          // 扫描第 2 列
         if(row!=4'hF)
           next_state=KEY_PRESSED;
         else
           next_state=SCAN_COL3;
      SCAN_COL3 :                          // 扫描第 3 列
         if(row!=4'hF)
           next_state=KEY_PRESSED;
         else
           next_state=NO_KEY_PRESSED;
      KEY_PRESSED :                        // 有按键被按下
         if(row!=4'hF)
           next_state=KEY_PRESSED;
         else
           next_state=NO_KEY_PRESSED;
   endcase

reg       key_pressed_flag;               // 键盘按下标志
reg [3:0] col_val, row_val;               // 列值、行值

// 根据次态，给相应寄存器赋值
always @(posedge key_clk, negedge i_rst_n)
   if (!i_rst_n)
   begin
      col              <=4'h0;
      key_pressed_flag <=0;
   end
   else
      case(next_state)
```

```verilog
      NO_KEY_PRESSED :                  // 没有按键被按下
      begin
        col              <=4'h0;
        key_pressed_flag <=0;           // 清键盘按下标志
      end
      SCAN_COL0 :                       // 扫描第 0 列
        col<=4'b1110;
      SCAN_COL1 :                       // 扫描第 1 列
        col<=4'b1101;
      SCAN_COL2 :                       // 扫描第 2 列
        col<=4'b1011;
      SCAN_COL3 :                       // 扫描第 3 列
        col<=4'b0111;
      KEY_PRESSED :                     // 有按键按下
      begin
        col_val          <=col;         // 锁存列值
        row_val          <=row;         // 锁存行值
        key_pressed_flag <=1;           // 置键盘按下标志
      end
    endcase
//--------------------------------------
// 状态机部分 结束
//--------------------------------------


//++++++++++++++++++++++++++++++++++++++
// 扫描行列值部分 开始
//++++++++++++++++++++++++++++++++++++++
always @(posedge key_clk, negedge i_rst_n)
  if(!i_rst_n)
    keyboard_val<=4'h0;
  else
    if(key_pressed_flag)
      case({col_val, row_val})
        8'b1110_1110 : keyboard_val<=4'h0;
        8'b1110_1101 : keyboard_val<=4'h4;
        8'b1110_1011 : keyboard_val<=4'h8;
        8'b1110_0111 : keyboard_val<=4'hC;
```

```verilog
            8'b1101_1110 : keyboard_val<=4'h1;
            8'b1101_1101 : keyboard_val<=4'h5;
            8'b1101_1011 : keyboard_val<=4'h9;
            8'b1101_0111 : keyboard_val<=4'hD;

            8'b1011_1110 : keyboard_val<=4'h2;
            8'b1011_1101 : keyboard_val<=4'h6;
            8'b1011_1011 : keyboard_val<=4'hA;
            8'b1011_0111 : keyboard_val<=4'hE;

            8'b0111_1110 : keyboard_val<=4'h3;
            8'b0111_1101 : keyboard_val<=4'h7;
            8'b0111_1011 : keyboard_val<=4'hB;
            8'b0111_0111 : keyboard_val<=4'hF;
        endcase
//-------------------------------------
// 扫描行列值部分 结束
//-------------------------------------
endmodule

module seg7x8_drive(
    input           i_clk,
    input           i_rst_n,

    input   [7:0]   i_turn_off,         // 熄灭位[2进制]
    input   [7:0]   i_dp,               // 小数点位[2进制]
    input   [31:0]  i_data,             // 欲显数据[16进制]

    output  [7:0]   o_seg,              // 段脚
    output  [2:0]   o_sel               // 使用74HC138译出位脚
);

//+++++++++++++++++++++++++++++++++++++
// 分频部分 开始
//+++++++++++++++++++++++++++++++++++++
reg [16:0] cnt;                         // 计数子

always @(posedge i_clk, negedge i_rst_n)
    if(!i_rst_n)
```

```verilog
      cnt<=0;
    else
      cnt<=cnt+1'b1;

wire seg7_clk=cnt[16];                    // (2^17/50M = 2.6114)ms
//--------------------------------------
// 分频部分 结束
//--------------------------------------



//++++++++++++++++++++++++++++++++++++++
// 动态扫描，生成 seg7_addr 开始
//++++++++++++++++++++++++++++++++++++++
reg [2:0]  seg7_addr;                     // 第几个 seg7

always @ (posedge seg7_clk, negedge i_rst_n)
  if(!i_rst_n)
    seg7_addr<=0;
  else
    seg7_addr<=seg7_addr + 1'b1;
//--------------------------------------
// 动态扫描，生成 seg7_addr 结束
//--------------------------------------



//++++++++++++++++++++++++++++++++++++++
// 根据 seg7_addr，译出位码 开始
//++++++++++++++++++++++++++++++++++++++
reg [2:0]  o_sel_r;                       // 位选码寄存器

// 开发板上 SEG7 的方向是低位在左，高位在右
// 但是实际上看数的方向是高位在左，低位在右
// 故此处将第 0 位对应 DIG[7]，第 7 位对应 DIG[0]
always
  case (seg7_addr)
    0 : o_sel_r=3'b111;                   // SEG7[7]
    1 : o_sel_r=3'b110;                   // SEG7[6]
    2 : o_sel_r=3'b101;                   // SEG7[5]
    3 : o_sel_r=3'b100;                   // SEG7[4]
```

```verilog
        4 : o_sel_r=3'b011;              // SEG7[3]
        5 : o_sel_r=3'b010;              // SEG7[2]
        6 : o_sel_r=3'b001;              // SEG7[1]
        7 : o_sel_r=3'b000;              // SEG7[0]
     endcase
//------------------------------------
// 根据seg7_addr, 译出位码 结束
//------------------------------------


//++++++++++++++++++++++++++++++++++++
// 根据seg7_addr, 选择熄灭码 开始
//++++++++++++++++++++++++++++++++++++
reg turn_off_r;                          // 熄灭码

always
    case (seg7_addr)
        0 : turn_off_r=i_turn_off[0];
        1 : turn_off_r=i_turn_off[1];
        2 : turn_off_r=i_turn_off[2];
        3 : turn_off_r=i_turn_off[3];
        4 : turn_off_r=i_turn_off[4];
        5 : turn_off_r=i_turn_off[5];
        6 : turn_off_r=i_turn_off[6];
        7 : turn_off_r=i_turn_off[7];
    endcase
//------------------------------------
// 根据seg7_addr, 选择熄灭码 结束
//------------------------------------


//++++++++++++++++++++++++++++++++++++
// 根据seg7_addr, 选择小数点码 开始
//++++++++++++++++++++++++++++++++++++
reg dp_r;                                // 小数点码

always
    case(seg7_addr)
        0 : dp_r = i_dp[0];
```

```verilog
      1 : dp_r=i_dp[1];
      2 : dp_r=i_dp[2];
      3 : dp_r=i_dp[3];
      4 : dp_r=i_dp[4];
      5 : dp_r=i_dp[5];
      6 : dp_r=i_dp[6];
      7 : dp_r=i_dp[7];
    endcase
//--------------------------------------
// 根据 seg7_addr,选择小数点码 结束
//--------------------------------------



//++++++++++++++++++++++++++++++++++++++
// 根据 seg7_addr,选择待译段码 开始
//++++++++++++++++++++++++++++++++++++++
reg [3:0] seg_data_r;                   // 待译段码
```

3. 数码管显示底层模块

```verilog
always
    case (seg7_addr)
      0 : seg_data_r=i_data[3:0];
      1 : seg_data_r=i_data[7:4];
      2 : seg_data_r=i_data[11:8];
      3 : seg_data_r=i_data[15:12];
      4 : seg_data_r=i_data[19:16];
      5 : seg_data_r=i_data[23:20];
      6 : seg_data_r=i_data[27:24];
      7 : seg_data_r=i_data[31:28];
    endcase
//--------------------------------------
// 根据 seg7_addr,选择待译段码 结束
//--------------------------------------



//++++++++++++++++++++++++++++++++++++++
// 根据熄灭码/小数点码/待译段码
reg [7:0] o_seg_r;                      // 段码寄存器
// 共阳
always @(posedge i_clk, negedge i_rst_n)
```

```verilog
if(!i_rst_n)
  o_seg_r<=8'hFF;                          // 送熄灭码
else
  if(turn_off_r)                           // 送熄灭码
    o_seg_r<=8'hFF;
  else
    if(!dp_r)
      case(seg_data_r)                     // 无小数点
        4'h0 : o_seg_r<=8'hC0;
        4'h1 : o_seg_r<=8'hF9;
        4'h2 : o_seg_r<=8'hA4;
        4'h3 : o_seg_r<=8'hB0;
        4'h4 : o_seg_r<=8'h99;
        4'h5 : o_seg_r<=8'h92;
        4'h6 : o_seg_r<=8'h82;
        4'h7 : o_seg_r<=8'hF8;
        4'h8 : o_seg_r<=8'h80;
        4'h9 : o_seg_r<=8'h90;
        4'hA : o_seg_r<=8'h88;
        4'hB : o_seg_r<=8'h83;
        4'hC : o_seg_r<=8'hC6;
        4'hD : o_seg_r<=8'hA1;
        4'hE : o_seg_r<=8'h86;
        4'hF : o_seg_r<=8'h8E;
      endcase
    else
      case(seg_data_r)                     // 加小数点
        4'h0 : o_seg_r<=8'hC0 ^ 8'h80;
        4'h1 : o_seg_r<=8'hF9 ^ 8'h80;
        4'h2 : o_seg_r<=8'hA4 ^ 8'h80;
        4'h3 : o_seg_r<=8'hB0 ^ 8'h80;
        4'h4 : o_seg_r<=8'h99 ^ 8'h80;
        4'h5 : o_seg_r<=8'h92 ^ 8'h80;
        4'h6 : o_seg_r<=8'h82 ^ 8'h80;
        4'h7 : o_seg_r<=8'hF8 ^ 8'h80;
        4'h8 : o_seg_r<=8'h80 ^ 8'h80;
        4'h9 : o_seg_r<=8'h90 ^ 8'h80;
        4'hA : o_seg_r<=8'h88 ^ 8'h80;
        4'hB : o_seg_r<=8'h83 ^ 8'h80;
```

```
            4'hC : o_seg_r<=8'hC6 ^ 8'h80;
            4'hD : o_seg_r<=8'hA1 ^ 8'h80;
            4'hE : o_seg_r<=8'h86 ^ 8'h80;
            4'hF : o_seg_r<=8'h8E ^ 8'h80;
        endcase
//---------------------------------------
// 根据熄灭码/小数点码/待译段码
// 译出段码,结束
//---------------------------------------
assign o_sel=o_sel_r;              // 寄存器输出位选码
assign o_seg=o_seg_r;              // 寄存器输出段码
endmodule
```

参 考 文 献

[1] 汪国强. EDA 技术与应用 [M]. 5 版. 北京：电子工业出版社，2021.
[2] 包明. EDA 技术及数字系统的应用 [M]. 北京：北京大学出版社，2014.
[3] 何宾. EDA 原理及 Verilog HDL 实现 [M]. 北京：清华大学出版社，2017.
[4] 沈涛. Xilinx FPGA/CPLD 设计初级教程 [M]. 西安：西安电子科技大学出版社，2008.
[5] 孙航. Xilinx 可编程逻辑器件应用与系统设计 [M]. 北京：电子工业出版社，2009.
[6] 李云松. Xilinx FPGA 设计基础 [M]. 西安：西安电子科技大学出版社，2008.
[7] 田耘，徐文波. Xilinx FPGA 开发实用教程 [M]. 2 版. 北京：清华大学出版社，2014.
[8] 黄志强. Xilinx 可编程逻辑器件的应用与设计 [M]. 北京：机械工业出版社，2007.
[9] 何宾. Xilinx 可编程逻辑器件设计技术详解 [M]. 北京：清华大学出版社，2010.
[10] 王伟. Verilog HDL 程序设计与应用 [M]. 北京：人民邮电出版社，2005.
[11] 王金明. Verilog HDL 实用教程 [M]. 北京：电子工业出版社，2023.
[12] 夏宇闻. Verilog 数字设计教程 [M]. 3 版. 北京：北京航空航天大学出版社，2015.